高等职业教育"十三五"规划教材

公差配合与测量技术

主　编　杨光龙　金文中　陈佳彬
副主编　刘　芳　赵　明　王佳珺
　　　　张　伟　徐丽平
参　编　任福英　蒯　超　余光群
　　　　谭晓波　吴智信　刘　辉
　　　　来明山　李洪霞
主　审　黄家军

电子工业出版社

Publishing House of Electronics Industry

北京·BEIJING

内 容 简 介

本书系统地介绍了公差配合与测量技术方面的基础知识，全书共分七个项目，并以任务形式进行讲解，形式新颖，通俗易懂，实用性强。项目内容主要包括：极限配合与测量技术入门，测量零件线性尺寸，形状和位置公差及其检测，表面粗糙度及检测，测量角度、锥度，典型零件的测量，零件精密测量。

本书采用最新国家标准内容，侧重于基本概念的讲解和常用测量方法与测量工具的运用，内容简明扼要，通俗易懂。在编排上，本书注重理论与实践相结合，采用项目式教学，通过实践任务环节引出学习内容，利用实例、图表进行讲解。每个项目分为若干任务，全书共设置 24 个任务，每个任务由学习目标、任务呈现、任务分析、知识链接、任务实施等模块组成，书中还设置了任务拓展等特色模块，旨在提高学生的学习兴趣；每个项目的最后，还设置了项目评测，以帮助学生强化学习。

本书可作为高等职业院校机械类和近机械类各专业的教学用书，也可作为从事机械设计与制造、标准化、计量测试等工作的工程技术人员的参考用书。

图书在版编目（CIP）数据

公差配合与测量技术 / 杨光龙，金文中，陈佳彬主编. —北京：电子工业出版社，2020.1

ISBN 978-7-121-26744-4

Ⅰ. ①公... Ⅱ. ①杨... ②金... ③陈... Ⅲ. ①公差－配合②技术测量 Ⅳ. ①TG801

中国版本图书馆 CIP 数据核字（2020）第 008663 号

责任编辑： 祁玉芹

印　　刷： 中国电影出版社印刷厂

装　　订： 中国电影出版社印刷厂

出版发行： 电子工业出版社

北京市海淀区万寿路 173 信箱　邮编：100036

开　　本： 787×1092　1/16　印张：16.75　字数：408 千字

版　　次： 2020 年 1 月第 1 版

印　　次： 2022 年 7 月第 3 次印刷

定　　价： 42.80 元

前 言

PREFACE

本书是全国高等职业院校"十三五"系列规划教材，是根据教育部新颁布的职业院校机械类专业教学标准，同时参考相关就业岗位职业资格标准编写而成的。本书力求通过教学与实训过程培养学生养成现代职业教育所倡导的崇尚劳动、敬业守业、创新务实的职业精神。

本书结合高职高专教育的特点，主要介绍了极限配合与技术测量入门、零件线性尺寸的测量、几何公差及检测、表面粗糙度及检测、角度与锥度的测量以及典型零件的测量等理论知识，以项目为向导，采用任务驱动的方式对内容进行讲解。

在编写过程中，我们从生产应用的角度出发，以"必须、够用"为原则，以"讲清概念、强化应用"为教学重点，力求理论联系实际，突出基本知识和基本技能的培养，并使用了大量图表以方便学生对知识的理解。本书有以下特点：

（1）以项目实践课题为主线，有利于理论与实践一体化教学法的应用，更具实用性。每个项目任务包括学习目标、任务呈现、知识链接、任务实施等模块，部分项目中还设置了任务拓展。

（2）打破传统教材的知识体系，基于项目和任务去整合相关知识点和技能点，让学生系统地认识公差配合及测量技术的生产应用。

（3）准确定位高职院校学生层次，同时注意与本科层次相关课程的对接与区分。

（4）大量引入企业生产实例，增强教材的通俗性、可读性等。

（5）考虑不同职业院校的办学条件和特点，本书具有普适性和实训项目的可操作性。

本书以项目化教学的方式编写，共 64 个学时，具体学时分配见下表。

项　目	学 时 数	项　目	学 时 数
项目一	10	项目五	6
项目二	10	项目六	12
项目三	12	项目七	4
项目四	10		

本书由贵州农业职业学院杨光龙、洛阳理工学院金文中担任主编，洛阳理工学院张伟、贵州农业职业学院刘芳、贵州农业职业学院赵明担任副主编，同时参加编写的还有中船重工第七二五研究所吴智信、中国空空导弹研究院来明山、中铝河南洛阳铝加工有限公司刘辉、河南骏通车辆有限公司李洪霞、贵州农业职业学院蒯超、贵州农业职业学院曾令兰、贵州农业职业学院任福英。本书由贵州农业职业学院机电系主任黄家军主审并提出了宝贵意见。在编写过程中，编者参阅了大量国内外出版的有关教材和文献，也得到了电子工业出版社及各企业的有益指导，在此一并表示衷心感谢！

编　者

2019 年 6 月

目录

CONTENTS

极限配合与测量技术入门

某台机床设备的某个轴承损坏了，只需买来相同型号、规格的轴承替换即可，这种互换性的实现，有利于广泛地组织协作，进行高效率的专业化生产。

类似轴承这样的机械设备产品通常是由许多经过机械加工的零部件组成的。这些零部件在加工、测量、装配等环节中，难免会产生误差。因此，要控制零部件的尺寸、几何形状和相对位置以及表面粗糙度等误差，同时保证零部件技术要求的一致性，必须给出每个产品的合格条件。

控制零件尺寸误差的相关国家标准有：

（1）《产品几何技术规范（GPS）极限与配合第1部分：公差、偏差和配合的基础》（GB/T 1800.1—2009）。

（2）《产品几何技术规范（GPS）极限与配合第2部分：标准公差等级和孔、轴极限偏差表》（GB/T 1800.2—2009）。

根据以上两个国家标准，合理选用计量器具和测量方法，通过测量积极采取预防措施以控制零件误差，才能避免废品的产生。因此，我们要学好极限配合的基础知识，掌握测量的基本知识和技能。

任务一　极限配合基础知识入门

学习目标

1. 了解互换性的基本概念，了解标准化与计量、检测工作；
2. 掌握机械零件的加工误差与公差的概念；
3. 掌握尺寸、偏差、公差、配合的基本术语及定义；
4. 掌握极限制、配合制和基准制的基本内容；
5. 掌握公差带和配合的选择。

任务呈现

本任务所介绍的内容既是机械类和近机械类专业重要的基础技术知识，也是机械类各专业必须掌握的知识，它与机械设计、机械制造等专业课程有着密切的联系，是从基础知识学习过渡到专业知识学习的桥梁。

公差与配合的标准化有利于机械设计、制造和使用，在机械工程领域起着重要的作用。公差与配合的标准化不仅能保证零部件的互换质量，而且能促进刀具及量具的设计、制作、检测的标准化，有利于高效的专业化生产。

任务分析

该任务的内容在生产过程中应用广泛，它由公差配合和测量技术两部分组成。其研究对象是几何量参数的互换性，即研究如何通过规定公差，合理解决机器使用要求与制造要求之间的矛盾，以及如何运用测量技术手段保证国家公差标准的贯彻实施。

尺寸公差与配合的标准化是一项综合性的技术基础工作，是推行科学管理、推动企业技术进步和提高企业管理水平的重要手段。它可防止产品尺寸设计中的混乱，不仅有利于工艺过程的经济性、产品的使用和维修，还有利于刀具、量具的标准化。

知识链接

公差与配合是机械工程方面重要的基础标准，不仅用于孔与轴之间的结合，还用于其他由单一尺寸确定的结合。在零件加工过程中，由于各种因素的影响，如机床、刀具、工艺系统刚性等，加工后的零件尺寸、形状、表面粗糙度以及相互位置等总会产生一定的误差。加工后的零件要满足互换性的要求，就必须在设计与制造时执行公差与配合方面的国家标准。

一、本课程的作用和任务

（一）本课程的作用

为了保证零部件的加工及其装配，使其达到要求的功能并正常运转，需要学习和掌握零部件公差的要求及机械加工误差的有关知识，解决"几何量测量技术"加工补偿中的问题。所以，本课程也是一门实践性与技艺性很强的专业基础课程。

（二）本课程的任务

没有检测，就无法反馈实际加工尺寸的大小以及确定数控加工中补偿量值的偏差大小，就会导致加工过程（不论开环还是闭环生产）无法准确进行。本课程旨在通过讲课、让学生练习及进行检测实训等教学环节，使学生了解执行标准化与互换性的实践意义。重点是学生通过学习，深知计量与检测工作在生产过程中的重要作用。

（三）本课程的目标

创新产品及优质品，均是经过不断的检验、检测之后，在不断地发现并改进产品存在的问题和不足的基础上，经过反复试验与创新才产生的。职业教育是培养专业人才的教育，科技的发展证实了"没有一流的能工巧匠，就没有一流的产品"。因此，本课程的目标是培养"有道德、有知识、有思想、有技能的新型专业人才"。

二、机械零件的互换性及其作用

互换性广泛用于机械制造和产品生产，是机电一体化产品设计和制造过程中的重要原则，能取得巨大的经济和社会效益。

（一）互换性的概念

在机械制造业中，零件的互换性是指在同一规格的一批零件、部件中，可以不经选择、修配、调整，任取一件都能配在机器上，并能达到规定的使用性能要求。零部件具有的这种性能称为互换性。例如，生活中的灯具坏了，可以买一个同样规格的灯具安上；自行车的螺钉脱落了，可以买一个同样的螺钉装上；等等。能够保证产品具有互换性的生产，称为遵守互换性原则的生产。

零部件的互换性包括其几何参数、机械性能和物理化学等方面性能的互换性。本课程主要研究几何参数的互换性。

汽车、电子和国防军工行业就是运用互换性原理，形成规模经济，取得最佳技术经济效益的。

（二）互换性的分类

按互换程度的不同，互换性可分为完全互换性和不完全互换性。

1. 完全互换性

完全互换性是指某批零部件在装配或更换时不经挑选、调整或修配，经装配即能满足预定的使用性能。例如，螺栓、圆柱销等标准件的装配大都属于此类情况。

2. 不完全互换性

当装配精度要求较高时，采用完全互换性将使零件制造公差减小，加工困难，成本变高，甚至无法加工。这时，可将零件的制造公差适当放大，使之便于加工，而在零件完工后再用测量器具将零件按实际尺寸的大小分为若干组，使每组零件间实际尺寸的差别减小，在装配时再按相应组进行（例如，大孔组零件与大轴组零件装配，小孔组零件与小轴组零件装配）。这样，既可保证装配精度和使用要求，又能解决加工困难，降低成本。这种仅组内零件可以互换，组与组之间不能互换的特性，称为不完全互换性。换言之，不完全互换性是指一批零部件在装配或更换时，允许有附加选择或附加调整，但不允许修配，在装配后满足再预定的使用性能。实现不完全互换的方法有调整法和修配法等。

（1）调整法。

用移动或调整的方法更换某一特定零件的位置或尺寸，使其达到装配精度的要求，称为调整法。

（2）修配法。

在装配时允许用补充机械加工或钳工修刮来获得所需精度的办法，称为修配法。

一般来说，使用要求与制造水平、经济效益没有矛盾时，可采用完全互换；反之，则采用不完全互换。对厂外协作时，则往往要求完全互换。

（三）互换性在机械制造中的作用

现代化生产的重要技术原则之一就是互换性原则，其优点如下：

（1）在产品设计方面，按互换性要求设计的产品，最便于采用三化（标准化、系列化、通用化）设计和计算机辅助设计（CAD）。

（2）在加工制造方面，可合理地进行生产分工和专业化协作，便于采用高效设备，尤其是计算机辅助制造（CAM）及辅助公差设计（CAT）的产品，不但产量和质量高，而且加工灵活性大，生产周期短，成本低，便于装配的自动化。

（3）在使用维修方面，可以减少机器的维修时间和费用，保证机器能连续地、持久地运转，提高机器的利用率和延长机器的使用寿命。

互换性原则并不是在任何情况下都适用，其核心必须遵循基本的技术经济原则，按互换性原则组织生产。例如，我国在汽车和坦克制造中采用再制造技术，发挥了零件检测技术与加工技术有机配合的作用，不但为国家节能创收，而且带动了各行业的设备生产，为低碳、环保、节能技术开发开创了新途径。

综上所述，互换性原则是现代化生产的基本技术经济原则，在机器的制造与使用中具有重要的作用，是新时代工业发展的必然趋势。

三、机械零件的加工误差与公差

（一）机械零件加工误差的概念

加工零件时，运用任何一种加工方法都不可能把零件做得绝对准确。通常，我们把一批零件的尺寸变动称为尺寸误差。制造技术的水平提高，可以减小尺寸的误差，但永远不可能消除尺寸误差。加工误差可分为尺寸误差、尺寸偏差、形状误差、位置误差、表面粗糙度五种，如图 1-1 所示。

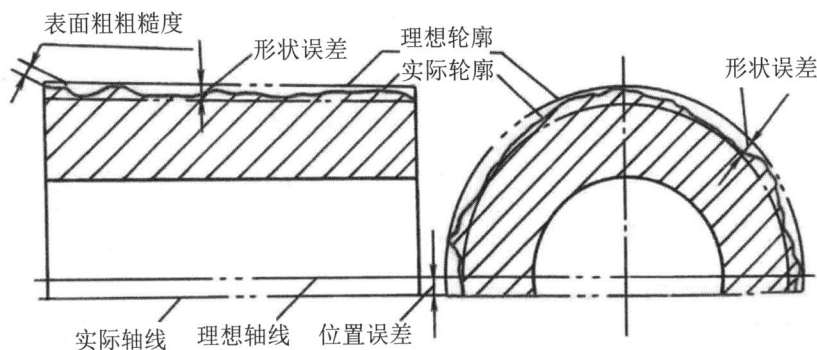

图 1-1　圆柱表面的几何参数误差

1．尺寸误差

尺寸误差是指一批零件的尺寸变动，即加工后零件的实际尺寸与理想尺寸之差，如直径误差、孔距误差等。

2．尺寸偏差

尺寸偏差是指某一尺寸（实际尺寸、上极限尺寸或下极限尺寸等）减去公称尺寸所得的代数差。

3．形状误差

形状误差是指加工后零件的实际表面形状对比其理想形状的差异（或偏离程度），如圆度、直线度等。

4．位置误差

位置误差是指加工后零件的表面、轴线或对称平面之间的相互位置对比其理想位置的差异（或偏离程度），如同轴度、位置度等。

5．表面粗糙度

表面粗糙度是指零件加工表面上具有的较小间距和峰谷所形成的微观几何形状误差。

（二）机械零件的公差

1. 公差的概念

公差是指允许尺寸、几何形状和相互位置误差最大变动的范围，用于限制加工误差。

2. 规定公差的原则

公差是设计人员根据产品的使用性能要求给定的。原则是在保证满足产品的使用性能的前提下，给出尽可能大的公差。它反映了一批零件对制造精度的要求和经济性的要求，并能体现加工的难易程度。公差越小，加工越困难，生产成本就越高。公差值是绝对值，公差值不能为零，规定的公差值大小顺序为

$$T_{尺寸} > T_{位置} > T_{形状} > 表面粗糙度公差$$

3. 公差选用原则

一般来说，公差等级越高，零件的使用性能越好，但加工困难，生产成本高，特别是在高精度区，精度稍有提高就会使加工成本急剧上升；公差等级越低，零件加工越容易，生产成本越低，但零件的使用性能也越差。因此，在选择公差等级时需要综合考虑两方面的因素，即使用性能和经济性能。总的来说，公差选用原则是在满足使用要求的条件下，尽量选取较低的公差等级。

四、标准化与计量、检测工作

生产中要实现互换性原则，搞好标准化是前提和基础。

（一）标准和标准化的概念

1. 标准化的概念

国家标准 GB/T 20000.1—2002 规定标准化的定义是：为在一定范围内获得最佳秩序，对实际的或潜在的问题制定共同的和重复的使用规则的活动。标准化主要是指以制定标准、贯彻标准为主要内容的全部活动过程。标准化程度的高低是评定产品的重要指标之一，是我国重要的一项技术政策。标准化是一个相对的概念，在深度和广度方面都有程度上的差别。无论是一项标准还是一个标准体系都在逐步向更深的层次发展。

标准化的主要作用在于它是新时代大生产的必要条件，是科学及新时代管理的基础，是提高产品质量、调整产品结构和保障安全性的依据。

2. 标准的概念

标准是标准化的主要体现形式，国家标准 GB/T 20000.1—2002 规定标准的含义是：为在一定的范围内获得最佳秩序，对活动或结果规定的共同的和重复使用的规则、导则或特性文件。标准是指对于需要协调统一的重复性事件所做的统一规定。标准是以科学、技术和实践经验的综合成果为基础、经协商一致制定并由公认机构批准，以特定形式发布，共同使用和重复使用的一种规范性文件。

（二）标准和标准化的关系与分类

1. 标准化与标准的关系

标准是标准化的产物，没有标准的实施就不可能有标准化。

2. 标准和标准化的分类

我国的标准分为国家标准、行业标准、地方标准和企业标准四级。

按法律属性不同，标准分为强制性和推荐性（非强制性）标准。代号为"GB"的属于强制性国家标准，颁布后必须强制执行；本书中的标准代号多为 GB/T 和 GB/Z，分别为推荐性标准和指导性标准，均为非强制性国家标准。

（三）计量、检测工作

在机械制造中，加工与测量是相互依存的。只有遵循通用的公差标准，科学、合理地运用计量技术，零件的使用功能和互换性才能得到保证。

1. 计量工作

在计量工作方面，1955 年我国成立了国家计量局；1959 年统一了全国计量制度，正式确定在长度方面采用米制为计量单位；1977 年颁布了《中华人民共和国计量管理条例》；1984 年颁布了《中华人民共和国法定计量单位》；1985 年颁布了《中华人民共和国计量法》。

计量工作贯彻执行国家计量法律、法规和规章制度，建立各种计量器具的传递，使机械制造的基础工作沿着科学、先进的方向迅速发展，促进了企业计量管理和产品质量水平的不断提高。

2. 检测工作

产品质量的检测工作以标准化和计量工作为基础，是达到互换性生产的重要环节。产品检测不仅可以用来判断产品的合格性，更可以通过检测结果主动分析、预测工序间或成品中出现废次品的原因，以便找出解决质量问题的途径和办法。因此，检测工作是保证用户能够得到合格产品和优等品，提高企业竞争能力与经济效益的重要保证和途径。

五、基本术语及定义

（一）孔和轴的定义

1. 孔

孔，通常是指零件的圆柱形内表面，也包括由单一尺寸确定的非圆柱形内表面（由两个平行平面或切面形成的包容面）。如图 1-2（a）所示的尺寸 D_2、D_3、D_4 和图 1-2（b）所示的尺寸 D_1 都称为孔。

2. 轴

轴，通常是指零件的圆柱形外表面，也包括由单一尺寸确定的非圆柱形外表面（由两个平行平面或切面形成的被包容面）。如图 1-2（b）所示，尺寸 d_1、d_2、d_3 和图 1-2（a）

所示的尺寸 d_4 都称为轴。

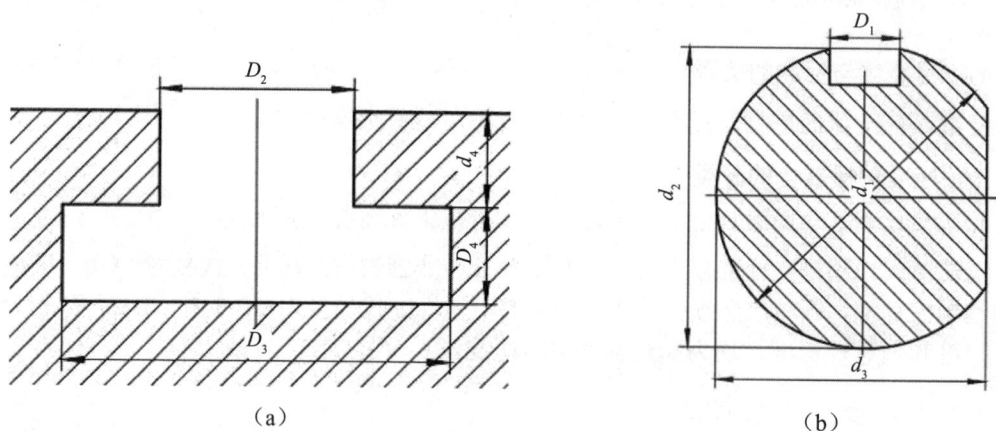

（a）

（b）

图 1-2 孔和轴

（a）孔；（b）轴

从装配过程上讲，圆柱形的孔、轴结合，孔为包容面，轴为被包容面。

从加工过程上讲，孔在切削后其内无材料，且越加工越大；轴在切削后其外无材料，且越加工越小。

由此可见，孔、轴具有广泛的含义，不仅指圆柱形的内、外表面，而且也包括由两个平行平面或切面形成的包容面和被包容面。

如果两个平行平面或切面既不能形成包容面，也不能形成被包容面，则它们既不是孔，也不是轴，属于一般长度尺寸，如图 1-3 中所示的由 L_1、L_2 和 L_3 各尺寸确定的各组平行平面或切面。

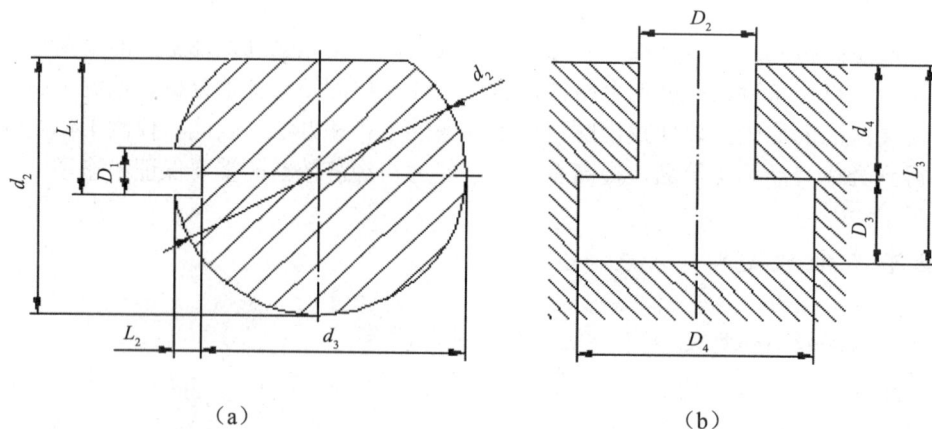

（a）

（b）

图 1-3 轴和孔

（a）轴；（b）孔

（二）尺寸的术语及定义

1. 尺寸

尺寸要素是由一定大小的线性尺寸或角度尺寸确定的几何形状。

尺寸，通常是指以特定单位表示线性尺寸值的数值，如长度、宽度、高度、半径、直径及中心距等。在机械制造业中，常用毫米（mm），微米（μm）作为尺寸的特定单位。广义上讲，尺寸还包括线性尺寸和以角度单位表示角度尺寸的数值。线性尺寸是指以特定单位表示的两点之间的距离，如长度、宽度、高度、半径、直径及中心距等。

2. 公称尺寸

公称尺寸（基本尺寸），是指由图样规范的理想形状要素的尺寸，是设计时给定的尺寸，如图 1-4 所示。公称尺寸是指可以与上、下极限偏差计算出上、下极限尺寸的尺寸。它可以是一个整数，也可以是一个小数，如 30、25、8.5、0.5，一般按标准尺寸系列选择。

孔的公称尺寸用 D 表示，轴的公称尺寸用 d 表示。

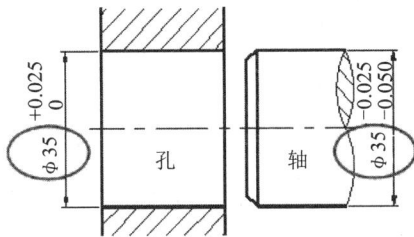

图 1-4 公称尺寸

3. 实际尺寸

实际尺寸是指经过测量所得的尺寸。孔的实际尺寸用 D_a 表示，轴的实际尺寸用 d_a 表示。

由于在测量过程中存在测量器具、方式、人员和环境等因素影响的测量误差，所以实际尺寸并非尺寸的真值，而是取一个近似值。由于存在加工误差，零配件在同一表面上不同位置的实际尺寸是不相同的，如图 1-5 所示。

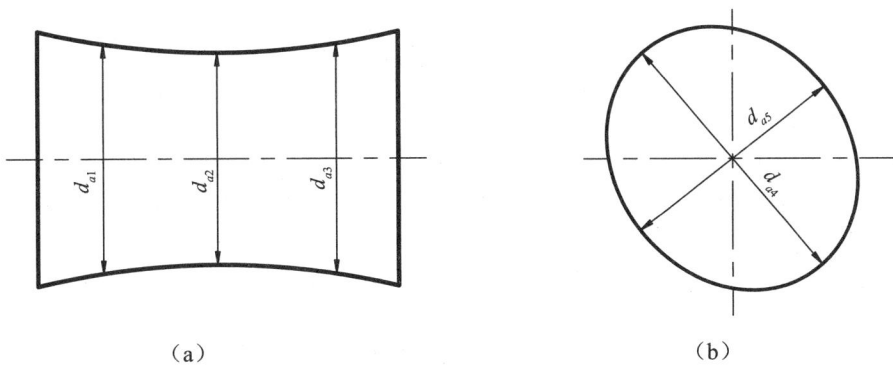

图 1-5 实际尺寸

（a）主视图；（b）左视图

4. 极限尺寸

极限尺寸，是指尺寸要素允许的尺寸变化的两个极端值，如图 1-6 所示。

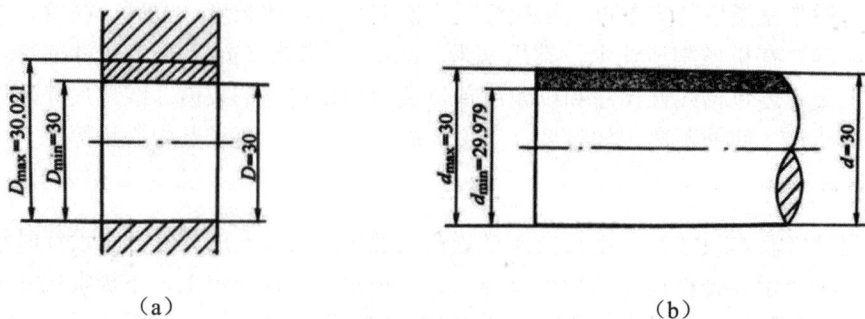

（a）　　　　　　　　　　　　　（b）

图 1-6　极限尺寸

（a）孔；（b）轴

（1）上极限尺寸，即允许的最大尺寸。孔的上极限尺寸用 D_{max} 表示，轴的上极限尺寸用 d_{max} 表示。

（2）下极限尺寸，即允许的最小尺寸。孔的下极限尺寸用 D_{min} 表示，轴的下极限尺寸用 d_{min} 表示。

极限尺寸是用来限制实际尺寸的，实际尺寸在极限尺寸范围内，表明零件合格；否则，表明零件不合格。

一般情况下，完工零件的尺寸合格条件是任一局部实际尺寸均不得超出上、下极限尺寸，表示式为

孔：
$$D_{max} \geqslant D_a \geqslant D_{min}$$

轴：
$$d_{max} \geqslant d_a \geqslant d_{min}$$

六、偏差、公差的术语及定义

（一）尺寸偏差

尺寸偏差，是指某尺寸（实际尺寸、极限尺寸）减其公称尺寸所得的代数差。偏差可以为正数、负数或零。偏差可分为实际偏差和极限偏差两种。

1. 实际偏差

实际偏差，是指实际尺寸减其公称尺寸所得的代数差，计算公式为

孔的实际偏差：
$$EA = D_a - D$$

轴的实际偏差：
$$ea = d_a - d$$

2. 极限偏差

极限偏差，是指极限尺寸减去公称尺寸所得的代数差，如图 1-7 所示。由于极限尺寸有上极限尺寸和下极限尺寸之分，极限偏差又可分为上偏差和下偏差。

上偏差，是指上极限尺寸减去公称尺寸所得的代数差（ES，es），计算公式为

孔的上偏差：
$$ES = D_{max} - D$$

轴的上偏差：
$$es = d_{max} - d$$

下偏差，是指下极限尺寸减去公称尺寸所得的代数差（EI，ei），计算公式为

孔的下偏差：　　　　　　　　　　　　$\mathrm{EI}=D_{\min}-D$

轴的下偏差：　　　　　　　　　　　　$\mathrm{ei}=d_{\min}-d$

加工完零件尺寸的合格条件，也常用偏差的关系表示，即

孔：　　　　　　　　　　　　　　　　$\mathrm{EI}\leqslant\mathrm{EA}\leqslant\mathrm{ES}$

轴：　　　　　　　　　　　　　　　　$\mathrm{ei}\leqslant\mathrm{ea}\leqslant\mathrm{es}$

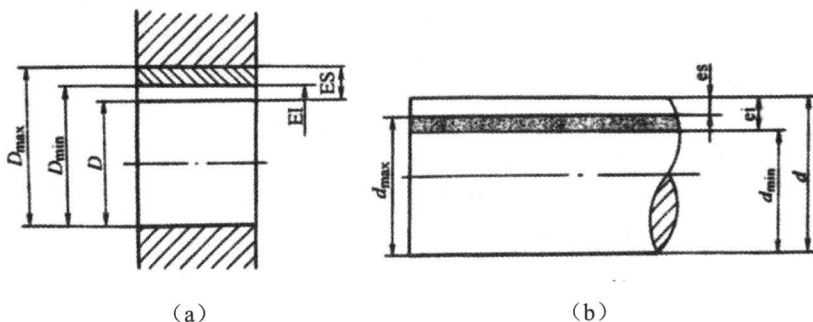

（a）　　　　　　　　　　　　　　（b）

图 1-7　公称尺寸、极限尺寸与极限偏差

（a）孔；（b）轴

3. 尺寸偏差计算举例

【例 1-1】已知某孔基本尺寸为 $\phi30\,\mathrm{mm}$，上极限尺寸为 $\phi30.028\,\mathrm{mm}$，下极限尺寸为 $\phi30.007\,\mathrm{mm}$，如图 1-8 所示，求孔的上偏差、下偏差。

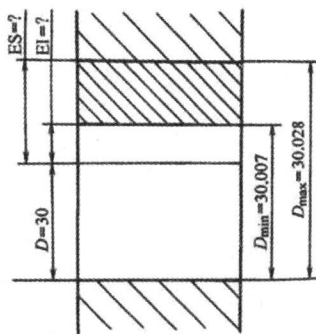

图 1-8　例 1-1 图

解：

$$\mathrm{ES}=D_{\max}-D=30.028-30=+0.028\,\mathrm{mm}$$

$$\mathrm{EI}=D_{\min}-D=30.007-30=+0.007\,\mathrm{mm}$$

【例 1-2】已知某轴的基本尺寸为 $\phi50\,\mathrm{mm}$，上极限尺寸为 $\phi49.975\,\mathrm{mm}$，下极限尺寸为 $\phi49.936\,\mathrm{mm}$，如图 1-9 所示，求轴的上偏差、下偏差。

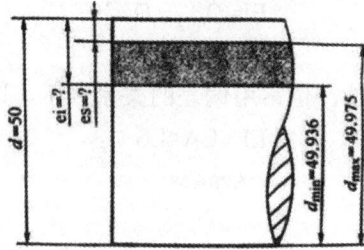

图 1-9 例 1-2 图

解：

$$es=d_{max}-d=49.975-50=-0.025 \text{ mm}$$

$$ei=d_{min}-d=49.936-50=-0.064 \text{ mm}$$

（二）尺寸公差

尺寸公差（简称公差），是指上极限尺寸减下极限尺寸之差，或上偏差减下偏差之差。公差是允许尺寸的变动量，是一个没有符号的绝对值，公式表示为

孔的公差：　　　　　　　　　$T_h = | D_{max}-D_{min} | = ES-EI$

轴的公差：　　　　　　　　　$T_s = | d_{max}-d_{min} | = es-ei$

公差表示尺寸允许的变动量范围，即某种区域大小的数值指标，为无符号的绝对值，不允许为零。尺寸公差是允许的尺寸误差，公差值越大，要求的加工精度越低；公差值越小，要求的加工精度越高。

（三）尺寸误差

尺寸误差，是指一批零件的实际尺寸相对于理想尺寸的偏离范围。当加工条件一定时，尺寸误差表征了加工方法的精度。

尺寸公差，则是设计规定的误差允许值，体现了设计者对加工方法精度的要求。通过一批零件的测量，可以估算出尺寸误差，而公差是设计给定的，不能通过测量得到。

总之，公差与极限偏差既有区别，又有联系，它们都是由设计规定的，公差表示对一批零件尺寸均匀程度的要求，即尺寸允许的变动范围，是零件尺寸的精度指标，但不能根据公差来逐一判断零件是否合格。

（四）公差带

公差带，是指在公差带图中，由代表上、下极限偏差或上、下极限尺寸的两条直线所限定的区域。公差带表示零件的尺寸相对其公称尺寸允许变动的范围。

1．公差带图

公差带图，是指以公称尺寸为零线，用适当的比例画出上、下极限偏差，以表示尺寸允许变动的界限及范围，如图 1-10 所示。

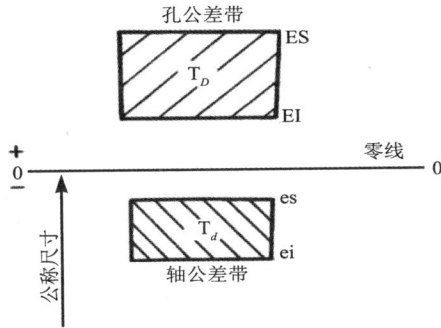

图 1-10 公差带图

2. 公差带图的组成

公差带图由零线和公差带组成。其中，表示基本尺寸的一条直线称为零线，如图 1-10 所示。在其左端画出表示偏差大小的纵坐标轴并标上"0"和"+""-"号，在其左下方画上单向箭头的尺寸线，并标上基本尺寸值。正偏差位于零线上方，负偏差位于零线下方，零偏差与零线重合。尺寸单位用毫米（mm）表示，偏差单位用微米（μm）表示。

公差带有两个参数，即公差带位置和公差带大小。公差带位置由基本偏差确定，公差带大小由标准公差确定。一般绘制公差带图时，孔和轴的公差带剖面线的倾斜方向应相反，且疏密程度不同，如图 1-10 所示。

七、配合的术语及定义

（一）配合的概念

配合，是指公称尺寸相同、相结合的轴和孔公差带之间的关系。

（二）配合的分类

根据组成配合的孔和轴的公差带相对位置不同，配合可分为间隙配合、过盈配合和过渡配合。

1. 间隙配合

间隙配合，是指保证具有间隙（包括最小间隙等于零）的配合。当孔的尺寸减去轴的尺寸所得的带数值为正值时，称为间隙，用符号 X 表示。此时，孔的公差带在轴的公差带之上，如图 1-11 所示。

间隙配合时，当孔为上极限尺寸而轴为下极限尺寸时，装配后便得到最大间隙（X_{max}），此时孔、轴配合处于最松状态；当孔为下极限尺寸而轴为上极限尺寸时，装配后便得到最小间隙（X_{min}），此时孔、轴配合处于最紧状态；当孔的下极限尺寸等于轴的上极限尺寸时，间隙为零。最大间隙和最小间隙统称为极限间隙，计算公式为

最大间隙：
$$X_{max} = D_{max} - d_{min} = ES - ei$$

最小间隙：

$$X_{\min} = D_{\min} - d_{\max} = \text{EI} - \text{es}$$

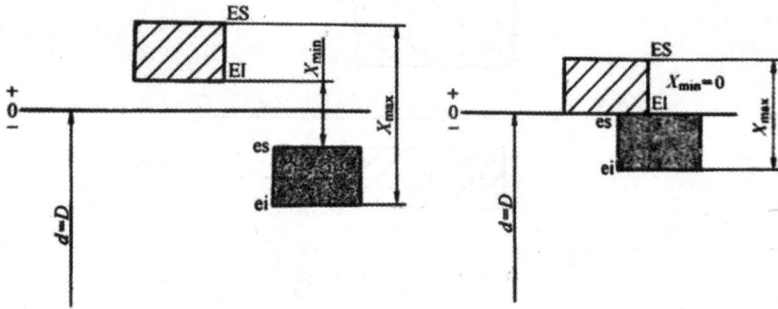

图 1-11　间隙配合

2.　过盈配合

保证具有过盈（包括最小过盈等于零）的配合，称为过盈配合。当孔的尺寸减去轴的尺寸所得的带数值为负值时，称为过盈，用符号 Y 表示。此时，孔的公差带在轴的公差带之下，如图 1-12 所示。

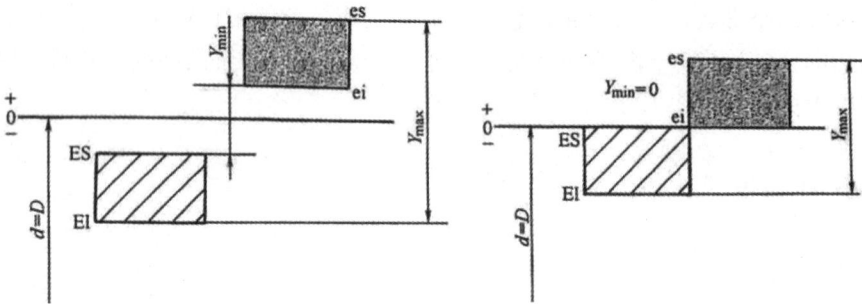

图 1-12　过盈配合

过盈配合时，当孔为下极限尺寸而轴为上极限尺寸时，装配后便得到最大过盈（$Y_{\max}$），此时孔、轴配合处于最紧状态；当孔为上极限尺寸而轴为下极限尺寸时，装配后便得到最小过盈（$Y_{\min}$），此时孔、轴配合处于最松状态；当孔的上极限尺寸等于轴的下极限尺寸时，过盈为零。最大过盈和最小过盈统称为极限过盈，计算公式为

最大过盈：

$$Y_{\max} = D_{\min} - d_{\max} = \text{EI} - \text{es}$$

最小过盈：

$$Y_{\min} = D_{\max} - d_{\min} = \text{ES} - \text{ei}$$

3.　过渡配合

可能具有间隙或过盈的配合，称为过渡配合。此时，孔的公差带与轴的公差带相互交叠，如图 1-13 所示。

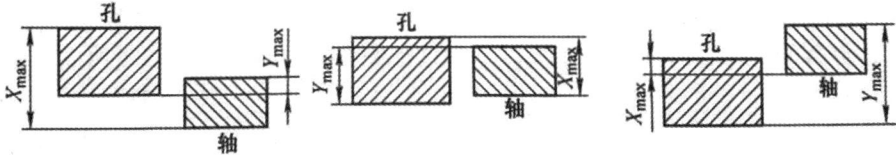

图 1-13 过渡配合

孔的上极限尺寸减轴的下极限尺寸所得的差值为最大间隙。孔的下极限尺寸减轴的上极限尺寸所得的差值为最大过盈。计算公式为

最大间隙：

$$X_{max} = D_{max} - d_{min} = ES - ei$$

最大过盈：

$$Y_{max} = D_{min} - d_{max} = EI - es$$

4. 配合公差（T_f）

配合公差，是指允许间隙或过盈的变动量。配合公差的大小表示配合松紧程度的变化范围。间隙配合、过盈配合和过渡配合的配合公差计算公式分别表示为

间隙配合：$\qquad T_f = |X_{max} - X_{min}| = T_h + T_s$

过盈配合：$\qquad T_f = |Y_{min} - Y_{max}| = T_h + T_s$

过渡配合：$\qquad T_f = |X_{max} - Y_{max}| = T_h + T_s$

即配合公差等于配合孔的公差与轴的公差之和。

（三）配合公差带

1. 配合公差带

在配合公差带图中，由代表极限间隙或极限过盈的两条直线所限定的区域，称为配合公差带。

2. 配合公差带图

配合公差带图是以零间隙（零过盈）为零线，用适当的比例画出极限间隙或极限过盈，以表示间隙或过盈允许的变动范围的图形，如图 1-14 所示。

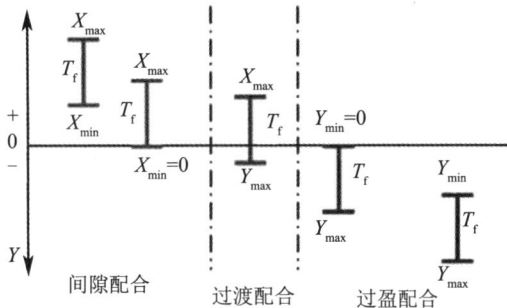

图 1-14 配合公差带图

由图 1-14 所示可知，零线以上表示间隙，零线以下表示过盈。因此，配合公差带完全在零线之上为间隙配合；完全在零线之下为过盈配合；跨在零线上、下两侧，则为过渡配合。

配合公差带的大小取决于配合公差的大小，配合公差带相对于零线的位置取决于极限间隙或极限过盈的大小。前者表示配合精度的高低，后者表示配合的松紧程度。

由合格的孔、轴组成的配合一定可用，具有互换性。而不合格的孔、轴也可能组成可用的配合，满足使用要求，但不具有互换性。

【例 1-3】已知孔 $\phi 80$ mm 与轴配合，T_f=0.049 mm，X_{max}=0.028 mm，Y_{max}=-0.021 mm，T_s=0.019 mm，es=0。试求出孔和轴的极限偏差，并画出公差带图，说明孔和轴的配合性质。

解：代入公式，计算孔和轴的极限偏差为：

$$ei=es-T_s=（0-0.019）mm=-0.019\ mm$$

$$T_h=T_f-T_s=（0.049-0.019）mm=0.030\ mm$$

根据 X_{max}=ES-ei，计算 ES 为

$$ES=X_{max}+ei=[0.028+（-0.019）]\ mm=0.009\ mm$$

根据 Y_{max}=EI-es，计算 EI 为

$$EI=Y_{max}+es=（-0.021+0）mm=-0.021\ mm$$

根据计算结果绘制公差带图，如图 1-15 所示，该配合为过渡配合。

图 1-15　公差带图

八、极限制、配合制及基准制的基本内容

极限制，是指经标准化的公差与偏差制度。它是一系列标准的孔、轴公差数值和极限偏差数值。

（一）标准公差

标准公差系列给出了标准化了的公差值，简称为标准公差。

符合国家标准的公差带，大小由标准公差决定，位置由基本偏差决定。

标准公差系列是国家标准规定的一系列标准公差数值（见表 1-1）。

表 1-1　标准公差数值（摘自 GB/T 1800.1—2009）

公称尺寸/mm		标准公差因子计算公式 $i = 0.45\sqrt[3]{D} + 0.001$	标准公差等级数值													
			IT5	IT6	IT7	IT8	IT9	IT10	IT11	IT12	IT13	IT14	IT15	IT16	IT17	IT18
			单位：μm							单位：mm						
至			7i	10i	16i	25i	40i	60i	100i	160i	250i	400i	640i	1000i	1600i	2500i
—	3	式中 i 的单位为 μm，D 为公称尺寸段的几何平均值（单位：mm）	4	6	10	14	25	40	60	0.1	0.14	0.25	0.4	0.6	1	1.4
3	6		5	8	12	18	30	48	75	0.12	0.18	0.3	0.48	0.75	1.2	1.8
6	10		6	9	15	22	35	58	90	0.15	0.22	0.36	0.58	0.9	1.5	2.2
10	18		8	11	18	27	43	70	110	0.18	0.27	0.43	0.7	1.1	1.8	2.7
18	30		9	13	21	33	52	84	130	0.21	0.33	0.52	0.84	1.3	2.1	3.3
30	50	标准公差大小为IT=ai 式中：a——公差系数，反映加工的难易程度	11	16	25	39	62	100	160	0.25	0.39	0.62	1	1.6	2.5	3.9
50	80		13	19	30	46	74	120	190	0.3	0.46	0.74	1.2	1.9	3	4.6
80	120		15	22	35	54	87	140	220	0.35	0.54	0.87	1.4	2.2	3.5	5.4
120	180		18	25	40	63	100	160	250	0.4	0.63	1	1.6	2.5	4	6.3
180	250		20	29	46	72	115	185	290	0.46	0.72	1.15	1.85	2.9	4.6	7.2
250	315		23	32	52	81	130	210	320	0.52	0.81	1.3	2.1	3.2	5.2	8.1
315	400		25	36	57	89	140	230	360	0.57	0.89	1.4	2.3	3.6	5.7	8.9
400	500		27	40	63	97	155	250	400	0.63	0.97	1.55	2.5	4	6.3	9.7

注：公称尺寸小于 1 mm 时，无 IT4～IT18

标准公差等级共 20 级，即 IT01，IT0，IT1，…，IT18（表 1-1 中列出 IT5～IT18 的公差数值）。其中，IT01 级精度最高，IT18 精度最低，即数值越大，公差等级（加工精度）越低，尺寸允许的变动范围（公差值）越大，加工难度越小。

（二）基准制

极限与配合制度中规定了松紧不同的配合，用来满足各类机器零件配合性质的要求，以实现孔、轴的配合。国家标准对组成配合的原则规定了基孔制和基轴制两种配合基准。

1. 基孔制配合及特点

（1）基孔制配合。

基孔制配合，是指基本偏差为一定的孔的公差带与不同基本偏差的轴的公差带形成各种配合的一种制度。

对于极限与配合制，孔的公差带在零线上方，孔的下极限尺寸等于基本尺寸，孔的下极限偏差 EI 为零，孔称为基准孔，其代号为"H"，如图 1-16（a）所示。

（2）基孔制的特点。

基孔制中的孔为基准孔，用"H"表示；基准孔的公差带位于零线上方，其下极限偏差为零；基准孔的下极限尺寸等于基本尺寸。

2. 基轴制配合及特点

（1）基轴制配合。

基轴制配合，是指基本偏差为一定的轴的公差带与不同基本偏差的孔的公差带形成各种配合的一种制度。

对于极限与配合制，轴的公差带在零线下方，轴的上极限尺寸等于基本尺寸，轴的上极限偏差 es 为零，轴称为基准轴，其代号为"h"，如图 1-16（b）所示。

（2） 基轴制的特点。

基轴制中的轴为基准轴，用"h"表示；基准轴的公差带位于零线下方，其上极限偏差为零；基准轴的上极限尺寸等于基本尺寸。

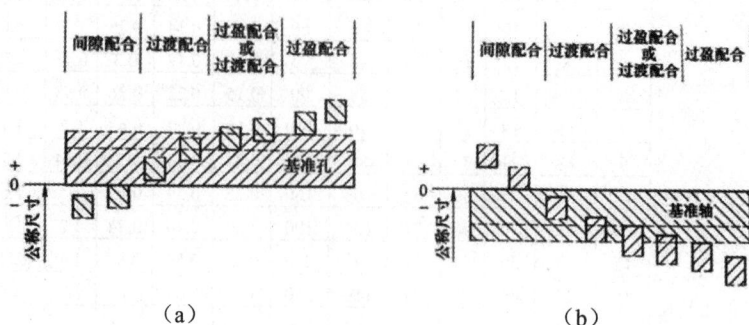

图 1-16　基孔制配合和基轴制配合

（a）基孔制；　（b）基轴制

（三）基本偏差

基本偏差是指用以确定公差带相对于零线位置的两个极限偏差中的一个，一般是靠近零线的那个偏差（有个别公差带例外），原则上与公差等级无关。

为了满足不同配合性质的需要，国家标准《极限与配合》对孔、轴公差带的位置予以标准化后，形成了基本偏差系列。基本偏差系列给出了标准化的基本偏差，简称为基本偏差。

1. 基本偏差代号

基本偏差的代号用拉丁字母表示，大写代表孔的基本偏差，小写代表轴的基本偏差。在 26 个字母中，除去易与其他代号混淆的 I，L，O，Q，W（i，l，o，q，w）5 个字母外，采用 21 个。加上 CD，EF，FG，JS，ZA，ZB，ZC（cd，ef，fg，js，za，zb，zc）两个字母表示的 7 个代号，共有 28 个代号，即孔和轴各有 28 个基本偏差，如图 1-17 所示。

（1） 轴的基本偏差从 a～h 为上偏差，h 的上偏差为零，其余均为负值，它们的绝对值依次减小；轴的基本偏差从 j 到 zc 为下偏差，除 j 和 k 外，均为正值，它们的绝对值依次增大。

（2） 孔的基本偏差从 A～H 为下偏差，H 的上偏差为零，其余均为正值，它们的绝对值依次减小；孔的基本偏差从 J 到 ZC 为上偏差，除 J 和 K 外，均为负值，它们的绝对值依次增大。

（3） 基本偏差为 JS 和 js 的公差带，在各公差等级中完全对称于零线，其基本偏差可为上偏差（数值为+IT/2），也可为下偏差（数值为-IT/2）。在基本偏差数值中 js 划归为上偏差，JS 划归为下偏差。

（4） 代号为 k，K 和 N 的基本偏差的数值随公差等级的不同而分为两种情况：K，k 可为正值或零值，N 可为负值或零值。代号为 M 的基本偏差随公差等级不同有三种情况，即正值、负值、零值。

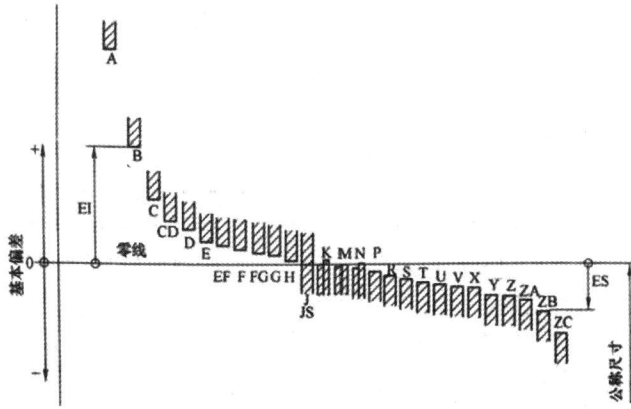

（a）

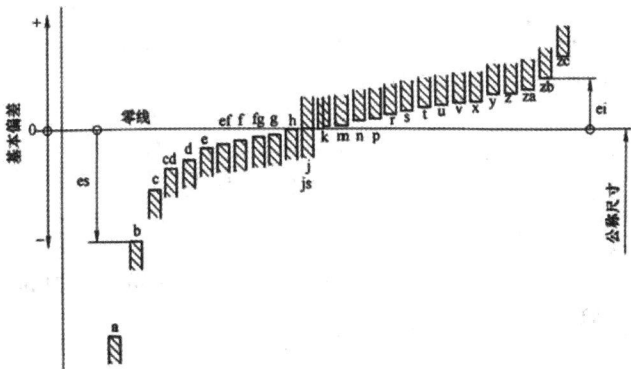

（b）

图 1-17　基本偏差

（a）孔的基本偏差；（b）轴的基本偏差

（5）　孔和轴的基本偏差原则上不随公差等级变化，只有极少数基本偏差（j，js，k）除外。

2.　轴的基本偏差

（1）　轴的基本偏差 a~h 和 k~zc 及其"+"或"-"如图 1-18 所示。a~h 的基本偏差是上极限偏差，与基准孔配合是间隙配合，最小间隙正好等于基本偏差的绝对值；j，k，m，n 的基本偏差是下极限偏差，与基准孔配合是过渡配合；j~zc 的基本偏差是下极限偏差，与基准孔配合是过盈配合。基本尺寸小于或等于 500 mm 轴的基本偏差数值，如表 1-2 所示；而轴的另一个偏差则是根据基本偏差和标准公差的关系，按照 es=ei+IT 或 ei=es-IT 计算得出。

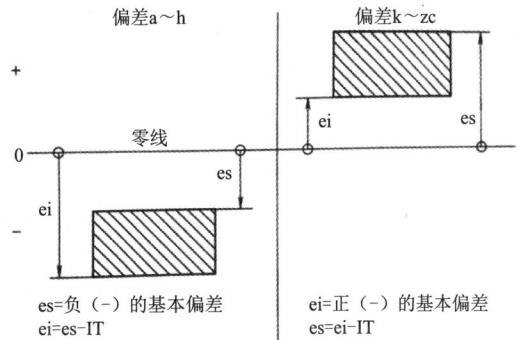

es=负（-）的基本偏差
ei=es-IT

ei=正（-）的基本偏差
es=ei-IT

图 1-18　轴的偏差

表1-2　轴的极限偏差数值（d≤500）（GB/T 1800.1—2009）

公称尺寸 /mm	基本偏差/μm																
	上极限偏差 es											js	下极限偏差 ei				
	a	b	c	cd	D	e	ef	F	fg	g	h	js	j			k	
	所有公差等级												5~6	7	8	4~7	≤3 > 7
≤3	-270	-140	-60	-34	-20	-14	-10	-6	-4	-2	0	偏差等于 ±$\frac{IT}{2}$	-2	-4	-6	0	0
> 3~6	-270	-140	-70	-46	-30	-20	-14	-10	-6	-4	0		-2	-4	—	+1	0
> 6~10	-280	-150	-80	-56	-40	-25	-18	-13	-8	-5	0		-2	-5	—	+1	0
> 10~14	-290	-150	-95	—	-50	-32	—	-16	—	-6	0		-3	-6	—	+1	0
> 14~18	-290	-150	-95	—	-50	-32	—	-16	—	-6	0		-3	-6	—	+1	0
> 18~24	-300	-160	-110	—	-65	-40	—	-20	—	-7	0		-4	-8	—	+2	0
> 24~30	-300	-160	-110	—	-65	-40	—	-20	—	-7	0		-4	-8	—	+2	0
> 30~40	-310	-170	-120	—	-80	-50	—	-25	—	-9	0		-5	-10	—	+2	0
> 40~50	-320	-180	-130	—	-80	-50	—	-25	—	-9	0		-5	-10	—	+2	0
> 50~65	-340	-190	-140	—	-100	-60	—	-30	—	-10	0		-7	-12	—	+2	0
> 65~80	-360	-200	-150	—	-100	-60	—	-30	—	-10	0		-7	-12	—	+2	0
> 80~100	-380	-220	-170	—	-120	-72	—	-36	—	-12	0		-9	-15	—	+3	0
> 100~120	-410	-240	-180	—	-120	-72	—	-36	—	-12	0		-9	-15	—	+3	0
> 120~140	-460	-260	-200	—	-145	-85	—	-43	—	-14	0		-11	-18	—	+3	0
> 140~160	-520	-280	-210	—	-145	-85	—	-43	—	-14	0		-11	-18	—	+3	0
> 160~180	-580	-310	-230	—	-145	-85	—	-43	—	-14	0		-11	-18	—	+3	0
> 180~200	-660	-340	-240	—	-170	-100	—	-50	—	-15	0		-13	-21	—	+4	0
> 200~225	-740	-380	-260	—	-170	-100	—	-50	—	-15	0		-13	-21	—	+4	0
> 225~250	-820	-420	-280	—	-170	-100	—	-50	—	-15	0		-13	-21	—	+4	0
> 250~280	-920	-480	-300	—	-190	-110	—	-56	—	-17	0		-16	-26	—	+4	0
> 280~315	-1050	-540	-330	—	-190	-110	—	-56	—	-17	0		-16	-26	—	+4	0
> 315~355	-1200	-600	-360	—	-210	-125	—	-62	—	-18	0		-18	-18	—	+4	0
> 355~400	-1350	-680	-400	—	-210	-125	—	-62	—	-18	0		-18	-18	—	+4	0
> 400~450	-1500	-760	-440	—	-230	-135	—	-68	—	-20	0		-20	-32	—	+5	0
> 450~500	-1650	-840	-480	—	-230	-135	—	-68	—	-20	0		-20	-32	—	+5	0

注：1. 公称尺寸小于或等于1 mm时，各级的 a 和 b 均采用。

　　2. js 的数值：对 IT7~IT11，若 ITn 的数值（单位：μm）为奇数，则取 $js = \pm\frac{IT_{n-1}}{2}$。

基本偏差/μm													
下极限偏差 ei													
m	n	p	r	s	t	u	v	x	y	z	za	zb	zc
所有公差等级													
+2	+4	+6	+10	+14	—	+18	—	+20	—	+26	+32	+40	+60
+4	+8	+12	+15	+19	—	+23	—	+28	—	+35	+42	+50	80
+6	+10	+15	+19	+23	—	+28	—	+34	—	+42	+52	+67	+97
+7	+12	+18	+23	+28	—	+33	—	+40	—	+50	+64	+90	+130
							+39	+45		+60	+77	+108	+150
+8	+15	+22	+28	+35	—	+41	+47	+54	+63	+73	+98	+136	+188
					+41	+48	+55	+64	+75	+88	+118	+160	+218
+9	+17	+26	+34	+43	+48	+60	+68	+80	+94	+112	+148	+200	+274
					+54	+70	+81	+97	+114	+136	+180	+242	+325
+11	+20	+32	+41	+53	+66	+87	+102	+122	+144	+172	+226	+300	+405
			+43	+59	+75	+102	+120	+146	+174	+210	+274	+360	+480
+13	+23	+37	+51	+71	+91	+124	+146	+178	+214	+258	+335	+445	+585
			+54	+79	+104	+144	+172	+210	+254	+310	+400	+525	+690
+15	+27	+43	+63	+92	+122	+170	+202	+248	+300	+365	+470	+620	+800
			+65	+100	+134	+190	+228	+280	+340	+415	+535	+700	+900
			+68	+108	+146	+210	+252	+310	+380	+465	+600	+780	+1000
+17	+31	+50	+77	+122	+166	+236	+284	+350	+425	+520	+670	+880	+1150
			+80	+130	+180	+258	+310	+385	+470	+575	+740	+960	+1250
			+84	+140	+196	+284	+340	+425	+520	+640	+820	+1050	+1350
+20	+34	+56	+94	+158	+218	+315	+385	+475	+580	+710	+920	+1200	+1550
			+98	+170	+240	+350	+425	+525	+650	+790	+1000	+1300	+1700
+21	+37	+62	+108	+190	+368	+390	+475	+590	+730	+900	+1150	+1500	+1900
			+144	+208	+294	+435	+530	+660	+820	+1000	+1300	+1650	+2100
+23	+40	+68	+126	+232	+330	+490	+595	+740	+920	+1100	+1450	+1850	+2400
			+132	+252	+360	+540	+660	+820	+1000	+1250	+1600	+2100	+2600

3. 孔的基本偏差

基本尺寸小于或等于 500 mm 孔的基本偏差是根据孔的基本偏差换算得出的（如表 1-3 所示）。

表 1-3　孔的极限偏差数值（D≤500）（GB/T 1800.1—2009）

公称尺寸/mm	基本偏差/μm																	
	下极限偏差 EI											上极限偏差 ES						
	A	B	C	CD	D	E	EF	F	FG	G	H	JS	J			K	M	
	所有的公差等级												6	7	8	≤8	>8	≤8	>8
≤3	+270	+140	+60	+34	+20	+14	+10	+6	+4	+2	0		+2	+4	+6	0	0	-2	-2
>3～6	+270	+140	+70	+46	+30	+20	+14	+10	+6	+4	0		+5	+6	+10	-1+Δ	—	-4+Δ	-4
>6～10	+280	+150	+80	+56	+40	+25	+18	+13	+8	+5	0		+5	+8	+12	-1+Δ	—	-6+Δ	-6
>10～14	+290	+150	+95	—	+50	+32	—	+16	—	+6	0		+6	+10	+15	-1+Δ	—	-7+Δ	-7
>14～18																			
>18～24	+300	+160	+110	—	+65	+40	—	+20	—	+7	0		+8	+12	+20	-2+Δ	—	-8+Δ	-8
>24～30																			
>30～40	+310	+170	+120	—	+80	+50	—	+25	—	+9	0	偏差等于 ±IT/2	+10	+14	+24	-2+Δ	—	-9+Δ	-9
>40～50	+320	+180	+130																
>50～65	+340	+190	+140	—	+100	+60	—	+30	—	+10	0		+13	+18	+28	-2+Δ	—	-11+Δ	-11
>65～80	+360	+200	+150																
>80～100	+380	+220	+170	—	+120	+72	—	+36	—	+12	0		+16	+22	+34	-3+Δ	—	-13+Δ	-13
>100～120	+410	+240	+180																
>120～140	+460	+260	+200	—	+145	+85	—	+43	—	+14	0		+18	+26	+41	-3+Δ	—	-15+Δ	-15
>140～160	+520	+280	+210																
>160～180	+580	+310	+230																
>180～200	+660	+340	+240	—	+170	+100	—	+50	—	+15	0		+22	+30	+47	-4+Δ	—	-17+Δ	-17
>200～225	+740	+380	+260																
>225～250	+820	+420	+280																
>250～280	+920	+480	+300	—	+190	+110	—	+56	—	+17	0		+25	+36	+55	-4+Δ	—	-20+Δ	-20
>280～315	+1050	+540	+330																
>315～355	+1200	+600	+360	—	+210	+125	—	+62	—	+18	0		+29	+39	+60	-4+Δ	—	-21+Δ	-21
>355～400	+1350	+680	+400																
>400～450	+1500	+760	+440	—	+230	+135	—	+68	—	+20	0		+33	+43	+66	-5+Δ	—	-23+Δ	-23
>450～500	+1650	+840	+480																

注：1. 公称尺寸小于或等于 1 mm 时，各级的 A 和 B 及大于 8 级的 N 均不采用。

2. JS 的数值：对 IT7～IT11，若 ITn 的数值（μm）为奇数，则 $JS = \pm \dfrac{IT_{n-1}}{2}$。

3. 特殊情况时：当公称尺寸大于 250～315 mm 时，M6 的 ES 等于 -9 μm（不等于 -11 μm）。

4. 对于小于或等于 IT8 的 K、M、N 和小于或等于 IT7 的 P～ZC，所需要的 Δ 值从表内右侧栏选取。例如：大于 6～10 mm 的 P6，Δ=3，所以 ES=（-15+3）μm =-12 μm。

基本偏差/μm															Δ/μm					
上极限偏差 ES																				
N		P~ZC	P	R	S	T	U	V	X	Y	Z	ZA	ZB	ZC						
≤8	>8	≤7					>7								3	4	5	6	7	8
-4	-4		-6	-10	-14	—	-18	—	-20	—	-26	-32	-40	-60	0	0	0	0	0	0
-8+Δ	0	在 >7 级的相应数值上增加一个 Δ 值	-12	-15	-19	—	-23	—	-28	—	-35	-42	-50	-80	1	1.5	1	3	4	6
-10+Δ	0		-15	-19	-23	—	-28	—	-34	—	-42	-52	-67	-97	1	1.5	2	3	6	7
-12+Δ	0		-18	-23	-28	—	-33	—	-40	—	-50	-64	-90	-130	1	1	3	3	7	9
								-39	-45		-60	-77	-108	-150						
-15+Δ	0		-22	-28	-35	—	-41	-47	-54	-63	-73	-98	-136	-188	1.5	2	3	4	8	12
						-41	-48	-55	-64	-75	-88	-118	-160	-218						
-17+Δ	0		-26	-34	-43	-48	-60	-68	-80	-94	-112	-148	-200	-274	1.5	3	4	5	9	14
						-54	-70	-81	-97	-114	-136	-180	-242	-325						
-20+Δ	0		-32	-41	-53	-66	-87	-102	-122	-144	-172	-226	-300	-405	2	3	5	6	11	16
				-43	-59	-75	-102	-120	-146	-174	-210	-274	-360	-408						
-23+Δ	0		-37	-51	-71	-91	-124	-146	-178	-214	-258	-335	-445	-585	2	4	5	7	13	19
				-54	-79	-104	-144	-172	-210	-254	-310	-400	-525	-690						
-27+Δ	0		-43	-63	-92	-122	-170	-202	-248	-300	-365	-470	-620	-800	3	4	6	7	15	23
				-65	-100	-134	-190	-228	-280	-340	-415	-535	-700	-900						
				-68	-108	-146	-210	-252	-310	-380	-465	-600	-780	-1000						
-31+Δ	0		-50	-77	-122	-166	-236	-284	-350	-425	-520	-670	-880	-1150	3	4	6	9	17	26
				-80	130	-180	-258	-310	-385	-470	-575	-740	-960	-1250						
				-84	-140	-196	-284	-340	-425	-520	-640	-820	-1050	-1350						
-34+Δ	0		-56	-94	-158	-218	-315	-385	-475	-580	-710	-920	-1200	-1550	4	5	7	11	20	29
				-98	-170	-240	-350	-425	-525	-650	-790	-1000	-1300	-1700						
-37+Δ	0		-62	-108	-190	-268	-390	-475	-590	-730	-900	-1150	-1500	-1900	4	5	7	11	21	32
				-144	-208	-294	-435	-530	-660	-820	-1000	-1300	-1650	-2100						
-40+Δ	0		-68	-126	-232	-330	-490	-595	-740	-920	-1100	-1450	-1850	-2400	5	5	7	13	23	34
				-132	-252	-360	-540	-660	-820	-1000	-1250	-1600	-2100	-2600						

换算原则是：在孔、轴同级配合或孔比轴低一级的配合中，基准轴配合中的基本偏差代号与基准孔配合中轴的基本偏差代号相当时（例如，$\phi 40G7/h6$ 中孔的基本偏差 G 对应于 $\phi 40H6/g7$ 中轴的基本偏差 g），应该保证基轴制和基孔制的配合性质相同（极限间隙或极限过盈相同）。

根据上述原则，孔的基本偏差可以按下面两种规则计算。

（1）通用规则。

通用规则，是指同一个字母表示的孔、轴的基本偏差绝对值相等，符号相反。孔的基本偏差与轴的基本偏差关于零线对称，相当于轴基本偏差关于零线的倒影，所以又称为倒影规则。

对于孔的基本偏差 A～H，不论孔、轴是否采用同级配合，都有 EI=-es；而对于 K～

ZC 中，标准公差大于 IT8 的 K、M、N 以及大于 IT7 的 P～ZC 一般都采用同级配合，按照该规则，则有 ES=-ei。但是有一个例外：基本尺寸大于 3 mm，标准公差大于 IT8 的 N，它的基本偏差为 ES=0。

（2） 特殊规则。

特殊规则，是指孔的基本偏差和轴的基本偏差符号相反，绝对值相差一个 Δ 值。在较高的公差等级中采用异级配合（配合中孔的公差等级常比轴低一级），因为相同公差等级的孔比轴难加工。对于基本尺寸小于或等于 500 mm，标准公差大于或等于 IT8 的 J、K、M、N 和标准公差小于或等于 IT7 的 P～ZC，孔的基本偏差 ES 适用特殊规则，即

$$ES=-ei+\Delta$$

式中： $\Delta =IT_n-IT_{n-1}$。

【例 1-4】利用查表法确定 $\phi25H8/p8$ 和 $\phi25P8/h8$ 的极限偏差。

解： 查表 1-1 得

$$IT8=33\ \mu m$$

轴的基本偏差为下极限偏差，查表 1-2 得

$$ei=+22\ \mu m$$

轴 p8 的上极限偏差为

$$es= ei+IT8=+22\ \mu m+33\ \mu m=+55\ \mu m$$

孔 H8 的下极限偏差为 0，上极限偏差为

$$ES=EI+IT8=0+33\ \mu m=+33\ \mu m$$

孔 P8 的基本偏差为上极限偏差，查表 1-3 得

$$ES=-22\ \mu m$$

孔 P8 的下极限偏差为

$$EI=ES-IT8=-22\ \mu m-33\ \mu m=-55\ \mu m$$

轴 h8 的上极限偏差为 0，下极限偏差为

$$ei=es-IT8=0-33\ \mu m=-33\ \mu m$$

由上可得

$$\phi25H8= \phi25_{\ 0}^{+0.033}\quad \phi25p8= \phi25_{+0.022}^{+0.055}$$

$$\phi25P8= \phi25_{-0.055}^{-0.022}\quad \phi25h8= \phi25_{-0.033}^{\ 0}$$

孔、轴配合的公差带如图 1-19 所示。

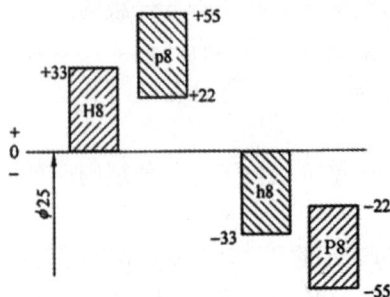

图 1-19　例 1-4 图

【例 1-5】确定 $\phi25\text{H7/p6}$ 和 $\phi25\text{P7/h6}$ 的极限偏差，其中轴的极限偏差用查表法确定，孔的极限偏差用公式计算确定。

解： 查表 1-1 得

$$\text{IT6=13 μm} \qquad \text{IT7=21 μm}$$

轴 p6 的基本偏差为下极限偏差，查表 1-2 得

$$\text{ei=+22 μm}$$

轴 p6 的上极限偏差为

$$\text{es=ei+IT6=+22 μm+13 μm=+35 μm}$$

孔 H7 的下极限偏差 EI=0，上极限偏差为

$$\text{ES=EI+IT7=0+21 μm=+21 μm}$$

孔 P7 的基本偏差为上极限偏差 ES，应该按照特殊规则进行计算，即

$$\text{ES=-ei+} \Delta$$

$$\Delta \text{=IT7-IT6=21 μm-13 μm=8 μm}$$

所以　　　　　　　　　$$\text{ES=-ei+} \Delta \text{=-21 μm+8 μm=-14 μm}$$

孔 P7 的下极限偏差为

$$\text{EI=ES-IT7=-14 μm-21 μm=-35 μm}$$

轴 p6 的上极限偏差 es=0，下极限偏差为

$$\text{ei=es-IT6=0-13 μm=-13 μm}$$

由上可得

$$\phi25\text{H7}= \phi25^{+0.021}_{0} \quad \phi25\text{p6}= \phi25^{+0.035}_{+0.022}$$

$$\phi25\text{P7}= \phi25^{-0.014}_{-0.035} \quad \phi25\text{h8}= \phi25^{0}_{-0.013}$$

孔、轴配合的公差带图如图 1-20 所示。

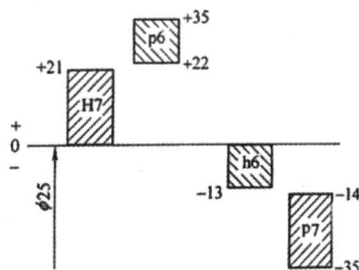

图 1-20　例 1-5 图

九、公差带和配合的选择

配合制，是指同一级限制的孔和轴组成配合的一种制度，即公差带与配合（公差等级和配合种类）的选择。

基准配合制的选择原则是：优先采用基孔制配合，其次采取基轴制配合，特殊场合应用非基准制，即混合制。

混合制，是指允许将任一孔、轴公差带组成非基准制配合的制度。

（一）孔、轴公差带代号及标注

如前所述，一个确定的公差带应由公差带的位置和公差带的大小两部分组成，公差带的位置由基本偏差来确定；公差带的大小由标准公差来确定。因此，公差带代号由基本偏差代号和标准公差等级代号组成。例如：

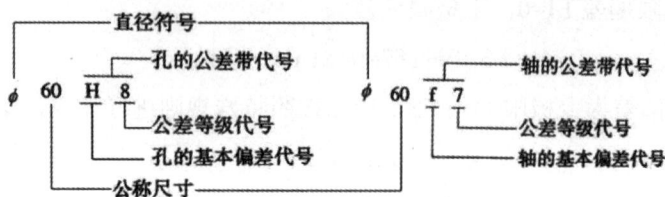

国家标准规定，标注公差的尺寸用公称尺寸后跟所要求的公差带或（和）对应的偏差值表示。三种表示形式，如图 1-21 所示。

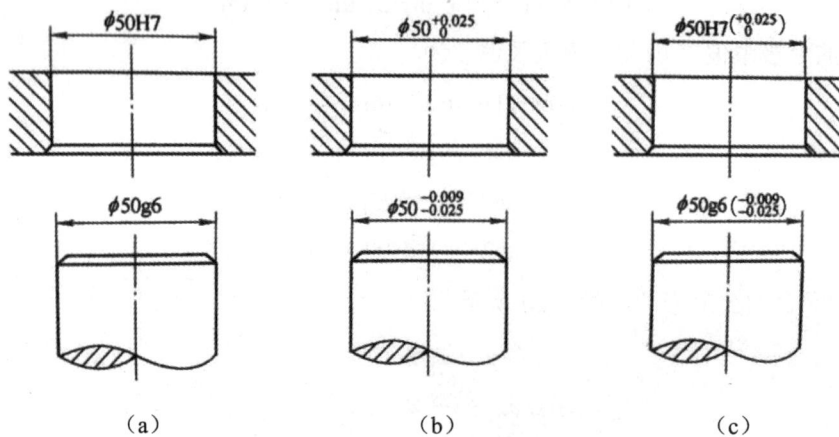

图 1-21 尺寸公差带标注的三种形式

（a）公差代号；（b）上、下极限偏差的标注；（c）公差代号和上、下极限偏差的标注

（二）孔、轴配合代号及标注

把孔、轴的公差带组合，就构成了孔、轴配合代号，用分数形式表示，分子为孔公差带，分母为轴公差带。例如，基孔制配合为 $\phi25\frac{H7}{g6}$ 或 $\phi25H7/g6$；基轴制配合代号为 $\phi50\frac{G7}{h6}$ 或 $\phi50G7/h6$。配合代号在装配图上有三种标注形式，如图 1-22 所示。

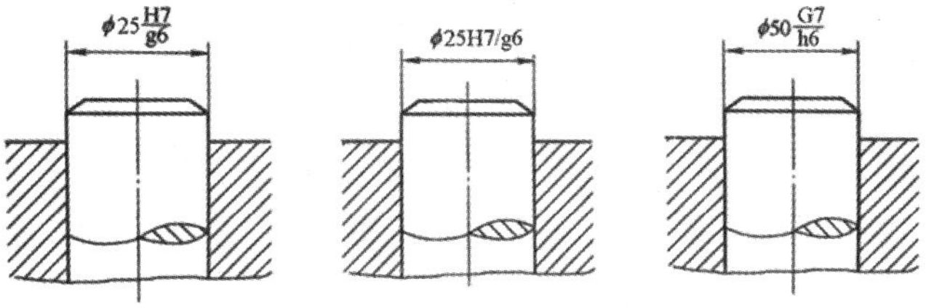

图 1-22　配合代号在装配图上的三种标注形式

（a）尺寸线上标注；　（b）尺寸线上标注；　（c）跨尺寸线标注

（三）一般、常用和优先的公差带与配合

1. 一般、常用和优先用途的公差带

在 GB/T 1801—2009 中，为了简化标准和使用方便，根据实际需要对公称尺寸至 500 mm 范围内的孔、轴规定了一般、常用和优先用途三类公差带（见表 1-4），应按顺序选用。

表 1-4　公称尺寸≤500 mm 孔、轴、常用和一般用途公差带（摘自 GB/T1801—2009）

	A	B	C	D	E	F	G	H	J	JS	K	M	N	P	R	S	T	U	V	X	Y	Z
孔公差带								H1		JS1												
								H2		JS2												
								H3		JS3												
								H4		JS4	K4	M4										
							G5	H5		JS5	K5	M5	N5	P5	R5	S5						
						F6	G6	H6	J6	JS6	K6	M6	N6	P6	R6	S6	T6	U6	V6	X6	Y6	Z6
				D7	E7	F7	G7	H7	J7	JS7	K7	M7	N7	P7	R7	S7	T7	U7	V7	X7	Y7	Z7
			C8	D8	E8	F8	G8	H8	J8	JS8	K8	M8	N8	P8	R8	S8	T8	U8	V8	X8	Y8	Z8
	A9	B9	C9	D9	E9	F9		H9		JS9			N9	P9								
	A10	B10	C10	D10	E10			H10		JS10												
	A11	B11	C11	D11				H11		JS11												
	A1	B12	C12					H12		JS12												
								H13		JS13												
轴公差带								h1		js1												
								h2		js2												
								h3		js3												
							g4	h4		js4	k4	m4										
						f5	g5	h5	js5	js5	k5	m5	n5	p5	r5	s5	t5	u5	v5	x5	y5	z5
					e6	f6	g6	h6	js6	js6	k6	m6	n6	p6	r6	s6	t6	u6	v6	x6	y6	z6
				d7	e7	f7	g7	h7	js7	js7	k7	m7	n7	p7	r7	s7	t7	u7	v7	x7	y7	z7
			c8	d8	e8	f8	g8	h8		js8	k8	m8	n8	p8	r8	s8	t8	u8	v8	x8	y8	z8
	a9	b9	c9	d9	e9	f9		h9		sj9			n9	p9								
	a10	b10	c10	d10	e10			h10		js10												
	a11	b11	c11	d11				h11		js11												
	a12	b12	c12					h12		js12												
	a13	b13	c13					h13		js13												

注：带填充的公差为优先选用公差带，方框中的为常用公差带，其他为一般用途公差带。

2. 常用和优先配合

在 GB/T 1801—2009 中，推荐的公称尺寸≤500 mm 范围内，基孔制常用和优先配合如表 1-5 所示，基轴制常用和优先配合如表 1-6 所示，供选择使用。

表 1-5　基孔制常用和优先用途配合（摘自 GB/T 1801—2009）

基准孔	轴																				
	a	b	c	d	e	f	g	h	js	k	m	n	p	r	s	t	u	v	x	y	z
	间 隙 配 合								过 渡 配 合				过 盈 配 合								
H6						$\frac{H6}{f5}$	$\frac{H6}{g5}$	$\frac{H6}{h5}$	$\frac{H6}{js5}$	$\frac{H6}{k5}$	$\frac{H6}{m5}$	$\frac{H6}{n5}$	$\frac{H6}{p5}$	$\frac{H6}{r5}$	$\frac{H6}{s5}$	$\frac{H6}{t5}$					
H7						$\frac{H7}{f5}$	$\frac{H7}{g6}$	$\frac{H7}{h6}$	$\frac{H7}{js6}$	$\frac{H7}{k6}$	$\frac{H7}{m6}$	$\frac{H7}{n6}$	$\frac{H7}{p6}$	$\frac{H7}{r6}$	$\frac{H7}{s6}$	$\frac{H7}{t6}$	$\frac{H7}{u6}$	$\frac{H7}{v6}$	$\frac{H7}{x6}$	$\frac{H7}{y6}$	$\frac{H7}{z6}$
H8					$\frac{H8}{e7}$	$\frac{H8}{f7}$	$\frac{H8}{g7}$	$\frac{H8}{h7}$	$\frac{H8}{js7}$	$\frac{H8}{k7}$	$\frac{H8}{m7}$	$\frac{H8}{n7}$	$\frac{H8}{p7}$	$\frac{H8}{r7}$	$\frac{H8}{s7}$	$\frac{H8}{t7}$	$\frac{H8}{u7}$				
				$\frac{H8}{d8}$	$\frac{H8}{e8}$	$\frac{H8}{f8}$		$\frac{H8}{h8}$													
H9			$\frac{H9}{c9}$	$\frac{H9}{d9}$	$\frac{H9}{e9}$	$\frac{H9}{f9}$		$\frac{H9}{h9}$													
H10			$\frac{H10}{c10}$	$\frac{H10}{d10}$				$\frac{H10}{h10}$													
H11	$\frac{H11}{a11}$	$\frac{H11}{b11}$	$\frac{H11}{c11}$	$\frac{H11}{d11}$				$\frac{H11}{h11}$													
H12		$\frac{H12}{b12}$						$\frac{H12}{h12}$													

注：1. $\frac{H6}{n5}$、$\frac{H7}{p6}$ 在公称尺寸≤3 mm 和 $\frac{H8}{r7}$ 在≤100 mm 时，为过渡配合。

　　2. 标注如 $\frac{H11}{h11}$ 带填充的配合为优先配合。

表 1-6　基轴制常用和优先用途配合（摘自 GB/T 1801—2009）

基准轴	孔																				
	A	B	C	D	E	F	G	H	JS	K	M	N	P	R	S	T	U	V	X	Y	Z
	间 隙 配 合								过 度 配 合				过 盈 配 合								
h5						$\frac{F5}{h5}$	$\frac{G5}{h5}$	$\frac{H5}{h5}$	$\frac{JS5}{h5}$	$\frac{K5}{h5}$	$\frac{M5}{h5}$	$\frac{N5}{h5}$	$\frac{P5}{h5}$	$\frac{R5}{h5}$	$\frac{S5}{h5}$	$\frac{T5}{h5}$					
h6						$\frac{F7}{h6}$	$\frac{G7}{h6}$	$\frac{H7}{h6}$	$\frac{JS7}{h6}$	$\frac{K7}{h6}$	$\frac{M7}{h6}$	$\frac{N7}{h6}$	$\frac{P7}{h6}$	$\frac{R7}{h6}$	$\frac{S7}{h6}$	$\frac{T7}{h6}$	$\frac{U7}{h6}$				
h7					$\frac{E8}{h7}$	$\frac{F8}{h7}$		$\frac{H8}{h7}$	$\frac{JS8}{h7}$	$\frac{K8}{h7}$	$\frac{M8}{h7}$	$\frac{N8}{h7}$	$\frac{P8}{h7}$	$\frac{R8}{h7}$	$\frac{S8}{h7}$	$\frac{T8}{h7}$	$\frac{U8}{h7}$				
h8				$\frac{D8}{h8}$	$\frac{E8}{h8}$	$\frac{F8}{h8}$		$\frac{H8}{h8}$													
h9				$\frac{D9}{h9}$	$\frac{E9}{h9}$	$\frac{F9}{h9}$		$\frac{H9}{h9}$													
h10				$\frac{D10}{h10}$				$\frac{H10}{h10}$													
h11	$\frac{A11}{h11}$	$\frac{B11}{h11}$	$\frac{C11}{h11}$	$\frac{D11}{h11}$				$\frac{H11}{h11}$													
h12		$\frac{B12}{h12}$						$\frac{H12}{h12}$													

注：标注如 $\frac{H11}{h11}$ 带填充的配合为优先配合。

（四）公差等级、配合种类的选择

1. 公差等级的选择

在满足使用要求的前提下，应尽量将公差级别选低，以取得较好的经济效益。但是准确地选定公差等级却是十分困难的。公差等级过低，将不能满足使用性能和保证产品质量；若公差等级过高，生产成本将成倍增加，显然不符合经济性要求。因此，必须综合考虑才能正确、合理的确定公差等级。公差等级的应用，如表 1-7 所示。

表 1-7　公差等级的应用

应用场合			公差等级（IT）																			
			01	0	1	2	3	4	5	6	7	8	9	10	11	12	13	14	15	16	17	18
量块			▬	▬	▬																	
量规	高精度量规					▬	▬	▬														
	低精度量规									▬												
配合尺寸	个别特别重要的精度配合				▬	▬																
	特别重要的精度配合	孔					▬	▬	▬													
		轴				▬	▬	▬														
	精密配合	孔								▬	▬											
		轴							▬	▬												
	中等精度配合	孔										▬	▬									
		轴									▬	▬										
	低精度配合														▬	▬						
非配合尺寸，一般公差尺寸																▬	▬	▬	▬	▬	▬	▬
原材料公差												▬	▬	▬	▬	▬	▬					

注：" ▬ "表示应用的公差等级。

（1）如考虑孔、轴的工艺等价性，即加工难易程度相同。对各类配合：$IT_D \leqslant IT8$ 时，T_D 比 T_d 低一级；$IT_D > IT8$ 时，T_D 与 T_d 取同级。

（2）考虑相关文件和相配的精度。如齿轮孔与轴的配合，其公差等级取决于齿轮的精度等级；滚动轴承与轴和外壳的公差等级取决于轴承的精度等级。

（3）考虑加零件的经济性。如轴承盖和隔套孔与轴颈的配合，允许选用较大的间隙和较低的公差等级。因此，可分别比外壳孔和轴径的公差等级低 2～3 级。

2. 配合种类的选择

选择配合种类的主要根据是使用要求，应该按照工作条件要求的松紧程度，在保证机器正常工作的情况下来选择适当的配合。在实际工作中，除少数可用计算法进行配合选择的设计计算外，多数都采用类比法和实验法选择配合种类。

（1）配合种类的选择

① 过盈配合。具有一定的过盈量，主要用于结合件间无相对运动不需要拆卸的静连接。

② 过渡配合。可能具有间隙，也可能具有过盈，因其量小，主要用于精确定心、结合件间无相对运动和拆卸的静连接。要传递力矩时则需要紧固件。

③ 间隙配合。具有一定的间隙，间隙小时主要用于精确定心又便于拆卸的静连接，

或结合件间只有缓慢移动或转动的动连接；间隙较大时主要用于结合件间有转动、移动或复合运动的动连接。

（2）孔、轴基本偏差的选择

配合类别确定后，非基准件基本偏差的选择有以下三种方式。

① 计算法。根据液体润滑和弹塑性理论计算出所需间隙或过盈的最佳值，而后选择接近的配合种类。

② 实验法。对产品性能影响重大的某些配合，往往需要实验法来确定最佳间隙或最佳过盈。因其成本高，故不常用。

③ 经验法。由平时实践积累的经验和通过类比法确定出配合种类，这是最常用的方法。经验法的技术参考资料，多选自《机械设计手册》，其优先配合选用说明，见表 1-8。

表 1-8　优先配合选用说明

配　　合	优先配合		选用说明
	基孔制	基轴制	
间隙配合	$\dfrac{H11}{e11}$	$\dfrac{C11}{h11}$	间隙非常大。用于转速很高，轴、孔温度差很大的滑动轴承；要求大公差、大间隙的外露部分；要求装配极方便的配合
	$\dfrac{H9}{d9}$	$\dfrac{D9}{h9}$	具有明显的间隙。用于转速较高、轴颈压力较大、精度要求不高的滑动轴承
	$\dfrac{H8}{f7}$	$\dfrac{H7}{h6}$	间隙适中。用于中等转速、中等轴颈压力、有一定精度要求的一般滑动轴承；要求装配方便的中等定位精度的配合
	$\dfrac{H7}{g6}$	$\dfrac{G7}{h6}$	间隙很小。用于低速转动或轴向移动的精密定位的配合；需要精确定位又经常拆装的不动配合
	$\dfrac{H7}{h6}$ $\dfrac{H8}{h7}$ $\dfrac{H9}{h7}$ $\dfrac{H11}{h11}$	$\dfrac{H7}{h6}$ $\dfrac{H8}{h7}$ $\dfrac{H9}{h9}$ $\dfrac{H11}{h11}$	装配时多少有点间隙，但在最大间隙实体状态下间隙为零。用于间隙定位配合，工作时一般无相对运动；也用于高精度低速轴向移动的配合，公差等级由定位精度决定
过渡配合	$\dfrac{H7}{k6}$	$\dfrac{K7}{h6}$	平均间隙接近于零。用于要求装拆的精密定位配合（约有 30% 的过盈）
	$\dfrac{H7}{n6}$	$\dfrac{N6}{h6}$	较紧的过渡配合。用于一般不拆卸的精密定位配合（约有 40%～60% 的过盈）
过盈配合	$\dfrac{H7}{p6}$	$\dfrac{P7}{h6}$	过盈很小。用于要求定位精度很高、配合刚性较好的配合。不能只靠过盈传递载荷
	$\dfrac{H7}{s6}$	$\dfrac{S7}{h6}$	过盈适中。用于靠过盈传递中等载荷的配合
	$\dfrac{H7}{u6}$	$\dfrac{U7}{h6}$	过盈较大。用于靠过盈传递较大载荷的配合。装配时需要加热孔或冷却轴

3. 一般公差未注公差的线性和角度尺寸的公差应用（GB/T 1804—2000）

（1）一般公差。一般公差，是指在车间通常加工条件下可保证的公差，是机床设备在正常维护和操作情况下能达到的经济加工精度。采用一般公差时，在该尺寸后不标注极限偏差或其他代号，所以也称未注公差。

（2）一般公差的应用。一般公差主要用于较低精度的非配合尺寸。当功能上允许的公差等于或大于一般公差时，均应采取一般公差。当要素的功能允许比一般公差大，且注出更为经济时，如装配所钻不通孔的深度，则要在尺寸后注出相应的极限偏差值。在正常情况下，未注公差一般可不必检验，而由加工工艺保证。如工艺基准与设计检测基准线统一，冲压件的一般公差由模具保证等。

（3）　一般公差适用于金属切削加工的尺寸和一般冲压加工的尺寸，对非金属材料和其他工艺方法加工的尺寸也可以参照采用。

（4）　一般公差分精密（f）、中等（m）、粗糙（c）、最粗（v）4 个公差等级。线性尺寸一般公差的公差等级及其极限偏差数值见表 1-9，其倒圆半径与倒角高度尺寸一般公差的公差等级及其极限偏差数值见表 1-10，未注公差角度尺寸的极限偏差见表 1-11。

（5）　在图样上、技术文件或相应的标准中，使用本标准的表示方法为 GB/T 1804—m（m 表示用中等级）：

表 1-9　线性尺寸一般公差的公差等级及其极限偏差数值

单位：mm

公差等级	公称尺寸分段							
	0.5～3	>3～6	>6～30	>30～120	>120～400	>400～1000	>1000～2000	>2000～4000
精密 f	±0.05	±0.05	±0.1	±0.15	±0.2	±0.3	±0.5	—
中等 m	±0.1	±0.1	±0.2	±0.3	±0.5	±0.8	±1.2	±2
粗糙 c	±0.2	±0.3	±0.5	±0.8	±1.2	±2	±3	±4
最粗 v	—	±0.5	±1	±1.5	±2.5	±4	±6	±8

表 1-10　倒圆半径与倒角高度尺寸一般公差的公差等级及其极限偏差数值

单位：mm

公差等级	公称尺寸分段			
	0.5～3	>3～6	>6～30	>30
精密/f	±0.2	±0.5	±1	±2
中等/m				
粗糙/c	±0.4	±1	±2	±4
最粗/v				

注：倒圆半径和倒角高度的含义参见 GB/T 6403.4（摘自 GB/T 1804—2000）。

表 1-11　未注公差角度尺寸的极限偏差

公差等级	长度分段/mm				
	～10	>10～50	>50～120	>120～400	>400
精密/f	±1°	±30'	±20'	±10'	±5'
中等/m					
粗糙/c	±1° 30'	±1°	±30'	±15'	±10'
最粗/v	±30°	±2°	±1°	±30'	±20'

注：1. 本标准适用于金属切削加零件的角度尺寸，也适用于一般冲压加工的角度尺寸。

　　2. 图样上未注公差角度的极限偏差，按本标准规定的公差等级选取，并由相应的技术文件做出规定。

　　3. 未注公差角度的极限偏差规定，其值按角度短边长度确定。对圆锥角，按圆锥素线长度确定。

　　4. 未注公差角度的公差等级在图样或技术文件上用标准号和公差等级符号表示。例如选用中等公差等级时，表示为：GB/T 1804—m。

任务实施

由知识链接可知，具备机械零件的几何精度及公差与配合的基本知识、几何参数测量的基本理论和检测产品的基本技能对学生来说是尤为重要的，能够为学生毕业后胜任岗位工作，增强适应职业变化的能力和继续学习打下一定的基础。

此外，还需具备机械制造中公差与配合中的孔、轴、尺寸、偏差等相关术语及定义，以及国家规定的相关标准，基准制、公差带、公差带图、公差等级，公差配合的基础知识。

任务二　测量基本知识入门

⬤ 学习目标

1. 掌握测量的基本知识；
2. 了解测量的方法与计量器具；
3. 掌握测量误差与数据的处理。

⬤ 任务呈现

在机械制造中，要实现互换性，除了合理规定极限与配合之外，还必须正确地进行加工和检测。只有检测合格的零件才具有互换性，而测量技术是实现互换性的技术保障。

⬤ 任务分析

在生产过程中，相配零件可能是由机床在不同时间和地点制造的，因此要保证计量单位的统一和量值的准确。计量工作涉及的范围较广，包括长度计量、温度计量、电磁计量等。本任务只讨论长度计量（几何参数的计量），其中包括长度、角度、几何形状、相互位置和表面粗糙度等的测量，而就其内容来讲，主要涉及机械零件的测量技术和测量器具的问题，习惯上将其称为测量技术。

⬤ 知识链接

高质量产品的制造和高效率生产环境的构建需要测量技术，才能保障制造业生存和发展。人们普遍认识到测量技术在产品质量管理中的重要性。只有实行严格的质量管理，才能保证高质量的生产。

一、测量基本知识

只有合格的零件才具有使用价值，因此，需要通过测量或检验零件几何量，判断产品合格与否。检测是判断零件的加工过程及机床工序运行是否正常，或确定加工调整补偿量大小的依据。

（一）测量的基本概念

测量，是指将被测量与具有计量单位的标准量进行比较，从而确定被测量值的过程。一个完整的几何量测量过程，包括被测对象、计量单位、测量方法和测量精度四个要素。

1. 被测对象

在几何测量中，被测对象指长度、角度、表面粗糙度和几何误差等。

2. 计量单位

计量单位是指用以度量同类量值的标准。

3. 测量方法

测量方法是指测量原理、测量器具和测量条件的总和。

4. 测量精度

测量精度是指测量结果与真值一致的程度。

（二）检验与检测的概念

1. 检验

检验，是指确定产品是否满足设计要求的过程，是判断被测量值是否在规定的极限范围内（是否合格）的过程。

2. 检测

检测是检验与测量的总称，是保证产品精度和实现互换性的重要前提，也是贯彻质量标准的重要技术手段及生产过程中的重要环节。

（三）长度基准与量值传递

1. 长度单位及基准

在我国法定计量单位中，长度单位是米（m），机械制造中常用的单位是毫米（mm）；测量技术中常用的单位是微米（μm），角度常用弧度（rad）表示，另外还有度（°）、分（′）和秒（″）。

$$1\ m=1000\ mm;\ 1\ mm=1000\ \mu m$$

2. 量值的传递系统

在生产实践中，不便直接利用光波波长进行长度尺寸的测量，通常要经过中间基准，将长度基准逐级传递到生产中使用的各种计量器具上，这就是量值的传递系统。我国工厂企业的量值传递系统，如图 1-23 所示。

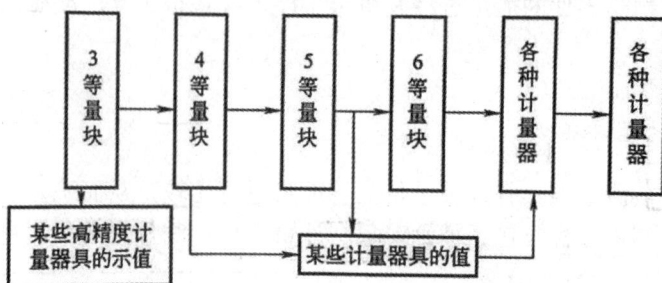

图 1-23　我国工厂企业的量值传递系统

二、测量方法与计量器具

（一）测量方法的分类

广义的测量方法，是指测量时所采用的测量原理、计量器具和测量条件的总和。在实际工作中，测量方法一般是指获得测量结果的具体方式。测量方法可从不同的角度进行分类。

1. 按是否直接量出所需的量值，分为直接测量和间接测量

（1）直接测量。用计量器具直接测得被测参数的量值或相对于标准量的偏差。直接测量又分为绝对测量和相对测量。

① 绝对测量是指测量读数可直接表示出被测量的全值，如用游标卡尺测量零件尺寸。

② 相对测量法是指测量读数仅表示被测量相对于已知标准量的偏差值。例如使用环规与内径表测量零件内径尺寸，选定与零件公称尺寸相同（已知标准量的偏差值）的内径环规，将用于调整内径量表的指针对"零"；即可对该批零件进行测量。指示表指针摆动范围应处于零件公差所限定的合格品范围之内。

（2）间接测量。即测量有关量，并通过一定的函数关系求得被测量的量值，如用正弦规测量零件角度。

2. 按零件被测参数的多少，分为单项测量和综合测量

（1）单项测量。单项测量是指分别测量零件的各个参数。如分别测量齿轮的齿厚和齿距偏差。

（2）综合测量。综合测量是指同时测量零件上几个相关参数的综合效应或综合参数。如齿轮或花键的综合测量。

3. 按被测件表面与测量器具测头是否有机械接触，分为接触测量和非接触测量

（1）接触测量。接触测量是指测量器具的测头与零件被测表面接触后有机械作用力的测量。如用外径千分尺、游标卡尺测量零件等。

（2）非接触测量。非接触测量是指测量器具的感应元件与被测零件表面不直接接触，因而不存在机械作用的测量力。如用光切显微镜测量表面粗糙度等。

4.　按测量在工艺过程中所起的作用不同，分为主动测量和被动测量

（1）　主动测量。主动测量是指再加工过程中进行的测量。

（2）　被动测量。被动测量是指加工完成后进行的测量。

5.　按被测零件在测量时所处状态不同，分为静态测量和动态测量

（1）　静态测量。静态测量是指测量时被测零件表面与测量器具测头处于静止状态。如用外径千分尺测量轴径，用齿距仪测量齿轮齿距，等等。

（2）　动态测量。动态测量是指测量时被测件表面与测量器具测头处于相对运动状态，或测量过程是模拟零件在加工时的运动状态，它能反映生产过程中被测参数的变化过程，测量效率高。如用激光比较仪测量精密线纹尺，用电动轮廓仪测量表面粗糙度，等等。

6.　按测量中测量因素是否变化，分为等精度测量和不等精度测量

（1）　等精度测量。等精度测量是指在测量过程中，决定测量精度的全部因素或条件不变。如由同一个人，同一台仪器，在同样的环境中，用同样的方法，仔细地测量同一个量。

（2）　不等精度测量。不等精度测量是指在测量过程中，决定测量精度的全部因素或条件可能完全改变或部分改变。因不等精度测量的数据处理比较麻烦，所以主要用于重要科研实验中的高精度测量。

（二）计量器具的分类

计量器具（或称为测量器具）是测量仪器和测量工具的总和。

1.　量具

量具，通常是指结构比较简单的测量工具，包括单值量具、多值量具和标准量具。

（1）　单值量具

单值量具，是用来复现单一量值的量具，可校对和调整其他测量器具或作为标准量与被测量直接进行比较。如量块和角度块等，通常都是成套使用的，如图 1-24 所示。

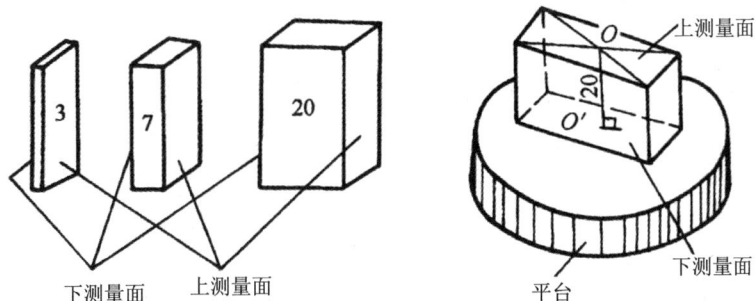

图 1-24　量块

量块是无刻度的平面平行端面量具。量块除可作为标准器具传递长度量值外，还可以作为标准器来调整仪器、机床。

① 量块的材料、形状和尺寸

量块的材料。量块通常用线胀系数小、性能稳定、耐磨、不易变形的材料制成，如铬锰钢等。

量块的形状有长方体和圆柱体，但绝大多数是长方体。如图 1-24 所示，上面有两个相互平行、光洁的工作面（也称侧面）。

量块的工作尺寸是指中心 OO'，即从一个测量面上的中心点到与该量块另一测量面相接的辅助体表面（平晶）之间的距离。

② 量块的精度等级

按 GB/T 6093—2001 的规定，量块按制造精度（量块长度的极限偏差和长度变动量允许值）分为 5 级，即 K 级（校准级）和 0、1、2、3 级（准确度级），其准确度的精度从 0 级依次由高降低。

量块长度的极限偏差，是指量块中心长度与标准公称长度之间允许的最大偏差。

在计量部门，量块按 JJG146—2001 检定精度（中心长度测量极限误差和平面平行性允许偏差）分为 5 级，即 1、2、3、4、5。其精度依次降低，1 等最高，5 等最低。

需要注意的是，由于量块平面平行性和研合性的要求，一定的"级"只能检定出一定的"等"。

量块按"级"使用时，应以量块的标准长度作为工作尺寸，该尺寸包含量块的制造误差。

量块按"等"使用时，应以检定后所给出的量块中心长度的实际尺寸作为工作尺寸，该尺寸排除了量块制造误差的影响，仅包括较小的测量误差。因此，量块按"等"使用比按"级"使用时的测量精度高。

例如，标称长度为 30 mm 的"0 级"量块，其长度极限偏差为±0.00020 mm。若按"级"使用，不管该量块的实际尺寸如何，均按 30 mm 计，则引起的测量误差为±0.00020 mm。但是若该量块经过检定后，确定为三等，其实际尺寸为 30.00012 mm，测量极限误差为±0.00015 mm。显然，按"等"使用，即按尺寸为 30.00012 mm 使用的测量极限误差为±0.00015 mm，比按"级"使用测量精度高。

③ 量块的特性和应用

量块的基本特性除上述的稳定性、耐磨性和准确性之外，还有一个重要特性——研合性。

研合性，是指两个量块的测量面相互接触，在不大的压力下做一些切向相对滑动，就能贴附在一起的性质。利用这一特性，把量块研合在一起，便可以组成所需要的各种尺寸。我国生产的成套量块有 91 块、83 块、46 块、38 块等几种规格。在使用组合量块时，为了减小量块组合的积累误差，应尽量减少使用的块数，一般不超过 4 块。应根据所需尺寸的最后一位数字选择量块，每选一块至少减少所需尺寸的一位小数。

例如，从 83 块一套的量块中选取尺寸为 28.785 mm 的量块组，则可选用 1.005 mm、1.28 mm、6.5 mm 和 20 mm 4 块量块。

④ 成套量块的组合尺寸

量块是成套供应的，按一定尺寸组成一盒。成套量块的组合尺寸见表 1-12。

表 1-12　成套量块的组合尺寸

套　数	总　块	级　别	尺寸系列/mm	间隔/mm	块　数
1	91	0.1	0.5	—	1
			1	—	1
			1.001，1.002，…，1.009	0.001	9
			1.01，1.02，…，1.49	0.01	49
			1.5，1.6，…，1.9	0.1	5
			2.0，2.5，…，9.5	0.5	16
			10，20，…，100	10	10
2	83	0，1，2	0.5	—	1
			1	—	1
			1.005		1
			1.01，1.02，…，1.49	0.01	49
			1.5，1.6，…，1.9	0.1	5
			2.0，2.5，…，9.5	0.5	16
			10，20，…，100	10	10
3	46	0，1，2	1	—	1
			1.001，1.002，…，1.009	0.001	9
			1.01，1.02，…1.09	0.01	9
			1.1，1.2，…1.9	0.1	9
			2.3，…，9	1	8
			10，20，…，100	10	10
4	38	0，1，2	1	—	1
			1.005	—	1
			1.01，1.02，…1.09	0.01	9
			1.1，1.2，…1.9	0.1	9
			2.3，…，9	1	8
			10，20，…，100	10	10
5	10⁻	0.1	0.991，0.992，…，1	0.001	10
6	10+	0.1	1，1.001，1.002，…，1.009	0.001	10
7	10⁻	0.1	1，1.991，1.992，…，2	0.001	10
8	10+	0.1	2，2.001，2.002，…，2.009	0.001	10

（2）多值量具

多值量具是指可体现一组同类量值的量具，又称通用量具。多值量具按结构特点不同可分为固定刻线量具（如钢直尺、卷尺等）、游标量具（如游标卡尺、游标万能角度尺等）、螺旋测微量具（如千分尺等）。

（3）标准量具

标准量具是用作计量标准、供量值传递用的量具，如量块和基准米尺等。

2．量规

量规，是一种没有刻度的、用于检验零件尺寸或形状以及相互位置的专用检验工具，如光滑极限量规、螺纹量规和花键量规等。它只能判断零件是否合格，而不能得出具体尺寸大小。

3. 量仪

量仪，是计量仪器，是能将被测的量值转换成可直接观察的指示值或等效信息的计量器具。

按工作原理和结构特征不同，量仪可分为机械式、电动式、光学式、气动式以及它们的组合形式——光机电一体的现代量仪。

（1）机械式量仪

机械式量仪，是用机械方法来实现被测量的变换和放大的量仪，如百分表、杠杆比较仪等。

（2）电动式量仪

电动式量仪，是将原始信号转换成电量形式信息的量仪，如电动轮廓仪、圆度仪等。

（3）光学式量仪

光学式量仪，是用光学原理来实现被测量的变换和放大的量仪，如光学计、测长仪、投影仪、干涉仪等。

（4）气动式量仪

气动式量仪，是以液压空气为介质，通过流量或压力的变化来实现原始信号转换的量仪，如水柱式气动式量仪、浮标式气动式量仪等。

（三）计量器具的基本技术指标

（1）标尺间距，是指计量器具刻度标尺或度盘上两相邻刻线中心线间的距离。

（2）分度值，是指计量器具标尺上每刻线间距所代表的被测量的量值。一般计量器具的分度值有 0.01 mm、0.001 mm 和 0.0005 mm 等。如图 1-25 所示，表盘上的分度值为 1 μm。

（3）测量范围，是指计量器具所能测量的最大与最小值范围。如图 1-25 所示，量具的测量范围为 0～180 mm。

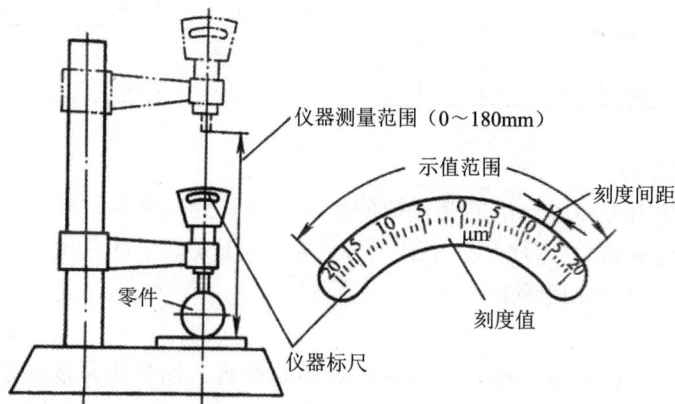

图 1-25　计量器具参数示意图

（4）　示值范围，是指计量器具标尺或刻度盘内全部刻度所代表的最大与最小值的范围。图 1-25 所示量具的示值范围为 $\pm 20\ \mu m$。

（5）　示值误差，是指测量器具示值减去被测量的真值所得的差值。

（6）　不确定度，是指表示由于测量误差的存在而对被测几何量不能肯定的程度。

三、测量误差与数据处理

（一）测量误差的概念

测量误差是指测量结果与真值之间的差值，称为测量误差。

误差可以表示为绝对误差和相对误差。

1.　绝对误差（δ）

绝对误差是指被测结果（仪表的指示值）（x）与被测量真值（x_0）之差，即

$$\delta = x - x_0 \tag{1-1}$$

测量结果（x）可能大于或小于真值（x_0）。故绝对误差（δ）值可能为正值，也可能为负值，为代数值，即

$$x_0 = x \pm \delta \tag{1-2}$$

绝对误差（δ）只能反映同一尺寸的测量精度，而评定不同尺寸的测量精度就需要用到相对误差。

2.　相对误差（ε）

相对误差是指测量的绝对误差与被测量真值之比。由于测量结果近似于真值，因此相对误差又可近似地用绝对误差与测量结果的比值表示，即

$$\varepsilon = |\delta| / x_0 \times 100\% \approx |\delta| / x \times 100\% \tag{1-3}$$

相对误差是一个没有单位的数值，通常用百分数（%）表示。

例如，有两个测得值，$x_1 = 1000\ mm$，$x_2 = 100\ mm$，对两者测量的绝对误差值大小相同，$\delta_1 = \delta_2 = 0.01\ mm$。由绝对误差表示不出它们精度的差别，即可用相对误差表示，即

$$\varepsilon_1 = |\delta_1| / x_1 \times 100\% = 0.01 / 1000 \times 100\% = 0.00001$$

$$\varepsilon_2 = |\delta_2| / x_2 \times 100\% = 0.01 / 100 \times 100\% = 0.0001$$

$\varepsilon_1 < \varepsilon_2$，显然前者的测量精度高于后者。

3.　测量误差的来源

误差产生的原因主要有以下几方面。

（1）　计量器具误差

计量器具误差是指计量器具本身在设计、制造和使用过程中造成的各项误差。这些误差的综合反映可用计量器具的示值精度或不确定度来表示，例如仪器读数装置中刻线尺、

刻度盘等的刻线误差和装配时的偏斜或偏心引起的误差等。

（2）标准件误差

标准件误差是指作为标准的标准件本身的制造误差和检定误差。例如，用量块作为标准件调整计量器具的零位时，量块的误差会直接影响测得值。

（3）测量方法误差

测量方法误差是指由于测量方法不完善所引起的误差。例如，接触测量中测量力引起的计量器具和零件表面变形误差，间接测量中计算公式的不精确，测量过程中零件安装定位不合格，等等。

（4）测量环境误差

测量环境误差是指测量时的环境条件不符合标准条件所引起的误差。测量的环境条件有温度、湿度、气压、振动、灰尘等因素。其中，温度对测量结果影响最大。

（5）人员误差

人员误差是指由于测量人员的主观因素所引起的误差，如由于测量人员技术不熟练、视觉偏差、估读判断错误等引起的误差。

总之，产生误差的因素很多，有些误差是不可避免的，但有些是可以避免的。因此，测量者应对一些可能产生测量误差的原因进行分析，掌握其影响规律，设法消除或减小其对测量结果的影响，保证测量精度。

4. 测量误差的分类

根据测量误差的性质、出现规律和特点，可将测量误差分为三大类，即系统误差、随机误差和粗大误差。

（1）系统误差

在同一条件下多次测量同一量值时，误差值保持恒定，或者当条件改变时，其值按某一确定的规律变化的误差，称为系统误差。系统误差按其出现的规律又可分为定值系统误差和变值系统误差。

① 定值系统误差。定值系统误差是指在测量时，对每次测得值的影响都相同。

② 变值系统误差。变值系统误差是指在测量时，对每次测得值的影响按一定规律变化。

（2）随机误差

随机误差是指在相同的测量条件下，多次测量同一量值时，其绝对值大小和符号均以不可预知的方式变化着的误差。所谓随机，是指它的存在及其大小和方向不受人的支配与控制，即单次测量之间无确定的规律，不能用前一次的误差来推断后一次的误差。但是对多次重复测量的随机误差，按概率与统计方法进行统计分析可以发现，它们是有一定规律的。随机误差主要是由一些随机因素，如计量器具的变形、测量力的不稳定、温度的波动、仪器中油膜的变化以及读数不准确等引起的。

（3）粗大误差

粗大误差是指超出规定条件预期的误差。粗大误差主要是由测量操作方法不正确和测量人员的主观因素造成的。例如，工作上的疏忽、经验不足、过度疲劳以及外界条件的大幅度突变（如冲击振动、电压突降）等引起的误差，如读错数值，记录错误，计量器具测头残缺，等等。

（二）测量精度的概念及分类

测量精度是被测几何量的测得值与真值的接近程度。它和测量误差是从两个不同角度说明同一概念的术语。测量误差越大，测量精度越低；测量误差越小，测量精度越高。为了反映系统误差和随机误差对测量结果的不同影响，测量精度可分为以下三种。

1. 精密度

精密度反映测量结果中随机误差大小的情况。随机误差越小，则精密度越高。

2. 正确度

正确度反映测量结果中系统误差大小的情况。系统误差越小，则正确度越高。

3. 精确度（准确度）

精确度反映测量结果中随机误差和系统误差综合影响的程度。若随机误差和系统误差都小，则精确度就高。

（三）测量列中各类误差的数据处理

通过对某一被测几何量进行连续多次的重复测量，得到一系列的测量数据（测得值），即测量列，可以对该测量列进行数据处理，以消除或减小测量误差的影响，提高测量精度。

1. 随机误差的数据处理

随机误差的出现无规律可循，因而是不可避免的。因此，可以利用概率和数理统计的方法掌握随机误差的分布特性，估算误差范围，从而对测量结果进行处理。图 1-26 所示为正态分布曲线，横坐标 δ 表示随机误差，纵坐标 y 表示概率密度。

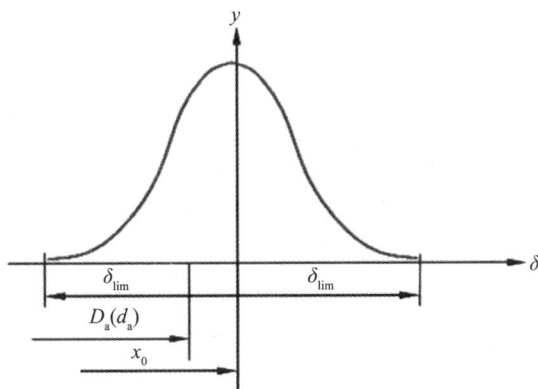

图 1-26　正态分布曲线

（1）随机误差的评定指标

① 算术平均值 $\bar{x}$ 是测量列中的 n 个测量值的代数和除以测量次数 n，即

$$\overline{x} = \frac{1}{n}\sum_{i=1}^{n}x_i \qquad (1\text{-}4)$$

② 残余误差 v_i 是测量列中一个测得值和该测量列的算术平均值 $\overline{x}$ 之差，即

$$v_i = x_i - \overline{x} \qquad (1\text{-}5)$$

③ 标准偏差 σ 是各误差平方和平均数的平方根，可直观地表示随机误差的极限值，即

$$\sigma = \sqrt{\frac{1}{n-1}\sum v_i^2} = \sqrt{\frac{1}{n-1}\sum\left(x_i - \overline{x}\right)^2} \qquad (1\text{-}6)$$

④ 算术平均值 $\overline{x}$ 的标准偏差 $\sigma_{\overline{x}}$ 为

$$\sigma_{\overline{x}} = \frac{1}{\sqrt{n}}\sigma \qquad (1\text{-}7)$$

对于有限测量来说，随机误差超出 $\pm 3\sigma$ 范围的可能性为零。因此可将 $\delta_{\lim} = \pm 3\sigma$ 看作随机误差的极限值。同理 $\delta_{\lim\overline{x}} = \pm 3\sigma_{\overline{x}}$。

（2） 随机误差的处理方法

随机误差的处理办法是利用测量列计算有关的评定指标，确定出随机误差的极限范围，进而写出测量结果。如用单个测得值 x_i（测量列中任意一个）表示测量结果，则可写为

$$x = x_i \pm 3\sigma \qquad (1\text{-}8)$$

如用算术平均值表示测量结果，则可写为

$$x = \overline{x} \pm 3\sigma_{\overline{x}} \qquad (1\text{-}9)$$

（3） 随机误差的特性

① 单峰性，即绝对值小的误差出现的概率比绝对值大的误差出现的概率大。

② 对称性，即绝对值相等的正、负误差出现的次数接近相等，图形近似对称分布，测得的平均值为中心点。

③ 有界性，即在一定测量条件下，误差的绝对值不会超过某一界限。

④ 抵偿性，即当测量次数为无穷次数时，正、负误差的总和趋于零。

2. 系统误差的数据处理

（1） 发现系统误差的方法

系统误差对测量结果的影响是不能被忽视的，发现系统误差常用的方法有以下两种。

① 实验对比法。

实验对比法通过改变测量条件来发现误差，主要用于发现定值系统误差。如在相对测量中，用量块作标准件并按其标称尺寸使用时，由量块尺寸偏差引起的系统误差可用高精度的仪器对量块实际尺寸检定来发现，或用更高精度的量块进行对比测量来发现。

② 残差观察法。

残差观察法是指根据测量列的各个残差大小和符号规律，直接由残差数据或残差曲线图来判断有无系统误差，主要用于发现大小和符号按一定规律变化的变质系统误差。若各残差大体上正负相同，没有显著变化（如图 1-27（a）所示），则可判断存在线性变值系统误差；若各残差按近似的线性规律递增或递减（如图 1-27（b）所示），则可判断存在线性变值系统误差；若各残差的大小和符号呈有规律的周期性变化（如图 1-27（c）所示），则表示存在周期性变值系统误差。这种观察法要求有足够的连续测量次数，否则规律不明显，会降低判断的可靠性。

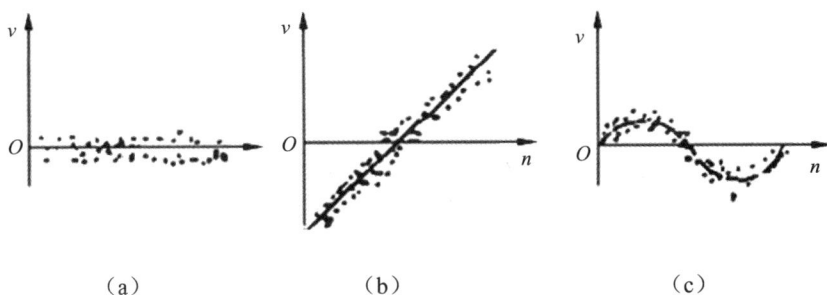

（a）　　　　　　　　　　（b）　　　　　　　　　　（c）

图 1-27　变值系统误差的发现

（a）存在不显著的线性变值系统误差；　（b）存在线性变值系统误差；　（c）存在周期性变值系统误差

（2）　消除系统误差的方法

① 误差根除法

误差根除法是指从根源上消除误差。如仪器使用前对零位，量块按"等"使用可消除量块的制造和磨损误差。

② 误差修正法

误差修正法是指预先将计量器具的系统误差检定或计算出来，做出误差表或误差曲线，然后取与系统误差数值相同而符号相反的值作为修正值，将测得值加上相应的修正值，即可得到不包含系统误差的测量结果。

③ 误差抵消法

误差抵消法是指根据具体情况拟定测量方案，进行两次测量，使得两次测量读数时出现的系统误差大小相等、方向相反，再取两次测得值的平均值作为测量结果，即可消除系统误差。例如，测量螺纹零件的螺距时，分别测出左、右牙面螺距，然后进行平均，即可抵消螺纹零件测量时安装不正确引起的系统误差。

④ 半周期法

半周期法是指对周期性系统误差，可以每隔半个周期进行一次测量，以相邻两次测量数据的平均值作为测得值，即可有效消除周期性系统误差。

3. 粗大误差的数据处理

粗大误差的数值很大，明显超出规定条件的误差，在测量中应尽量避免。如果粗大误差已经产生，则应根据判别粗大误差的准则予以剔除，通常用垃依达准则判断。

垃依达准则，又称 3σ 准则。当测量列服从正态分布时，残余误差落在 $\pm 3\sigma$ 外的概率很小，当出现绝对值比 3σ 大的残余误差时，即 $|v_i| > 3\sigma$，则认为该残余误差对应的测得值含有粗大误差，在误差处理时应予以剔除。

（四）等精度直接测量列的数据处理

一般情况下，为简化测量数据的处理，大多采用等精度处理。对于等精度测量条件下直接测量列中的测量结果，按以下步骤处理。

（1）计算测量列的算术平均值和残差，以判断测量列中是否存在系统误差。若有，测量前应加以减小或消除。

（2）计算测量列单次测量值的标准偏差，判断是否存在粗大误差。若有，则应剔除含粗大误差的测得值，并重新组成测量列，再重复上述计算，直到将所有含粗大误差的测得值都剔除干净为止。

（3）计算测量列的算术平均值的标准偏差和测量极限误差。

（4）写出测量结果的表达式，并说明置信率。

【例 1-6】以一个 30 mm 的五等量块为标准，用立式光学比较仪对一圆柱轴进行 10 次等精度测量，测得值见表 1-13 第 2 列，已知量块长度的修正值为 -1 μm，试对其进行数据处理并写出测量结果。

表 1-13　等精度直接测量的数据处理

序号	测量值 x_i/mm	去除系统误差的测量值 x_i/mm	残余误差 v_i/mm	残余误差的平方 v_i^2/mm²
1	30.050	30.049	+0.001	0.000001
2	30.048	30.047	-0.001	0.000001
3	30.049	30.048	0	0
4	30.047	30.046	-0.002	0.000004
5	30.051	30.050	+0.002	0.000004
6	30.052	30.051	+0.003	0.000009
7	30.044	30.043	-0.005	0.000025
8	30.053	30.052	+0.004	0.000016
9	30.046	30.045	-0.003	0.000009
10	30.050	30.049	+0.001	0.000001
	$\bar{x} = 30.048$		$\sum_{i=1}^{n} v_i = 0$	$\sum_{i=1}^{n} v_i^2 = 0.00007$

解: ① 对量块的系统误差进行修正,将全部测得值分别加上量块的修正值-0.001 mm,见表 1-13 第 3 列。

② 求算术平均值 $\bar{x}$、残余误差 ν_i、标准偏差 σ。

算术平均值:

$$\bar{x} = \frac{\sum\limits_{i=1}^{n} x_i}{n} = \frac{\sum\limits_{i=1}^{n} x_i}{10} = 30.048\,\text{mm}$$

残余误差 $\nu_i = x_i - \bar{x}$,计算结果见表 1-13 第 4 列。

标准偏差为:

$$\sigma = \sqrt{\frac{\sum\limits_{i=1}^{n} \nu_i^2}{n-1}} = \sqrt{\frac{0.00007}{10-1}}\,\text{mm} = 0.0028\,\text{mm}$$

③ 用垃依达准则判断粗大误差。

测量列中每个数据的残余误差 ν_i 应在 3 倍标准偏差以内,否则作为坏值予以剔除,即

$3\sigma = 3 \times 0.0084\,\text{mm}$,而表 1-13 中第 4 列 ν_i 最大绝对值 $|\nu_i| = 0.005\,\text{mm} < 0.0084\,\text{mm}$,因此测量列中不存在粗大误差。

④ 计算测量列算术平均值的标准偏差为

$$\sigma_{\bar{x}} = \frac{\sigma}{\sqrt{n}} = \frac{0.0028}{\sqrt{10}}\,\text{mm} = 0.00088\,\text{mm}$$

⑤ 计算测量列算术平均值的测量极限偏差为

$$\delta_{\lim\bar{x}} = \pm 3\sigma_{\bar{x}} = \pm 3 \times 0.00088\,\text{mm} = \pm 0.00264\,\text{mm}$$

⑥ 测量结果

$$x = \bar{x} \pm 3\sigma_{\bar{x}} = 30.048 \pm 0.00264\,\text{mm}$$

即该轴的直径为 30.048 mm,其不确定度在 ±0.00264 mm 范围内的可能性达 99.73%。

任务实施

由知识链接可知,测量技术的基本概念,量块的基本知识,其中包括量块的材料、形状和尺寸、量块的精度(级或等)、量块的选用等,以及计量器具的种类、测量误差的概念、测量误差的来源、测量误差的种类、测量结果的数据处理。

任务拓展

三坐标测量机的应用简介

三坐标测量机与加工中心相配，具有测量中心的功能。在现代化生产中，三坐标测量机已成为 CAD/CAM 系统中的一个测量单元，它可以将测量信息反馈到系统主控制计算机，进一步控制加工过程，提高产品质量。因此，三坐标测量机越来越广泛地应用于机械制造、电子、汽车和航空航天等工业领域。

三坐标测量机的主要技术特性如下：

（1） 三坐标测量机按检测精度分为精密万能测量机和生产型测量机。前者一般放于计量室，用于精密测量，分辨率有 0.1 μm、0.2 μm、0.5 μm 和 1 μm 几种规格；后者一般放于生产车间，用于加工过程中的检测。

（2） 三坐标测量机通常配置有测量软件系统、输出打印机和绘图仪等外围设备，以增强计算机的数据处理和自动控制等功能。其主体结构如图 1-28 所示。

（3） 测量时零件放于工作台上，使测头与零件表面接触，三坐标测量机的检测系统即可计算出测球中心点的精确位置。当测量球沿零件的几何平面移动时，各点的坐标值被送入计算机，经专用测量软件处理后，就可精确地计算出零件的几何尺寸和几何误差，实现多种几何量测量、实物编程、设计制造一体化、柔性测量中心等功能。

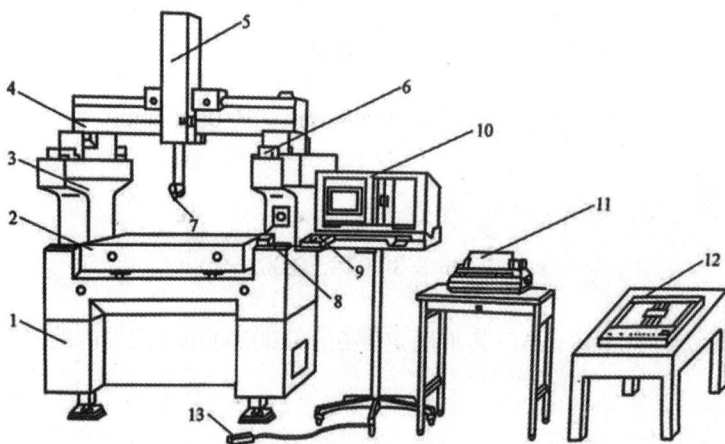

图 1-28　三坐标测量机

1-底盘；2-工作台；3-立柱；4、5、6-导轨；7-测头；8-驱动开关；

9-键盘；10-计算机；11-打印机；12-绘图仪；13-脚开关

项 目 评 测

一、选择题

1. 互换性按可（　　）不同，分为完全互换性和不完全互换性。

    A. 方法　　　　　　　　　　　　　　B. 性质

    C. 程度　　　　　　　　　　　　　　D. 效果

2. 标准化的意义在于（　　）。

    A. 是现代大生产的重要手段　　　　　B. 是科学及新时代管理的基础

    C. 是产品设计的基本要求　　　　　　D. 是计量工作的前提

3. 当相配合的孔和轴既要求对准中心，又要求装拆方便时，应选用（　　）。

    A. 间隙配合　　　　　　　　　　　　B. 过盈配合

    C. 过渡配合　　　　　　　　　　　　D. 间隙配合或过渡配合

4. 若某配合的最大间隙为 30 μm，孔的下偏差为-11 μm，轴的下偏差为-16 μm，轴的公差为 16 μm，则其配合公差为（　　）。

    A. 46 μm　　　　　　B. 41 μm　　　　　　C. 27 μm　　　　　　D. 14 μm

5. 公差与配合的国家标准中规定的标准公差有（　　）个公差等级。

    A. 13　　　　　　　　B. 18　　　　　　　　C. 20　　　　　　　　D. 28

6. 基本偏差为 m 的轴的公差带与基准孔 H 的公差带形成（　　）。

    A. 间隙配合　　　　　　　　　　　　B. 过盈配合

    C. 过渡配合　　　　　　　　　　　　D. 过渡配合或过盈配合

7. 用立式光学计测量轴的直径，属于（　　）。

    A. 直接测量　　　　　　　　　　　　B. 间接测量

    C. 绝对测量　　　　　　　　　　　　D. 相对测量

8. 由于测量器具零位不准而出现的误差属于（　　）。

    A. 随机误差　　　　　　　　　　　　B. 系统误差

    C. 粗大误差　　　　　　　　　　　　D. 对比误差

二、判断题

1. 对大批量生产的同规格零件要求有互换性，单件生产则不必遵循互换性原则。

    （　　）

2. 国家标准规定，孔只是指圆柱形的内表面。　　　　　　　　　　　　（　　）

3. 尺寸公差越大，则尺寸精度越低。　　　　　　　　　　　　　　　　（　　）

4. 配合公差的数值越小，则相互配合的孔、轴精度越高。　　　　　　　（　　）

5. 间接测量就是相对测量。　　　　　　　　　　　　　　　　　　　　（　　）

6. 使用的量块越多，组合的尺寸越精确。　　　　　　　　　　　　　　（　　）

7. 多数随机误差是服从正态分布规律的。　　　　　　　　　　　　　　（　　）

8. 精密度高，则正确度就一定高。　　　　　　　　　　　　　　　　　（　　）

三、填空题

1. 孔和轴的公差带由_____决定大小，由_____决定位置。

2. 选择基准制时，应优先选用_____，原因是_____。

3. 孔、轴配合的最大过盈为 60 μm，配合公差为 40 μm，可以判断该配合为_____配合。

4. 测量就是把被测量与_____进行比较，从而确定被测量的_____过程。

5. 测量误差按其特性可分为_____、_____、_____三类。

6. 测量误差有_____和_____两种表示方法。

四、综合题

1. 国家标准中规定有哪几种配合？为什么优先选用基孔制？什么情况下选用基轴制？

2. 在某配合中，已知孔的基本尺寸为 $\phi 20^{+0.013}_{0}$，X_{max}=+0.011 mm，T_f=0.022 mm，求轴的上、下偏差及其公差代号。

项目二

测量零件线性尺寸

项目描述

　　线性尺寸是指两点之间的距离，零件的线性尺寸包括零件的长度、宽度、高度、深度、直径以及中心距等。在零件的加工过程中，需要经常使用量具对其线性尺寸进行测量，以便随时进行加工调整；在零件加工完成后更是需要对其几何参数（长度、角度、表面粗糙度、几何形状和相互位置误差等）进行测量和检验，以确定其是否符合设计图样上的技术要求和实现互换性。几何量的检测是组织互换性生产必不可少的重要措施，是机械加工一线操作人员及质量检验人员必须掌握的基本技能。

任务一　测量零件长度、高度和深度

学习目标

1. 能选择正确的量具测量零件的长度、高度和深度；
2. 能正确使用游标卡尺和千分尺；
3. 能正确掌握游标卡尺及千分尺的读数方法；
4. 能掌握常用长度量具测量零件尺寸的正确使用方法、使用注意事项及维护保养。

任务呈现

在对图 2-1 所示零件进行钳工加工时，请选取合适的量具对该零件的长度、高度和深度进行测量，以便及时进行调整，达到加工要求。

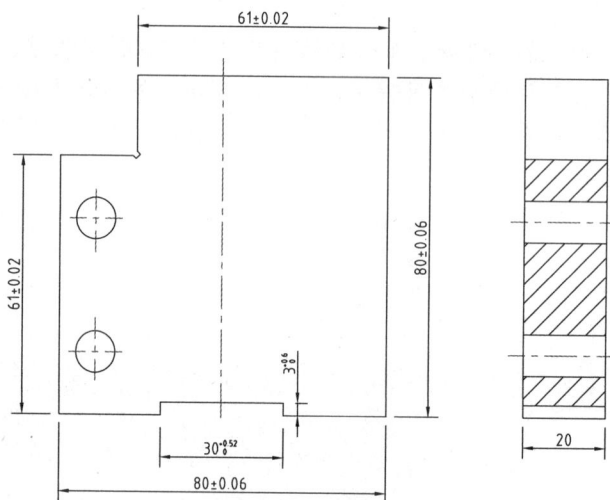

图 2-1　钳工加工中的零件

任务分析

测量的过程实际上就是将被测量对象与具有计量单位的标准量进行比较，确定其比值的过程。图中四个长度尺寸分别是 80 ± 0.06、61 ± 0.02、$30_0^{+0.52}$、20，两个高度尺寸分别是 80 ± 0.06、61 ± 0.02，一个深度尺寸是 $3_0^{+0.6}$。要想完成此任务，我们首先必须认识各种常用长度量具，根据零件的形状与结构选择合适的量具，根据尺寸公差的数值选择量具的规格，最后通过测量得出实际尺寸后，看其是否在上下极限尺寸范围内，以判断其是否合格。

○ **知识链接**

测量零件长度、高度、深度的量具有多种，按精度或结构的不同有多种分类，常用的量具有钢直尺、游标卡尺、千分尺等，常用量具的使用方法、原理及使用注意事项都是需要熟知并掌握的。

一、钢直尺

钢直尺是最简单的长度量具，它的长度有 150 mm、300 mm、500 mm 和 1000 mm 四种规格。图 2-2 所示，为常用的 150 mm 钢直尺。

图 2-2　钢直尺

钢直尺用于测量零件的长度尺寸，它的测量结果不太准确。这是由于钢直尺的刻线间距为 1 mm，而刻线本身的宽度就有 0.1～0.2 mm，所以测量时读数误差比较大，只能读出毫米数，即它的最小读数值为 1 mm，比 1 mm 小的数值，只能估计而得。如果用钢直尺直接测量零件的直径尺寸（轴径或孔径），则测量精度更差。其原因除了钢直尺本身的读数误差较大以外，还由于钢直尺无法正好放在零件直径的正确位置。一般对余量相对较大且表面较粗糙的毛坯宜先用钢直尺测量。另外，钢直尺经常与卡钳配合测量和检验要求不高的零件尺寸。

二、游标类读数量具

游标类读数量具是利用游标读数原理制成的一种常用量具，具有结构简单、使用方便、测量范围大等特点。应用游标读数原理制成的量具有游标卡尺、高度游标卡尺、深度游标卡尺、齿厚游标卡尺等，用以测量零件的外径、内径、长度、宽度、厚度、深度、高度、齿厚等。

游标类量具的主体是刻有刻度的尺身，沿尺身滑动的尺框上装有游标；将尺身刻度 $(n-1)$ 格的宽度等于游标刻度 n 格的宽度，使游标一个刻度间距与尺身一个刻度间距相差一个读数值即为分度值。游标类量具的分度值有 0.1 mm、0.05 mm、0.02 mm 三种，常用的分度值是 0.02 mm。

1. 游标卡尺

（1）游标卡尺的结构

游标卡尺是一种常用的游标类量具，具有结构简单、使用方便、测量的尺寸范围大等特点，且维修保养容易，广泛应用于机械加工中等精度尺寸的检验和测量，可测量零件的外径、内径、长度、宽度、厚度、深度、高度、齿厚等。

如图 2-3 所示，普通游标卡尺由尺身及能在尺身上滑动的游标组成。若从背面看，游标是一个整体。游标与尺身之间有一弹簧片（图中未能画出），利用弹簧片的弹力可使游标与尺身靠紧。游标上部有一紧固螺钉，可将游标固定在尺身上的任意位置。尺身和游标都有量爪，利用内测量爪可以测量槽的宽度和管的内径，利用外测量爪可以测量零件的厚度和管的外径。深度尺与游标尺连在一起，可以测槽和筒的深度。

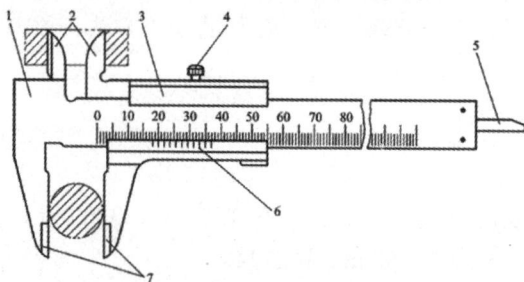

图 2-3　普通游标卡尺结构图

1-尺身；2-刀口内测量爪；3-尺框；4-紧固螺钉；5-深度尺；6-游标；7-外测量爪

游标卡尺的结构和种类较多，最常用的类型有三用游标卡尺（普通游标卡尺）、双面游标卡尺和单面游标卡尺，见表 2-1。

表 2-1　常用游标卡尺的结构及特点

类型	组成结构图	测量范围/mm	分度值/mm	特　点
三用游标卡尺		0～125 0～150	0.02	由尺身、尺框、深度尺等部分组成，可测量内尺寸、外尺寸、孔或槽的深度
			0.05	
双面游标卡尺		0～200 0～300	0.02	无深度尺，但在尺框上装有微动装置，起到尺寸调节作用。下量爪上附加内测量爪，可测量内孔尺寸
			0.05	
单面游标卡尺		0～200 0～300	0.02	无深度尺，无上量爪，有微动装置。下量爪上附加内测量爪，可测量内孔尺寸
			0.05	
		0～500	0.02	
			0.05	
			0.10	
		0～1000	0.05	
			0.10	

（2）游标卡尺的读数原理及方法

游标卡尺的读数机构由主尺和游标两部分组成，当活动量爪与固定量爪贴合时，游标上的"0"刻线（简称游标零线）与主尺上的"0"刻线正好对齐（见图2-4）。当开始测量零件尺寸时，尺框向右移动到某一位置，固定量爪与活动量爪之间的距离就是所测零件尺寸。

图2-4　游标"0"刻线与主尺"0"刻线对齐

普通游标卡尺的分度值有 0.1 mm、0.05 mm、0.02 mm 三种，机械加工中常用分度值为 0.02 mm 的游标卡尺，现以此为例，说明游标卡尺的刻线原理及读数方法。

原理：当游标卡尺两"0"刻线对齐时，游标上的 50 格刚好与主尺上 49 格对齐（见图 2-4），主尺每小格为 1 mm，则游标上每小格为 0.98 mm（49/50=0.98），主尺与游标每一小格相差 0.02 mm（1-0.98=0.02），0.02 mm 即为该游标卡尺的分度值。同理，分度值为 0.1 mm 的游标卡尺，游标上 10 格与主尺上 9 格对齐，主尺每小格为 1 mm，游标上每小格为 0.9 mm（9/10=0.9），主尺与游标每一小格相差 0.1 mm（1-0.9=0.1），0.1 mm 即为该游标卡尺的分度值。分度值为 0.05 mm 的游标卡尺，游标上 20 格与主尺上 19 格对齐，主尺每小格为 1 mm，游标上每小格为 0.95 mm（19/20=0.95），主尺与游标每一小格相差 0.05 mm（1-0.95=0.05），0.05 mm 即为该游标卡尺的分度值。

读数方法：

方法一："加法"原则。

测量值=游标"0"刻线左边主尺的毫米整数+游标尺上与主尺刻线对齐的小格数×分度值

如图 2-5 所示，利用加法原则首先看游标"0"刻线左边主尺整毫米数为 3 mm；再看游标上与主尺刻线对齐的小格数，图上第 22 格刻线与主尺上刻线对齐，因此小数部分为 22×0.02=0.44 mm；最后将测量尺寸为整数的部分与小数部分相加，即 3+0.44=3.44 mm。

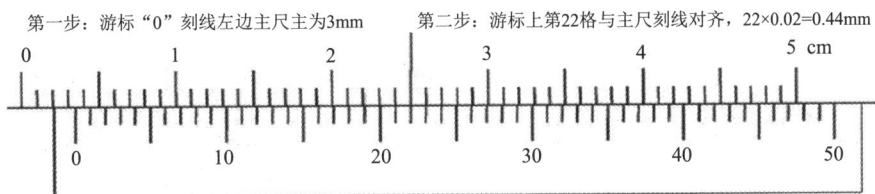

图2-5　游标卡尺"加法"读数原则

方法二："减法"原则。

测量值=主尺上刻线与游标上刻线对齐的毫米数-游标尺上与主尺刻线对齐的小格数×游标尺每小格长度。

图 2-5 所测结果利用"减法"原则读数方法如图 2-6 所示，首先看主尺上刻线与游标上刻线对齐的毫米数为 25 mm，再看游标上与主尺刻线对齐的小格数，图上第 22 格刻线

与主尺上刻线对齐，游标上每小格为 0.98 mm，则要减去的值为 22×0.98=21.56 mm，根据"减法"读数原则，测量结果为 25-21.56=3.44 mm。

若游标尺上没有刻线与主尺刻线完全对齐，则取最接近对齐的线进行读数。游标卡尺读数一般不需要估读。

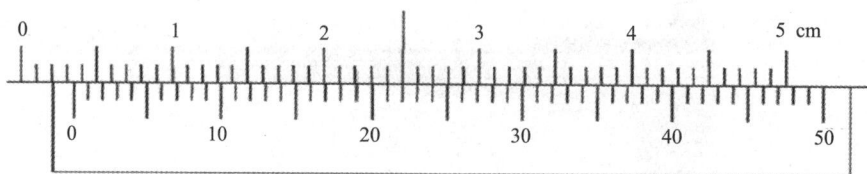

图 2-6 游标卡尺"减法"读数原则

（3） 游标卡尺的使用方法及注意事项

游标卡尺可用于测量零件的长度、高度、深度及内径和外径。在测量时量具使用是否合理，既会影响量具本身的精度和使用寿命，又会直接影响零件尺寸的测量精度，由于测量出现误差甚至会发生质量事故，造成损失。因此使用游标卡尺时必须注意下列几点：

① 明确所使用游标卡尺的量程、精度是否符合被测零件的要求。

② 使用前，检查游标卡尺是否完整无损伤。移动尺框时应活动自如，不应有过松或过紧现象，更不能有晃动现象。用固定螺钉固定尺框时，游标卡尺的读数不应有变动。

③ 使用前用纱布将游标卡尺擦拭干净，检查尺身和游标的刻线是否清晰，尺身有无弯曲变形、锈蚀等现象。

④ 校验零位时，检查卡尺的两个测量面和测量刃口是否平直无损，把两个量爪紧密贴合时，应无明显间隙，同时游标和尺身的零位刻线要相互对准。

⑤ 测量零件时不能过分施加压力，所用压力应使量爪刚好接触零件表面。

⑥ 测量零件外尺寸时，要先把卡尺的活动量爪张开，使量爪能自由地卡进零件，再把零件贴靠在固定量爪上，移动游标，用轻微的压力使活动量爪接触零件；然后拧紧紧固螺钉读数；最后松开游标轻轻取出游标卡尺。卡尺两测量面连线应垂直于被测量面，不能歪斜，如图 2-7 所示。

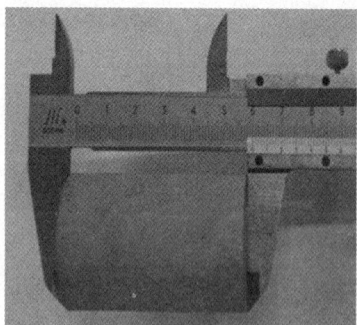

（a）   （b）

图 2-7 测量外尺寸

（a）测量零件长度；（b）测量外直径

⑦ 测量沟槽时，应当用量爪的平面形测量刃进行测量，尽量避免用端部测量刃和刀口形量爪测量外尺寸。对于圆弧形沟槽尺寸，则应当用刀口形量爪进行测量，不应用平面形测量刃测量。测量沟槽宽度时，要放正游标卡尺的位置，使卡尺两测量刃的连线垂直于沟槽，不能歪斜。测量沟槽深度时，游标卡尺的测深杆进入槽内，应使尺身端面垂直于被测零件的表面，否则测量不准确，如图2-8（a）所示。

⑧ 测量孔径时，应使内测量爪分开的距离小于所测内尺寸，待进入零件内孔后，再慢慢张开并轻轻接触内孔表面。用紧固螺钉固定游标后，轻轻取出卡尺读数。取出量爪时要用力均匀，使卡尺沿孔中心线方向滑出，不可歪斜。测量内孔时两内测量爪应在孔的直径上，不能偏歪，否则测量结果将小于实际尺寸，如图2-8（b）所示。

（a）

（b）

图2-8　测量沟槽和孔径

（a）测量深度；（b）测量内孔

⑨ 读数时视线应尽可能与刻线表面垂直，以减小视线歪斜造成的误差。

⑩ 为了获得正确的测量结果，可以多测几次，在同一截面的不同方向进行测量。对于较长零件，应在全长的各个部位进行测量。

⑪ 测量结束后要把游标卡尺平放到规定的位置，使用完毕应将游标卡尺擦净，放入尺盒内。长时间不用，应在游标卡尺测量面上涂黄油或凡士林，将其放于干燥、阴凉处储存。

2. 高度游标卡尺

高度游标卡尺的主要用途是测量零件的高度，也经常用于测量形状和位置公差尺寸及进行精密划线等。其结构特点是用质量大的基座代替固定量爪，游标通过横臂上装有测量高度及划线用的量爪，如图2-9所示。

用高度游标卡尺进行测量时，应在平台上进行。在测量高度时，量爪测量面的高度，就是被测量零件的高度尺寸，它的读数原理与游标卡尺读数原理一样，读数方法参照游标卡尺的两种读数方法。应用高度游标卡尺划线时，调好划线高度，用紧固螺钉把尺框锁紧后，也要在平台上先调整再画线。

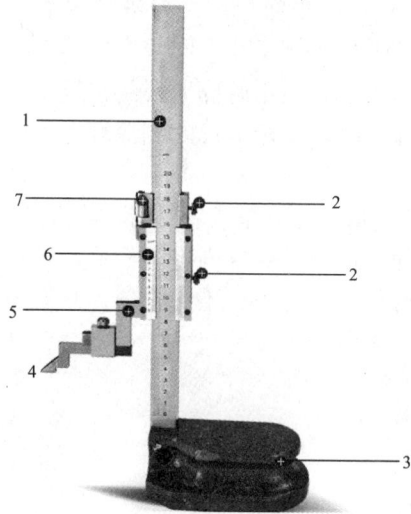

图 2-9 普通高度游标卡尺

1-尺身；2-紧固螺钉；3-基座；4-量爪；5-齿框；6-游标；7-微动装置

3. 深度游标卡尺

深度游标卡尺用于测量凹槽或孔的深度、梯形零件的台阶高度等尺寸，其结构如图 2-10（a）所示。其尺框两量爪连成一体成为一个带游标的基座，基座的端面和尺身的端面就是它的两个测量面。

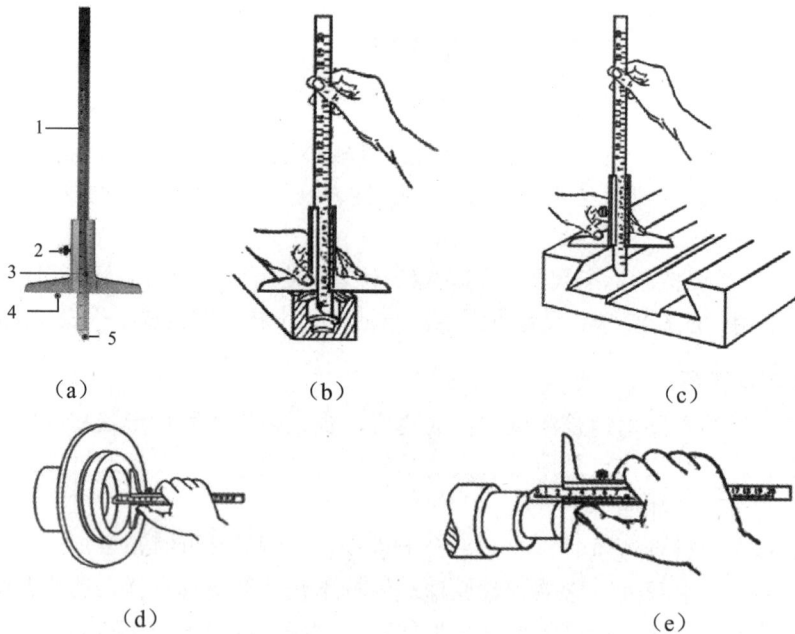

（a）   （b）   （c）

（d）   （e）

图 2-10 深度游标卡尺

（a）深度游标卡尺；（b）～（e）深度游标卡尺用法

1-尺身；2-紧固螺钉；3-游标；4-尺身测量面；5-尺框测量面

测量时把测量基座轻轻压在零件基准面上，基座端面必须接触零件基准面，基座压紧基准面后移动尺身，直至尺身端面接触测量面，用紧固螺钉固定尺框，取出游标卡尺，读出测量数值，读数原理和方法与游标卡尺相同，当基准面为曲线时测量基座的端面必须放在曲线的最高点上。深度游标卡尺用法，如图 2-10（b）、（c）、（d）、（e）所示。

4．其他类游标卡尺

（1）新型游标卡尺

新型游标卡尺主要是指装有测微表头的带表游标卡尺和配有电子数显装置的数字显示游标卡尺。这两种新型游标卡尺读数方便、准确，提高了测量精度（见图 2-11）。

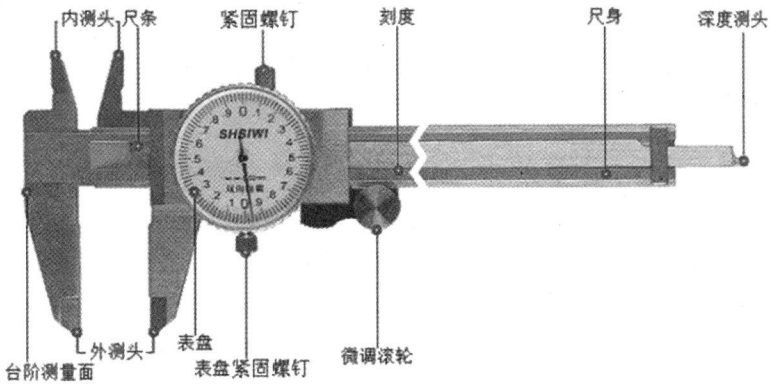

（a）

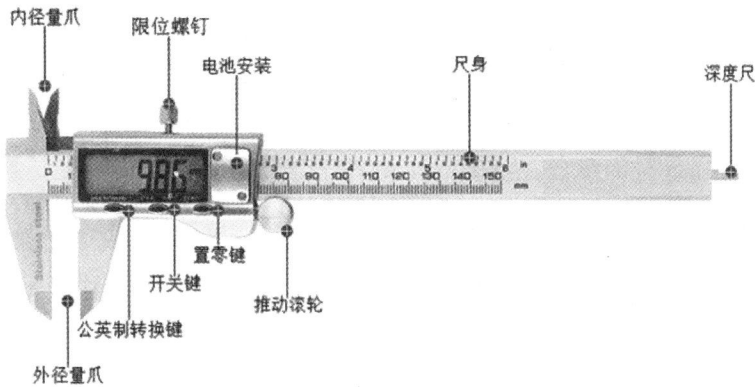

（b）

图 2-11 新型游标卡尺

（a）带表游标卡尺；（b）数字显示游标卡尺

（2）特殊游标卡尺

为了保证复杂零件或有特殊要求零件的测量精度与效能，可供选择的游标卡尺有长量爪卡尺、背置量爪型中心线卡尺、偏置卡尺、内外凹槽卡尺、管壁厚度卡尺、旋转型游标卡尺。长量爪卡尺，通常情况下适用于难以测量到的位置；背置量爪型中心线卡尺，专门用于两中心距离或边缘到中心距离的测量，其液晶显示块带有量爪，便于俯视读数测量；偏置卡尺，其尺身量爪可上下滑动，便于进行阶差端面测量；内外凹槽卡尺，专门用于测量难以测量的位置；管壁厚度卡尺，尺身量爪为一根圆形杆，适用于管壁厚度的测量；旋转型游标卡尺，可旋转移动量爪，便于测量阶梯轴。

5. 游标卡尺的示值误差

游标类卡尺属于中等精度（IT10～IT6）量具，不能测量毛坯或高精度零件，测量表面较粗糙的毛坯易损坏游标卡尺，测量高精度零件也达不到要求。这是因为游标卡尺有一定的示值误差，见表2-2。

表2-2　游标卡尺示值误差

游标分度值/mm	示值误差/mm
0.02	±0.02
0.05	±0.05
0.10	±0.10

游标卡尺的示值误差就是游标卡尺的本身制造精度。例如，用游标分度值为 0.02 mm 的游标卡尺，测量图 2-1 中的台阶高度 61±0.02 mm 尺寸时，由于游标卡尺示值误差为 ±0.02 mm，若游标卡尺上显示读数为 61.02 mm，那么考虑示值误差，台阶高度有可能是 61.04 mm，也有可能是 61.00 mm。因此对于这一台阶的测量，选用游标卡尺作为精度加工的量具显然不能达到要求，因此需要选用更高精度的量具进行测量，在测量过程中一定要注意。

一般情况下，选择量具的量测精度必须小于或等于尺寸公差值的 1/3。如尺寸 10.5±0.05 mm，可选用量测精度为±0.02 mm 或±0.03 mm 的带表或数字显示游标卡尺；如尺寸 ϕ8.00 ±0.015 mm，则不能选用量测精度为±0.02 mm 或±0.03 mm 的带表或数字显示游标卡尺，而应选用量测精度小于 0.01 mm 的千分尺，尺寸 5.000±0.005 mm，则必须选用量测精度为±0.002 mm 以下和量测最小值为 0.001 mm 的千分尺。

三、螺旋测微量具

利用螺旋副的测微原理进行测量的量具称为螺旋测微量具，螺旋测微量具的测量精度比游标卡尺高，可以精确到 0.001 mm，且测量比较灵活，因此，当加工精度要求较高时多被采用。常用的螺旋测微量具是千分尺。千分尺种类很多，使用较广泛的有外径千分尺，其他常用的还有内径千分尺、深度千分尺等。

1. 外径千分尺

（1）外径千分尺结构

如图 2-12 所示，外径千分尺主要由尺架、测砧、测微螺杆、固定套筒、微调旋钮、微分筒和紧锁装置组成。

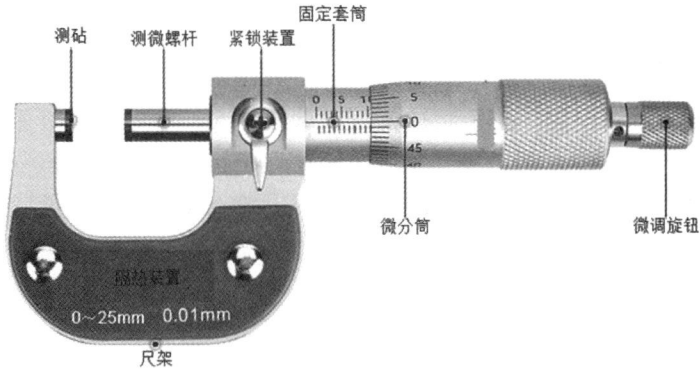

图 2-12　外径千分尺结构

（2）外径千分尺刻线原理及读数方法

刻线原理。外径千分尺是依据螺旋放大原理制成的，即螺杆在螺母中旋转一周，螺杆沿着轴线方向前进或后退一个螺距的长度。沿轴线方向移动的微小距离可以用圆周上的读数表示出来。外径千分尺精密螺纹的螺距是 0.5 mm，微分筒上有 50 个等分刻度，微分筒旋转一周，测微螺杆前进或后退 0.5 mm，因此，微分筒旋转一个小刻度相当于螺杆前进或后退 0.5/50=0.01 mm。由此可知，千分尺可精确测量到 0.01 mm。由于还能再估读一位，千分尺可读到毫米的千分位。

读数方法如图 2-13 所示，外径千分尺读数分三步：

① 以微分筒的端面为准线，读出固定套筒上刻线显示的最大数值。

② 在微分筒上找到与固定套筒中线对齐的刻线，该刻线数值再乘以分度值即为微分筒读数。当微分筒上没有任何一根刻线与固定套筒中线对齐时，应进行估读。

③ 将两个读数相加即为实测尺寸数值。

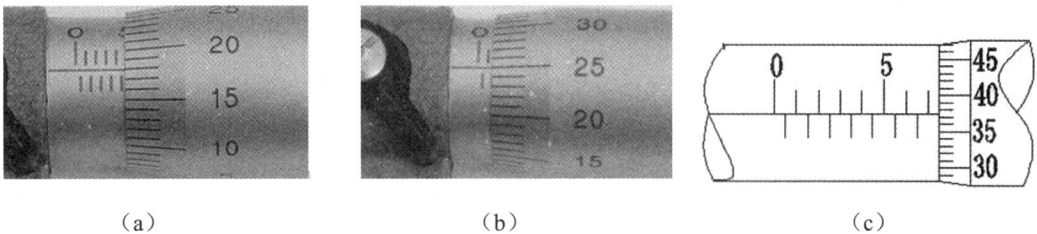

（a）　　　　　　　　　　（b）　　　　　　　　　　（c）

图 2-13　千分尺读数方法

图 2-13（a）读数方法为：测量值=固定套筒刻线显示最大数值 4.5 mm+18.0（微分筒第 18 刻线与固定套筒中线对齐）×分度值 0.01 mm=4.5+18.0×0.01=4.680 mm。

图 2-13（b）读数方法为：测量值=固定套筒刻线显示最大数值 1 mm+25.0（微分筒第 25 刻线与固定套筒中线对齐）×分度值 0.01 mm=1+25.0×0.01=1.250 mm。

图 2-13（c）读数方法为：测量值=固定套筒刻线显示最大数值 7 mm+37.5（微分筒第 37 刻线与第 38 刻线之间与固定套筒中线对齐，估读一个数值为 37.5）×分度值 0.01 mm=7+37.5×0.01=7.375 mm。

注：读数时要防止多读或少读 0.5 mm，主要看固定套筒刻线上有没有半格露出。读数时一般应估读到最小刻度的 1/10，即 0.001 mm。

（3） 千分尺的使用方法及注意事项

① 校对零位。测量前先将千分尺的两测砧面擦干净，转动测力装置使两测砧直接贴合（0～25 mm 的千分尺），或与量具盒中的校对样棒面贴合（25 mm 以上千分尺），检查活动套筒上的零线是否与固定套筒的基准线对齐。微分筒应转动灵活，否则应更换或检修量具。

② 测量时，测微螺杆与零件被测量的尺寸方向应一致。测量外径时，测微螺杆要与零件的轴线垂直，不要歪斜，可轻轻晃动尺架，使砧面与零件接触良好，如图 2-14 所示。

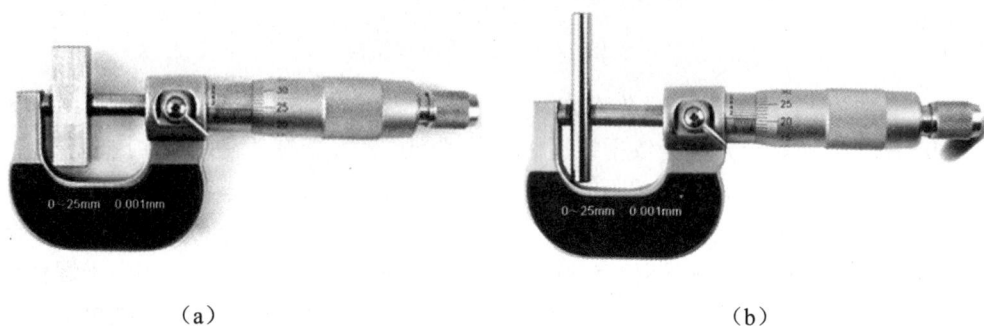

（a）   （b）

图 2-14　千分尺测量外尺寸

（a）测量长度；（b）测量直径

③ 当测砧表面接近零件表面时，改用转动微调旋钮。当听到三声"咔，咔，咔"的声音后，停止转动，在保持零件要掉不掉的状态下，读出读数。读数时最好不从要零件上取下千分尺；若需要取下时，应先锁紧测微螺杆，再轻轻取下。

④ 使用时轻拿轻放并将测砧、微分筒擦拭干净，以免受切屑粉末、灰尘影响。严禁用千分尺当卡钳用或当锤子用。

⑤ 在对零位和测量的时候，都要使用棘轮，这样才能保持千分尺使用的拧紧力（0.5kg）。

⑥ 测量时，零件必须在千分尺的测量面中心测量。

⑦ 为了获得正确的测量结果，可在同一位置上再测量一次，尤其是测量圆柱形零件时，应在同一圆周的不同方向测量几次，再在全长的各个部位测量几次。

⑧ 测量零件时，零件上不能有异物，并在常温下测量。

⑨ 使用时，必须轻拿轻放，不可掉到地上。

2.　常用孔径测量千分尺

（1） 内测千分尺

内测千分尺用于测量小尺寸内径和内侧面槽的宽度。普通内测千分尺的分度值为 0.01 mm，测量范围有 5～30 mm、25～50 mm、50～75 mm、75～100 mm、100～125 mm、125～150 mm 等，其结构如图 2-15 所示。数显内测千分尺的分度值可精确到 0.001 mm，其特点是容易找正内孔直径，测量方便。

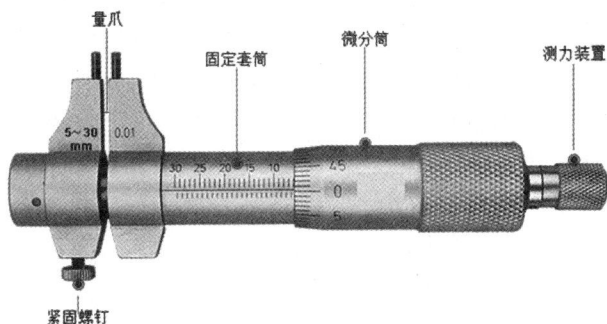

图 2-15　普通内测千分尺

内测千分尺的使用方法如下：

① 测量前将测量面清洁干净，用检验合格的标准环规校对零位。

② 测量时将两个测量爪测量面之间的距离调整到稍小于被测尺寸。用左手扶住左边固定测量爪，抵在被测表面上；用右手按顺时针方向慢慢转动测力装置并轻微游动内测千分尺，找出最大尺寸（测内孔时应寻找最大尺寸，测量槽宽时应寻找最小尺寸）。然后拧紧紧锁装置并进行读数。如图 2-16 所示，为内测千分尺测量内孔示意图。

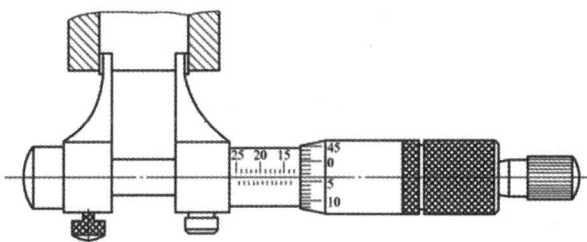

图 2-16　内测千分尺测量内孔示意图

③ 内测千分尺的读数方法与外径千分尺的计数方法相同，但它的测量方向和读数方向都与外径千分尺相反。在固定套筒上读取毫米整数和半毫米数、在微分筒上读取小数时，要认真，不要读错。

（2）两点内径千分尺

两点内径千分尺主要用于测量零件内径，也可用于测量槽宽和两个平行表面间的距离。测量范围为 50～1000 mm，但是 50 mm 以下的尺寸不能测量，需用内测千分尺或其他量具测量。两点内径千分尺结构如图 2-17 所示。两点内径千分尺的刻线原理与读数方法和外径千分尺相同。

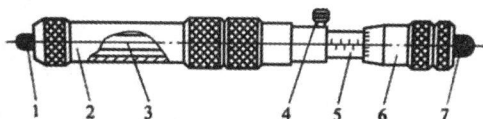

图 2-17　两点内径千分尺

1-测量头；2-接长杆；3-心杆；4-紧锁装置；5-固定套筒；6-微分筒；7-测微头

两点内径千分尺的使用方法如下：

① 测量前应校对零位。两点内径千分尺在测量及其使用时，必须用尺寸最大的接杆与其测微头连接，依次顺接到测量触头，以减少连接后轴线弯曲及累积误差。

② 测量孔径时，先将测量触头测量面支承在被测表面上，调整微分筒，使微分筒一侧的测量面在孔的径向截面内摆动，找出最大尺寸；然后在孔的轴向截面内摆动，找出最小尺寸。此调整需要重复几次进行，最后旋紧紧锁螺钉，取出内径千分尺并读数。测量两平行平面之间的距离时，应左右摆动千分尺，取最小尺寸为测量结果。

③ 内径千分尺测量时支承位置要正确。尺身水平时，应支承或握持在内径千分尺两端约 $\frac{2}{9}$ L 处，并将内径千分尺每转 90° 检测一次，其示值误差均不应超过要求。

（3） 三爪内径千分尺

两点内径千分尺测量时需要轻微游动来找准孔径的最大读数或槽的最小读数，是不能自定中心的；而三爪内径千分尺三个测量头按照 120° 间隔排列，是最适宜自定中心的结构。三爪内径千分尺适用于测量中小直径的精密内孔，尤其适用于测量深孔的直径，其三点定位精度稳定，常用的测量范围 3～300 mm，分度值有 0.01 mm、0.005 mm、0.001 mm。其结构如图 2-18 所示。

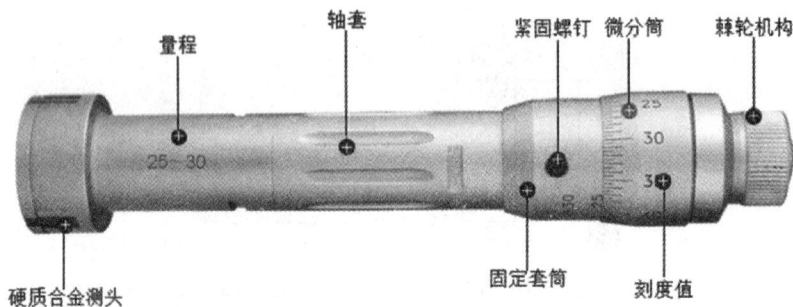

图 2-18　三爪内径千分尺

三爪内径千分尺的使用方法如下：

① 选择与被测要素尺寸相适应的三爪内径千分尺，使用前对千分尺进行校对零位。

② 将被测表面擦干净，调整千分尺，使其比被测尺寸小 1 mm 左右；然后将三爪伸入被测要素内，左手扶稳千分尺，右手转动微分筒，三爪接近被测内孔表面时改转动测力装置，待听到三声测力装置的声音后停止转动，正确读数。三爪内径千分尺测量内孔尺寸示意图如图 2-19 所示。

3. 深度千分尺

深度千分尺主要用于测量零件的孔、槽深度和台阶高度，它是利用螺旋副原理，对底座基面与测量杆测量面分隔的距离进行刻度读数

图 2-19　三爪内径千分尺测量内孔尺寸示意图

的量具。其结构如图 2-20 所示。

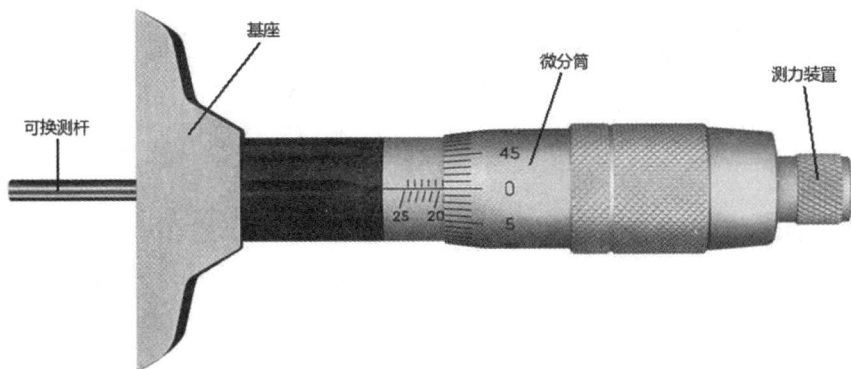

图 2-20　深度千分尺

深度千分尺的使用方法如下：

① 根据被测的深度或者高度选择合适的测杆。

② 校对零位。0～25 mm 深度千分尺可以直接校对零位，采用 00 级平台，将平台、深度千分尺的基准面和测量面擦干净，旋转微分筒，使其端面退至固定套筒的零线之外，然后将千分尺的基准面贴在平台的工作面上，左手压住底座，右手慢慢旋转棘轮，使测量面与平台的工作面接触后检查零位，使微分筒上的零刻线对准固定套筒上的纵刻线，使微分筒锥面的端面与套筒零刻线相切。测量范围大于 25 mm 的深度千分尺，需要使用校对量具校对零位。核对时，将校对量具放在平台上，再把深度千分尺的基准面贴在校对量具上校对零位。

③ 使用深度千分尺测量盲孔、深槽时，往往看不见孔、槽底部的情况，所以操作深度千分尺时要特别小心，切忌用力过大。

④ 当被测孔的口径或槽宽大于深度千分尺的底座时，可以用一辅助定位基准板进行测量。

任务实施

四个长度尺寸分别是 80 ± 0.06、61 ± 0.02、$30^{+0.52}_{0}$、20，两个高度尺寸分别是 80 ± 0.06、61 ± 0.02，一个深度尺寸是 $3^{+0.6}_{0}$ 的零件进行测量。通过分析可以看出，除了 61 ± 0.02 尺寸外，其余尺寸公差都比较大，游标卡尺的测量精度就能够满足测量需求，而对于 61 ± 0.02 这一精度要求较高的尺寸则可以使用千分尺进行测量。

一、任务准备

在正式测量零件各部分尺寸前准备好所需物品，包括被测零件、普通游标卡尺、外径千分尺、擦拭量具用的干净棉布或纱布、维护保养所需的黄油或凡士林、记录笔、记录本等。

二、测量过程

（1）将被测零件表面清理干净，使用干净棉布或纱布擦拭游标卡尺及外径千分尺，观察卡尺及千分尺有无损伤、刻线是否清晰并分别校对零位。

（2）用分度值为 0.02 mm 的游标卡尺测量长度和高度尺寸 80±0.06；长度尺寸 20 因没有公差要求，可用任意一种游标卡尺进行测量。

（3）用分度值为 0.02 mm 的游标卡尺内测量爪测量槽宽尺寸 $30^{+0.52}_{0}$，用深度千分尺测量槽深尺寸 $3^{+0.6}_{0}$。

（4）用分度值为 0.01 mm 的外径千分尺测量长度和高度尺寸 61±0.02。测量过程须严格按照游标卡尺及外径千分尺的使用规范进行测量，须掌握游标卡尺及深度千分尺测量注意事项，测量零件时应将游标卡尺及深度千分尺位置合理放置，正确读数。

（5）认真、真实地记录测量数据。

三、整理

将游标卡尺和千分尺仔细擦净，在游标卡尺测量爪和千分尺测量砧间抹上黄油或凡士林，并将测量爪或测量砧分开 0.1～0.2 mm。将量具放入盒内，并置于干燥处。

任务拓展

在游标卡尺的实际应用中，还会遇到另外一种情况，即分度值为 0.1 mm 的游标卡尺，此卡尺游标上的 10 格对准主尺的 19 mm，则游标每格为 1.9 mm（19/10），使主尺 2 格与游标 1 格相差为 0.1 mm（2-1.9）。这种增大游标间距的方法其读数原理并未改变，但可以使游标线条清晰，更容易看准读数。

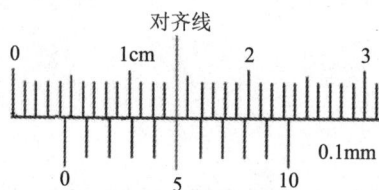

图 2-21　游标间距增大的游标卡尺

利用以上所讲游标卡尺"加法""减法"的读数方法，如图 2-21 所示。测量结果为

加法原则：　　　　　　　　　测量值=4+5×0.1=4.5 mm

减法原则：　　　　　　　　　测量值=14-5×1.9=4.5 mm

注：此例中游标每小格长度为 1.9 mm，并非 0.9 mm。

任务二　测量轴径

学习目标

1. 了解常用轴径测量方法并能够判断尺寸是否合格；
2. 掌握更高精度外径千分尺的使用方法。

任务呈现

图 2-22 所示为阶梯轴。本任务要求测量阶梯轴的径向尺寸，即轴径，并判断其是否符合要求。

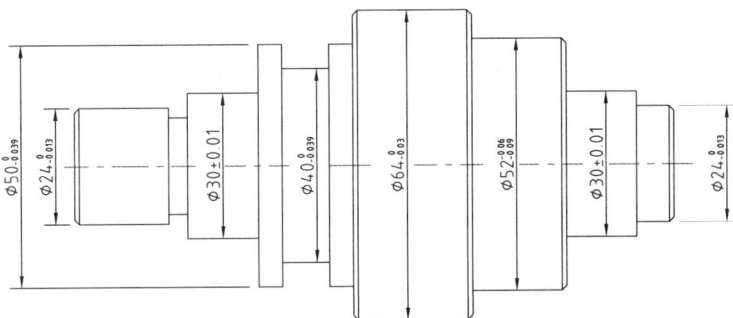

图 2-22　阶梯轴

任务分析

阶梯轴图中共有 8 个径向尺寸，为了完成本次测量任务，我们需要进一步认识一些精度更高的千分尺，了解其原理及读数方法。

知识链接

生产车间一般常用通用量具量仪及量规测量轴径，在教学过程中，测量轴径时使用较多的是游标卡尺及千分尺。对于精度要求不高的轴径尺寸可以使用游标卡尺及普通千分尺进行测量，对于有配合要求且对精度要求较高的轴径尺寸可以使用分度值更小的微米千分尺及数显千分尺等进行测量。

一、认识轴

轴通常指零件的圆柱形外表面，也包括其他由单一尺寸确定的非圆柱形外表面（由两个平行平面或切面形成的被包容面）。轴是机器中的重要零件，用于支承转动零件并传递运动和动力。轴由轴承支承，轴上被轴承支承的部位是轴颈，轴颈和轴承内孔一般采用基孔制配合。轴还要支承轴上零件，并传递运动和动力。一般，轴上安装轮毂的部位为轴头，轴头部分一般与轮毂的内孔配合，且采用键连接等周向固定方式。因为轴颈要与轴承内孔配合、轴头要和轮毂孔配合，所以轴上部分尺寸要求较高，所需要的测量量具精度要求也同样较高。

二、微米千分尺

（一）微米千分尺结构

微米千分尺结构，如图 2-23 所示。其与一般外径千分尺结构的最大区别在于微米千分尺固定套筒上有纵向的主尺刻度线和游标刻度线。其测量范围为 0～15 mm、0～25 mm、25～50 mm、50～75 mm、75～100 mm，分度值有 0.001 mm 及 0.002 mm 两种。

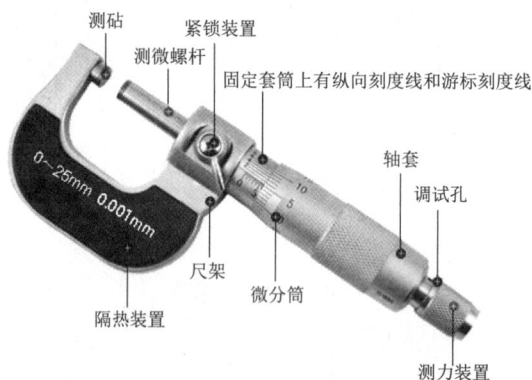

图 2-23　微米千分尺结构

（二）微米千分尺的基本原理及读数方法

微米千分尺的基本原理与普通外径千分尺一样，都是利用螺旋放大原理制成的，具体读数由固定套筒上主刻度值加微分筒上刻度值加游标刻度显示数值三部分组成。以下以图 2-24 为例具体讲解其读数方法。

微米千分尺读数分四步，具体为：

（1）读出固定套筒上刻线显示的最大数值。

（2）在微分筒上找到与固定套筒中线对齐的刻线，再乘以微分筒每小格 0.01 mm，若固定套筒中线介于微分筒两刻度线之间，则取较小的刻度数值。

（3）找出游标刻度上与微分筒刻度线对齐的刻度线数值，乘以分度值 0.001 mm。

（4）　将所得三个读数相加即为实测的尺寸数值。

图 2-24 所示微米千分尺分度值为 0.001 mm，固定套筒上主刻度数值为 17.5 mm，固定套筒中线介于微分筒 49、50 两刻度线之间，取较小值 49，即微分筒上刻度值为 49×0.01=0.49 mm，游标刻度线与微分筒刻度线对齐的刻度线数值为 3，即游标数值为 3×0.001=0.003 mm，所以测量结果为 17.5+0.49+0.003=17.993 mm。

图 2-24　微米千分尺读数

三、数显千分尺

图 2-25 所示为数显外径千分尺，其分辨率可达 0.001 mm，数字显示是为了避免读数时产生视觉误差，因此使用更为方便。

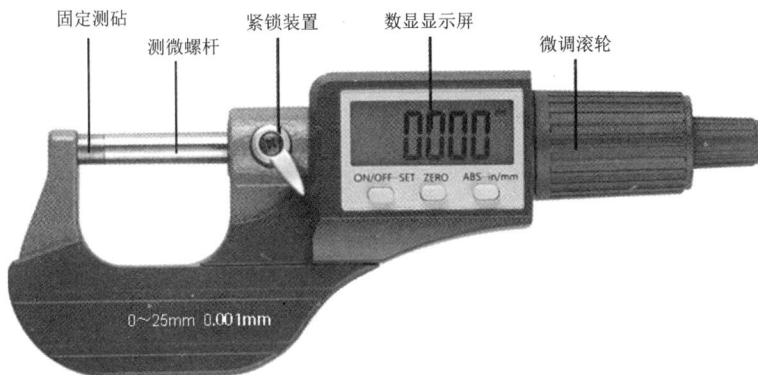

图 2-25　数显千分尺

任务实施

一、任务准备

在正式测量零件各部分尺寸前准备好所需的物品，包括被测零件、普通外径千分尺、微米千分尺或数显千分尺、擦拭量具用的干净棉布或纱布、维护保养所需的黄油或凡士林、记录笔、记录本等。

二、测量过程

图 2-22 中 8 个轴径尺寸为 $\phi 50_{-0.039}^{0}$、$\phi 40_{-0.039}^{0}$、$\phi 64_{-0.03}^{0}$、$\phi 52_{-0.09}^{-0.06}$、2 个 $\phi 24_{-0.013}^{0}$、2 个 $\phi 30 \pm 0.01$；前 4 个尺寸公差为 0.039 mm、0.039 mm、0.03 mm、0.03 mm，后 4 个尺寸公差为 0.013 mm、0.013 mm、0.02 mm、0.02 mm；前 4 个轴径尺寸可用普通外径千分尺进行测量，后 4 个轴径尺寸应用微米千分尺或者数字显示千分尺进行测量才能保证精度要求。测量完成后应认真、真实地记录测量数据。

三、测量注意事项

（1）测量前一定要校对零位，尤其是微米千分尺或者数字显示千分尺。如果测砧上面粘有脏污或灰尘，很容易产生零误差，因此需要准确校对。

（2）使用外径千分尺或微米千分尺测量时，两测量砧头应位于轴颈最大处，并与零件轴线垂直。

（3）测量轴径时，在圆柱长度上应选择 2～3 处截面位置测量，以确保测量的全面，减少误差。

（4）读数时视线应与刻度线垂直，避免因读数视线角度偏差造成测量结果偏差。

四、整理

将微米千分尺仔细擦净，在微米千分尺测量砧间抹上黄油或凡士林，并将测量爪或测量砧分开 0.1～0.2 mm。将量具放入盒内，置于干燥处。

任务三　测量孔径

学习目标

1. 认识常用的孔径测量量具；
2. 学会使用合适量具测量孔径的方法并判断尺寸是否合格；
3. 掌握内径百分表测量孔径尺寸的步骤。

任务呈现

图 2-26 所示为一轴套，要求对轴套图上标注的四个孔径尺寸选择合适的量具进行测量，并判断是否合格。

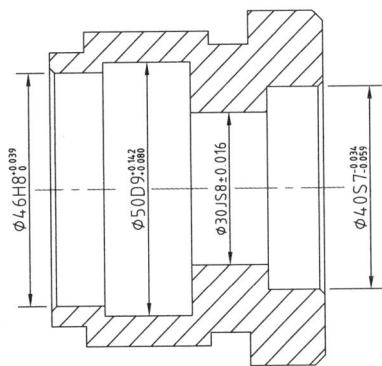

图 2-26 轴套

任务分析

本任务中四个内孔孔径尺寸对于精度要求较高，且有的孔位置较深，使用一般游标卡尺无法满足测量要求，其中 $\phi 46H8^{+0.039}_{0}$、 $\phi 40S7^{-0.034}_{-0.059}$ 相对于 $\phi 50D9^{+0.142}_{+0.080}$、 $\phi 30JS8\pm 0.016$ 位置好测量一些，对于这四个尺寸有的可用内测千分尺测量，有的需用三爪内径千分尺，有的则需用内径百分表或内测千分表进行测量。

知识链接

对内孔的孔径测量来说，由于视线不好再加上有的测量量具无法到达测量点，因此内孔孔径测量难度较大。目前常用的孔径测量量具有极限量规、游标卡尺、内测千分尺、内径百分表、内测千分表等。任务一中已经介绍了各种游标卡尺、千分尺的使用方法及注意事项，本任务中主要讲述用内径百分表测量内径尺寸的知识。

一、认识孔

孔主要指圆柱形内表面，也包括其他内表面中由单一尺寸确定的部分。孔的加工和测量在机械零件质量控制中的地位变得日益重要。一方面，由于外圆加工制造精度的迅速提高对孔的加工也提出了相应的要求；另一方面，由于孔的测量比外圆的测量难。因此，需要学习有关孔径测量的基本知识，根据零件孔径尺寸及其公差要求，正确选择检测工具和方法，正确测量孔径。

二、认识内径百分表

内径百分表又称为内径表，由百分表和专用表架组成，用于测量孔的直径和孔的形位误差，特别适合深孔的测量。

（一）内径百分表的结构

内径百分表是一种用相对测量法测量孔径的量仪，其结构如图 2-27 所示。内径百分表按其测头形式不同，可以分为带定位护桥和不带定位护桥两类。定位护桥的作用是帮助找正直径的位置，使内径百分表的两个测头正好在内孔直径的两端。

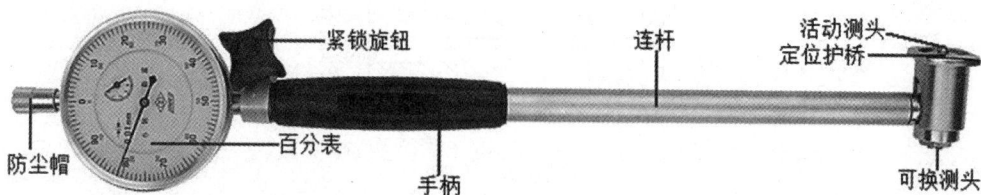

图 2-27　内径百分表结构

（二）内径百分表的刻线原理及读数方法

内径百分表是利用活动测头移动距离与百分表示值相等的原理读数的。活动测头的移动量通过百分表内部的齿轮传动机构转变为指针的偏转量显示在表盘上。当活动测头移动 1 mm 时，百分表指针回转一圈。表盘上共刻有 100 格，每一格即为 0.01 mm。因此，百分表的分度值为 0.01 mm。内径百分表活动测头的移动量为 0～3 mm、0～5 mm、0～10 mm，其测量范围是以更换或调整可换测头的长度来达到的。每个内径百分表都附有成套的可换测头，测量范围有 10～18 mm、18～35 mm、35～50 mm、50～100 mm、100～160 mm 等。

百分表的读数方法：

先读小指针转过的刻度线（毫米整数），再读大指针转过的刻度线（小数部分），并乘以 0.01，然后两者相加，即得到所测量的数值。测量时，当圆表盘指针顺时针方向离开"0"位，表示被测实际孔径小于标准孔径，它是标准孔径与表针离开"0"位格数的差；当圆表盘指针逆时针方向离开"0"位，表示被测实际孔径大于标准孔径，它是标准孔径与表针离开"0"位格数之和。若测量时表盘小针偏移超过 1 mm，则应在实际测量值中减去或加上 1mm。

（三）内径百分表的使用方法

（1）用千分尺定尺寸。由于内径指示表是用于比较测量的量具，因此它测量时的基本尺寸是由其他量具提供的，按测量时的精度要求，为其提供尺寸的量具为外径千分尺、环规、量块及量块附件的组合体。在机械加工车间里，最好找的是外径千分尺，所以通常用千分尺定基本尺寸。

（2）将百分表的装夹套筒擦净，小心地装进表架的弹性卡头中，并使表的指针转过半圈左右（0.5 mm）（俗称"压表"），用锁母紧固弹性卡头将百分表锁住。需要注意的是，拧紧锁母时，用力要适中，以防止将百分表的套筒卡变形。

（3）根据被测孔径的公称尺寸，选取一个相应尺寸的可换测头装到表杆上，其伸出的长度可以调节，用卡尺调整到两测头（活动测量头）之间的长度尺寸比被测孔径的公称尺寸大 0.5 mm 左右，并紧固可换测头。

（4）　根据被测量尺寸，选取校对环规，（如果没有环规，也可以用外径千分尺）校对百分表的"0"位。

校对"0"位的方法：分别将测头、定位护桥和环规的工作面擦净后用手按动几次活动测头，检查百分表的灵敏度和示值变动量。符合要求时即可进行校对"0"位操作。用左手握住表杆手柄部位，右手按下定位护桥，把活动测头压下，放入环规内。活动测头放入环规后，前后摆动手并将固定测头压入校对环规内，并摆动几次，找出指针的拐点（百分表指针旋转方向变化的那一点），转动百分表刻度盘，使"0"线与指针的"拐点"处重合。然后再摆动几次表杆，以确定"0"位校对准确，如图 2-28 所示。

（5）　测量时，操作内径百分表的方法与校对其"0"位的方法相同，即把测头放入被测孔内后（注：用左手指将活动测量头压下，放入被测孔内），轻轻前后摆动几次，观察指针的拐点位置，如图 2-29 所示。如果指针恰好在"0"位处拐回，说明被测孔径与校对环规的孔径相等，当指针顺时针（俗称升表）方向转动超过"0"位时，则说明被测孔径小于校对环规的孔径。当指针逆时针（俗称降表）方向转动未到"0"位，则说明被测孔径大于校对环规的孔径。

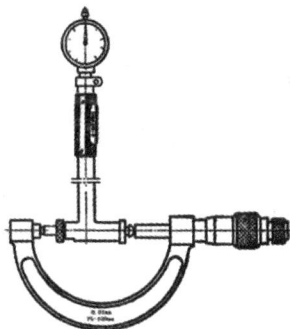

图 2-28　外径千分尺校"0"位

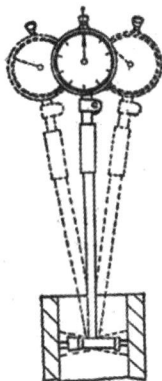

图 2-29　寻找指针拐点位置

（6）　测量时，校对的"0"位刻线是读数的基准。指针的拐点位置，不是在"0"位的左边，就是在"0"位的右边，读数时要认真仔细，不要把正、负值搞错。

任务实施

一、任务准备

在正式测量零件各部分尺寸前准备好所需物品，包括被测零件、内测千分尺、三爪内径千分尺、内径百分表、擦拭量具用的干净棉布或纱布、维护保养所需的黄油或凡士林、记录笔、记录本等。

二、测量过程

本任务中轴套的 4 个内孔尺寸中 $\phi 46H8^{+0.039}_{0}$、$\phi 40S7^{-0.034}_{-0.059}$ 内孔位置靠外，使用内测千分尺进行测量既方便又符合测量要求；$\phi 30JS \pm 0.016$、$\phi 50D9^{+0.142}_{+0.080}$ 内孔位置靠内且公差较小，可使用内径百分表进行测量。由于使用内径百分表测量内孔尺寸调整过程麻烦又费时，目前测量内孔常用三点式内径千分尺，既精准又方便。本例可分别通过内径百分表及三点式千分尺进行测量，并将两种测量结果进行比较。测量过程应严格按照内测千分尺、内径百分表及三点式内径千分尺的使用方法及注意事项进行测量。测量完成后应认真、真实地记录测量数据。

三、整理

将千分尺及内径百分表仔细擦净，将量具放入盒内，并置于干燥处妥善保管。

任务四　光滑零件尺寸的检验

◯ 学习目标

1. 掌握验收极限的确定及普通计量器具的选择要求；
2. 理解光滑极限量规的设计原理和要求；
3. 掌握光滑零件验收仪器的选择和验收范围的确定。

◯ 任务呈现

（1）试确定被测零件轴 $\phi 35e9^{-0.050}_{-0.112}$ mm 的验收极限，并选择相应的计量器具。零件尺寸采用包容要求。

（2）对管连接零件中 $\phi 25H8$ 孔用量规及 $\phi 45f8$ 轴用量规的工作尺寸进行设计，管连接件的内径及外径尺寸均为配合尺寸。

◯ 任务分析

在验收产品时由于测量误差的存在，极易造成错误判断。一种是把超出公差界限的废品误判为合格而接收，称为"误收"；另一种是将接近公差界限的合格产品误判为废品，称为"误废"。为了保证产品质量，国家标准 GB/T 3177—2009《光滑零件尺寸的检验》对验收原则及验收极限和计量器具的选择做了规定，有效地解决了"误收""误废"现象。

● **知识链接**

　　光滑极限量规也称量规，是一种无刻度的专用检验工具，虽只能判断零件是否合格，但因其结构简单、制造容易、使用方便且检验效率高，被广泛应用于机械制造中成批、大量生产零件的检验，因此对于量规的尺寸设计非常重要。

一、零件验收原则、安全裕度及尺寸验收极限

（一）零件验收原则

　　国家标准规定的验收原则，即所有验收方法应只接受位于规定的极限尺寸之内的零件，即允许有"误废"而不允许有"误收"。为了保证这一原则的实现和保证零件达到互换性的要求，对其规定了验收极限。

　　验收方法的基础：由于计量器具和计量系统都存在误差，故不能测得真值。多数计量器具通常只用于测量尺寸，而不测量零件存在的形状误差。对遵循包容要求的尺寸，应把对尺寸及形状测量的结果综合起来，以判定零件是否超出最大实体边界。

（二）安全裕度（A）

　　安全裕度（A）是测量中总不确定度的允许值（μ），主要由计量器具的不确定度允许值 μ_1 及测量条件引起的测量不确定度允许值 μ_2 两部分组成。A 值按被检测零件的公差大小确定，一般为零件公差的 1/10，其值见表 2-3。A 值较大时，可选用较低精度的计量器具进行检验，但是减少了生产公差，因而加工经济性差；A 值较小时，必须使用较精密的计量器具，加工经济性好，但是测量仪器费用高，增加了生产成本。

表 2-3　安全裕度（A）与计量器具的测量不确定度允许值（μ_1）

单位：μm

公差等级		IT6					IT7					IT8					IT9					IT10					IT11				
公称尺寸/mm		T	A	μ_1			T	A	μ_1			T	A	μ_1			T	A	μ_1			T	A	μ_1			T	A	μ_1		
大于	至			I	II	III			I	II	III			I	II	III			I	II	III			I	II	III			I	II	III
−	3	6	0.6	0.5	0.9	1.4	10	1.0	0.9	1.5	2.3	14	1.4	1.3	2.1	3.2	25	2.5	2.3	3.8	5.6	40	4.0	3.6	6.0	9.0	60	6.0	5.4	9.0	14
3	6	8	0.8	0.7	1.2	1.8	12	1.2	1.1	1.8	2.7	18	1.8	1.6	2.7	4.1	30	3.0	2.7	4.5	6.8	48	4.8	4.3	7.2	11	75	7.5	6.8	11	17
6	10	9	0.9	0.8	1.4	2.0	15	1.5	1.4	2.3	3.4	22	2.2	2.0	3.3	5.0	36	3.6	3.3	5.4	8.1	58	5.8	5.2	8.7	13	90	9.0	8.1	14	20
10	18	11	1.1	1.0	1.7	2.5	18	1.8	1.7	2.7	4.1	27	2.7	2.4	4.1	6.1	43	4.3	3.9	6.5	9.7	70	7.0	6.3	11	16	110	11	10	17	25
18	30	13	1.3	1.2	2.0	2.9	21	2.1	1.9	3.2	4.7	33	3.3	3.0	5.0	7.4	52	5.2	4.7	7.8	12	84	8.4	7.6	13	19	130	13	12	20	29
30	50	16	1.6	1.4	2.4	3.5	25	2.5	2.3	3.8	5.6	39	3.9	3.5	5.9	8.8	62	6.2	5.6	9.3	14	100	10	9.0	15	23	160	16	14	24	36
50	80	19	1.9	1.7	2.9	4.3	30	3.0	2.7	4.5	5.8	46	4.6	4.1	6.9	10	74	7.4	6.7	11	17	120	12	11	18	27	190	19	17	29	43
80	120	22	2.2	2.0	3.3	5.0	35	3.5	3.2	5.3	7.9	54	5.4	4.9	8.1	12	87	8.7	7.8	13	20	140	14	13	21	32	220	22	20	33	50
120	180	25	2.5	2.3	3.8	5.6	40	4.0	3.6	6.0	9.0	63	6.3	5.7	9.5	14	100	10	9.0	15	23	160	16	15	24	36	250	25	23	38	56
180	250	29	2.9	2.6	4.4	6.5	46	4.6	4.1	6.9	10	72	7.2	6.5	11	16	115	12	10	17	26	185	19	17	28	42	290	29	26	44	65
250	315	32	3.2	2.9	4.8	7.2	52	5.2	4.7	7.8	12	81	8.1	7.3	12	18	130	13	12	19	29	210	21	19	32	47	320	32	29	48	72
315	400	35	3.5	3.2	5.4	8.1	57	5.7	5.1	8.4	13	89	8.9	8.0	13	20	140	14	13	21	32	230	23	21	35	52	360	36	32	54	81
400	500	40	4.0	3.6	6.0	9.0	63	6.3	5.7	9.5	14	97	9.7	8.7	14	21	155	16	14	23	35	250	25	23	38	56	400	40	36	60	90

（续表）

公差等级		IT12				IT13				IT14				IT15				IT16				IT17				IT18			
公称尺寸/mm		T	A	μ_1		T	A	μ_1		T	A	μ_1		T	A	μ_1		T	A	μ_1		T	A	μ_1		T	A	μ_1	
大于	至			I	II			I	II			I	II			I	II			I	II			I	II			I	II
–	3	100	10	9.0	15	140	14	13	21	250	25	23	38	400	40	36	60	600	60	54	90	1000	100	90	150	1400	140	135	210
3	6	120	12	11	18	180	18	16	27	300	30	27	45	480	48	43	72	750	75	68	110	1200	120	110	180	1800	180	160	270
6	10	150	15	14	23	220	22	20	33	360	36	32	54	580	58	52	87	900	90	81	140	1500	150	140	230	2200	220	200	330
10	18	180	18	16	27	270	27	24	41	430	43	39	65	700	70	63	110	1100	110	100	170	1800	180	160	270	2700	270	240	400
18	30	210	21	19	32	330	33	30	50	520	52	47	78	840	84	75	130	1300	130	120	200	2100	210	190	320	3300	330	300	490
30	50	250	25	23	38	390	39	35	59	620	62	56	93	1000	100	90	150	1600	160	140	240	2500	250	220	380	3900	390	350	580
50	80	300	30	27	45	460	46	41	69	740	74	67	110	1200	120	110	180	1900	190	170	290	3000	300	270	450	4600	460	410	690
80	120	350	35	32	53	540	54	49	81	870	87	78	130	1400	140	130	210	2200	220	200	330	3500	350	320	530	5400	540	480	810
120	180	400	40	36	60	630	63	57	95	1000	100	90	150	1600	160	150	240	2500	250	230	380	4000	400	360	600	6300	630	570	940
180	250	460	46	41	69	720	72	65	110	1150	115	100	170	1800	180	170	280	2900	290	260	440	4600	460	410	690	7200	720	650	1080
250	315	520	52	47	78	810	81	73	120	1300	130	120	190	2100	210	190	320	3200	320	290	480	5200	520	470	780	8100	810	730	1210
315	400	570	57	51	85	890	89	80	130	1400	140	130	210	2300	230	210	350	3600	360	320	540	5700	570	510	850	8900	890	800	1330
400	500	630	63	57	95	970	97	87	150	1500	150	140	230	2500	250	230	380	4000	400	360	600	6300	630	570	950	9700	970	870	1450

（三）尺寸验收极限

尺寸验收极限是指检验零件尺寸时判断合格与否的尺寸界限。具体有以下两种验收极限方式。

1. 内缩方式

安全裕度不为零，验收极限是从规定的最大实体极限（MMS）和最小实体极限（LMS）分别向零件公差带内移动一个安全域度（A）来确定的。如图 2-30 所示，为孔和轴的验收极限。

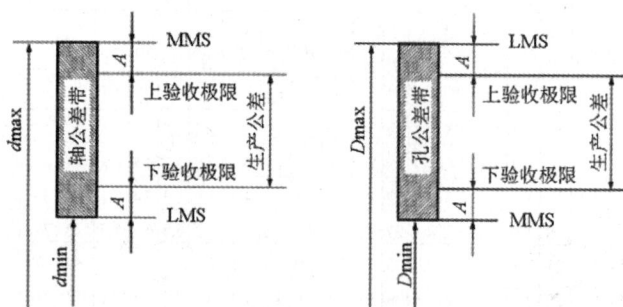

图 2-30 孔和轴的验收极限

孔尺寸的验收极限为

$$上验收极限 = 最小实体尺寸（D_L） - 安全裕度（A）$$

$$下验收极限 = 最大实体尺寸（D_M） + 安全裕度（A）$$

轴尺寸验收极限为

$$上验收极限=最大实体尺寸（d_M）-安全裕度（A）$$
$$下验收极限=最小实体尺寸（d_L）+安全裕度（A）$$

2. 不内缩方式

验收极限等于图样上规定的最大极限尺寸和最小极限尺寸，即安全裕度（A）值等于零。

具体选用哪一种方式，需要结合零件尺寸功能需求及其重要程度、尺寸公差等级、测量不确定度和工艺能力等因素综合考虑。具体原则如下：

（1）　对符合包容要求的尺寸、公差等级高的尺寸，验收极限均按内缩方式确定。

（2）　当工艺能力指数 Cp≥1 时，验收极限可以按不内缩方式确定。

（3）　对偏态分布的尺寸，尺寸偏向的一边应按内缩方式确定。

（4）　对非配合和一般尺寸，按不内缩方式确定。

二、计量器具的选择

（1）　按照计量器具的测量不确定度允许值（μ_1）选择计量器具。选择时，应使所选用的计量器具的测量不确定度数值等于或小于选定的 μ_1 值。

（2）　计量器具的测量不确定度允许值（μ_1）约为测量不确定度（μ）的 0.9 倍，即 $\mu_1=0.9\mu$。

（3）　一般情况下，应优先选用 I 档，其次选用 II、III 档。

（4）　选择计量器具时，应保证其不确定度不大于其允许值 μ_1。有关量仪的 μ_1 值，见表 2-4～表 2-6。

表 2-4　千分尺和游标卡尺的不确定度

单位：mm

尺寸范围	计量器具类型			
	分度值为 0.01 mm 的外径千分尺	分度值为 0.01 mm 的内径千分尺	分度值为 0.02 mm 的游标卡尺	分度值为 0.05 mm 的游标卡尺
	不确定度			
0～50	0.004			
50～100	0.005	0.008		0.050
100～150	0.006		0.020	
150～200	0.007			
200～250	0.008	0.013		
250～300	0.009			
300～350	0.010			
350～400	0.011	0.020		0.100
400～450	0.012			
450～500	0.013	0.025		
500～600				
600～700		0.030		
700～1000				0.150

表 2-5　比较仪的不确定度

单位：mm

尺寸范围		所使用的计量器具			
		分度值为 0.0005 mm（相当于放大倍数 2000 倍的比较仪）	分度值为 0.001 mm（相当于放大倍数 1000 倍的比较仪）	分度值为 0.002 mm（相当于放大倍数 400 倍的比较仪）	分度值为 0.005 mm（相当于放大倍数 250 倍的比较仪）
大于	至	不确定度			
—	25	0.0006	0.0010	0.0017	0.0030
25	40	0.0007	0.0010	0.0017	0.0030
40	65	0.0008	0.0011	0.0018	0.0030
65	90	0.0008	0.0011	0.0018	0.0030
90	115	0.0009	0.0012	0.0019	0.0030
115	165	0.0010	0.0013	0.0019	0.0030
165	215	0.0012	0.0014	0.0020	0.0035
215	265	0.0014	0.0016	0.0021	0.0035
265	315	0.0016	0.0017	0.0022	0.0035

表 2-6　指示表的不确定度

单位：mm

尺寸范围		所使用的计量器具			
		分度值为 0.001 mm 的千分表（0 级在全程范围内），分度值为 0.002 mm 的千分表（在一转范围内）	分度值为 0.001 mm、0.002 mm、0.005 mm 的千分表（1 级在全程范围内），分度值为 0.01 mm 的千分表（0 级在任意 1 mm 内）	分度值为 0.01 mm 的百分表（0 级在全程范围内，1 级在任意 1 mm 内）	分度值为 0.01 mm 的百分表（1 级在全程范围内）
大于	至	不确定度			
—	25	0.005	0.010	0.018	0.030
25	40	0.005	0.010	0.018	0.030
40	65	0.005	0.010	0.018	0.030
65	90	0.005	0.010	0.018	0.030
90	115	0.005	0.010	0.018	0.030
115	165	0.006	0.010	0.018	0.030
165	215	0.006	0.010	0.018	0.030
215	265	0.006	0.010	0.018	0.030
265	315	0.006	0.010	0.018	0.030

三、光滑极限量规

（一）光滑极限量规概述

光滑极限量规是一种无刻度的专用检验工具，它不能确定零件的实际尺寸，只能确定零件尺寸是否处于极限尺寸范围内。

光滑极限量规的形状与被检验对象的形状相反，检验零件孔径的量规称为"塞规"，检验零件轴径的量规称为"卡规"，塞规有"通规"和"止规"两部分，应成对使用。尺寸较小的塞规，其通规和止规直接配置在一个塞规体上，尺寸较大的塞规做成片状或棒状。塞规的通规按被测零件孔的 MMS（D_{min}）制造，止规按被测孔的 LMS（D_{max}）制造，使用时塞规通过被测零件孔、止规不能通过被测零件孔，则表示被测零件孔的实际尺寸在规定的极限尺寸范围之内，零件合格；否则，若通规不能通过被测零件孔或者止规能通过被测零件孔，都表示孔不合格。

同理，卡规也有"通规"和"止规"两部分，且通规按被测零件轴的 MMS（d_{max}）制造，止规按被测轴的 LMS（d_{min}）制造。通规通过被测零件轴、止规不能通过表示被测零件轴的实际尺寸在规定的极限尺寸范围之内，是合格的。否则，若通规不能通过被测零件孔或者止规能通过被测零件孔，都表示孔不合格；图 2-31（a）为孔用量规，图 2-31（b）为轴用量规。

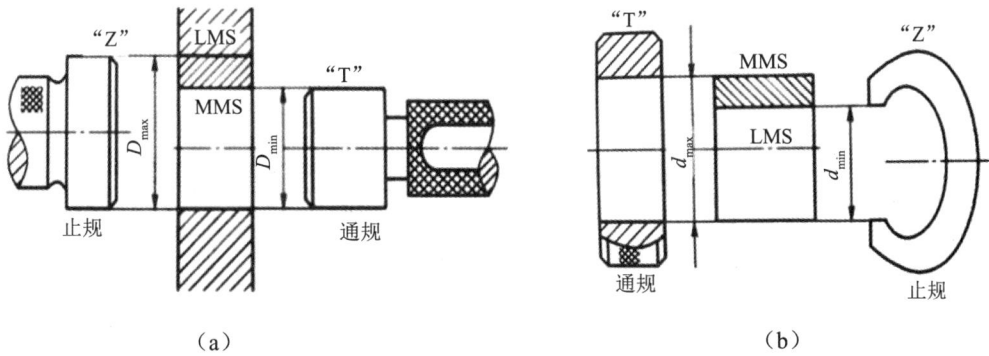

图 2-31 光滑极限量规

（a）孔用量规；（b）轴用量规

（二）光滑极限量规的种类

光滑极限量规按用途不同可以分为三类。

1. 工作量规

工作量规是在零件制造过程中，操作者检验零件时所使用的量规。通常使用新的或较少的量规作为工作量规，通规代号为"T"，止规代号为"Z"。

2. 验收量规

验收量规是检验部门或用户代表验收产品时所使用的量规。检验部门应使用与加工者具有相同形式且已磨损较多的量规。用户在用量规验收产品时，通规应接近零件的 MMS，止规应接近零件的 LMS。

3. 校对量规

校对量规是用来检验轴用量规在制造中是否符合制造公差，在使用过程中是否已达到磨损极限时所使用的量规。校对量规有三种，见表 2-7。

表 2-7 校对量规

量规形状	检验对象		量规名称	量规代号	功 能	合格标志
塞规	轴用	通规	校通—通	TT	防止通规制造时尺寸过小	通过
		止规	校止—通	ZT	防止止规制造时尺寸过小	通过
		通规	校通—损	TS	防止通规使用中磨损过大	不通过

（三）极限尺寸判断原则

生产中为保证加工出来的孔或轴满足互换性要求，应根据极限尺寸判断原则（泰勒原则）来评定零件的实际尺寸和作用尺寸，即量规应遵循极限尺寸判断原则进行设计。

极限尺寸判断原则：孔或轴的作用尺寸不允许超过最大实体尺寸，在任何位置的实际尺寸不允许超过最小实体尺寸，如图 2-32 所示。极限尺寸判断原则也可表示为：

对于孔：$D_{作用} \geqslant D_{min}$　　　$D_{实际} \leqslant D_{max}$

对于轴：$d_{作用} \leqslant d_{max}$　　　$d_{实际} \geqslant d_{min}$

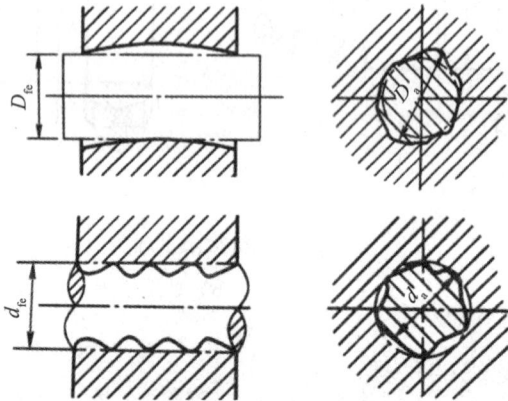

图 2-32 极限尺寸判断原则

根据极限尺寸判断原则，通规用于控制零件的作用尺寸，应设计成全形，即其测量面应是与孔或轴形状相对应的完整表面，尺寸等于被测孔或轴的最大实体尺寸；止规用于控制零件实际尺寸，应设计成两点接触式，其两个点状测量面之间的尺寸等于被测孔或轴的最小实体尺寸。由于量规受制造和使用方面原因的影响，有时允许量规形式在一定条件下偏离极限尺寸判断原则。例如，为采用标准量规，通规的长度可能短于零件的配合长度，检验曲轴轴颈的通规无法用全形的环规，而用卡规代替；点状止规，检验中点接触易于磨损，往往改用小平面或球面代替。当量规形式不符合极限尺寸判断原则时，有可能将不合格产品判为合格产品，为此应保证被检验的孔或轴形状误差不至影响配合性质条件下，才能允许使用。

（四）量规公差带

量规在制造过程中不可避免会产生误差，所以对量规的工作尺寸也要规定制造公差。

1. 工作量规公差带

国家标准 GB/T 1957—2006《光滑极限量规》规定量规的公差带不得超过被检零件的公差带，工作量规的制造公差与被检验零件的公差等级和基本尺寸有关。孔用和轴用量规公差带分别，如图 2-33 所示。T 为工作量规的制造公差，Z 为通规公差带中心到零件最大实体尺寸之间的距离，通规的磨损极限为零件的最大实体尺寸。T 和 Z 值见表 2-8。

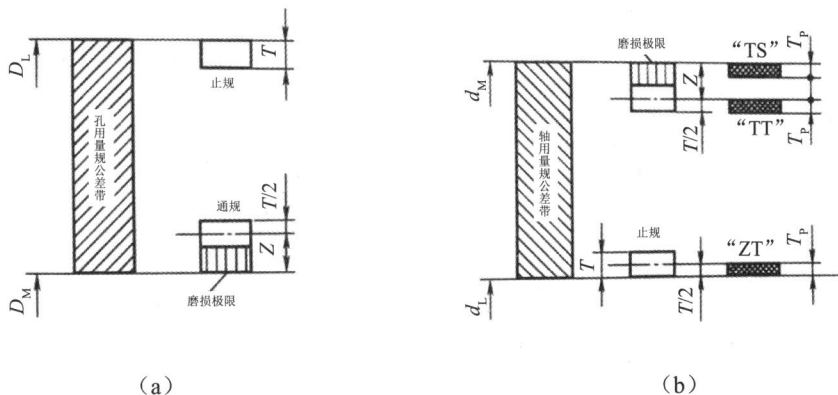

图 2-33　量规公差带图

（a）孔用量规公差带；（b）轴用量规公差带

表 2-8　光滑极限量规制造误差 T 值和通规公差带中心到零件最大实体尺寸之间的距离 Z 值

基本尺寸/mm		IT6			IT7			IT8			IT9		
		IT6	T	Z	IT7	T	Z	IT8	T	Z	IT9	T	Z
大于	至	μm											
−	3	6	1.0	1.0	10	1.2	1.6	14	1.6	2.0	25	2.0	3
3	6	8	1.2	1.4	12	1.4	2.0	18	2.0	2.6	30	2.4	4
6	10	9	1.4	1.6	15	1.8	2.4	22	2.4	3.2	36	2.8	5
10	18	11	1.6	2.0	18	2.0	2.8	27	2.8	4.0	43	3.4	6
18	30	13	2.0	2.4	21	2.4	3.4	33	3.4	5.0	52	4.0	7
30	50	16	2.4	2.8	25	3.0	4.0	39	4.0	6.0	62	5.0	8
50	80	19	2.8	3.4	30	3.6	4.6	46	4.6	7.0	74	6.0	9
80	120	22	3.2	3.8	35	4.2	5.4	54	5.4	8.0	87	7.0	10
120	180	25	3.8	4.4	40	4.8	6.0	63	6.0	9.0	100	8.0	12
180	250	29	4.4	5.0	46	5.4	7.0	72	7.0	10.0	115	9.0	14
250	315	32	4.8	5.6	52	6.0	8.0	81	8.0	11.0	130	10.0	16
315	400	36	5.4	6.2	57	7.0	9.0	89	9.0	12.0	140	11.0	18
400	500	40	6.0	7.0	63	8.0	10.0	97	10.0	14.0	155	12.0	20

2. 校对量规公差带

只有轴用量规才有校对量规，校对量规的公差值 T_p 为工作量规制造公差 T 的 50%。其公差带如图 2-33（b）所示。

（五）工作量规设计

1. 量规的结构形式

选用量规的结构形式必须结合零件的结构、大小、产量以及检验效率。国家标准推荐使用的量规形式，如图 2-34 所示。

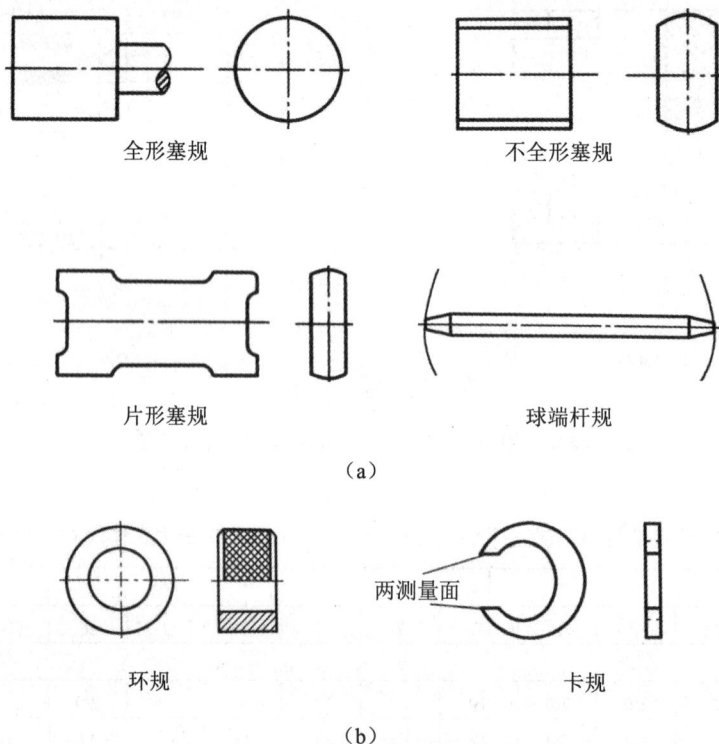

全形塞规　　　　　　　　　　不全形塞规

片形塞规　　　　　　　　球端杆规

（a）

环规　　　　　　　　　　两测量面

环规　　　　　　　　　　卡规

（b）

图 2-34　国家标准推荐使用的量规形式

（a）孔用量规；（b）轴用量规

2. 量规工作尺寸的计算步骤

（1）查出被检验零件的极限偏差；

（2）查出工作量规的制造公差 T 值和位置要素 Z 值，并确定量规的形位公差；

（3）画出零件及量规公差带图；

（4）计算量规极限偏差；

（5）计算量规的极限尺寸以及磨损极限尺寸。

3. 量规技术要求

（1）材料

量规测量面材料可用合金工具钢、碳素工具钢、渗碳钢以及硬质合金等耐磨材料，也可在测量面上渡以厚度大于磨损量的镀铬层、氮化层等耐磨材料。工作面硬度应为HRC=58～65，且经过稳定性处理。

（2）几何公差

量规的形状和位置公差应控制在尺寸公差带内，其形位公差值不大于尺寸公差的50%，考虑制造和测量困难程度，当量规的尺寸公差小于或等于 0.002 mm 时，形位公差都规定为 0.001 mm。

（3）表面粗糙度

量规测量面的表面粗糙度可参照表 2-9 进行选择。

表 2-9　量规测量面的表面粗糙度

工作量规	零件基本尺寸/mm		
	≤120	>120～315	>315～500
	Ra 最大允许值/μm		
IT6 级孔用工作塞规	0.05	0.10	0.20
IT7～IT9 级孔用工作塞规	0.10	0.20	0.40
IT10～IT12 级孔用工作塞规	0.20	0.40	0.80
IT13～IT16 级孔用工作塞规	0.40	0.80	
IT6～IT9 级轴用工作环规	0.10	0.20	0.40
IT10～IT12 级轴用工作环规	0.20	0.40	0.80
IT13～IT16 级轴用工作环规	0.40	0.80	

任务实施

（1）试确定被测零件轴 $\phi 35e9\,^{-0.050}_{-0.112}$ mm 的验收极限，并选择相应的计量器具，零件尺寸采用包容要求。

① 查表 2-3 可得安全域度 A=0.0062 mm，计量器具不确定度允许值 μ_1=0.0056 mm（Ⅰ档）。

② 选择计量器具，查表 2-4 可得分度值为 0.01 mm 的外径千分尺不确定度值为 0.004 mm，小于 μ_1=0.0056 mm，可满足要求。

③ 计算验收极限，采用内缩方式确定验收极限值。

上验收极限=最大实体尺寸（d_M）-安全裕度（A）=35-0.050-0.0062=34.9438 mm

下验收极限=最小实体尺寸（d_L）+安全裕度（A）=35-0.112+0.0062=34.8942 mm

零件公差带及验收极限，如图 2-35 所示。

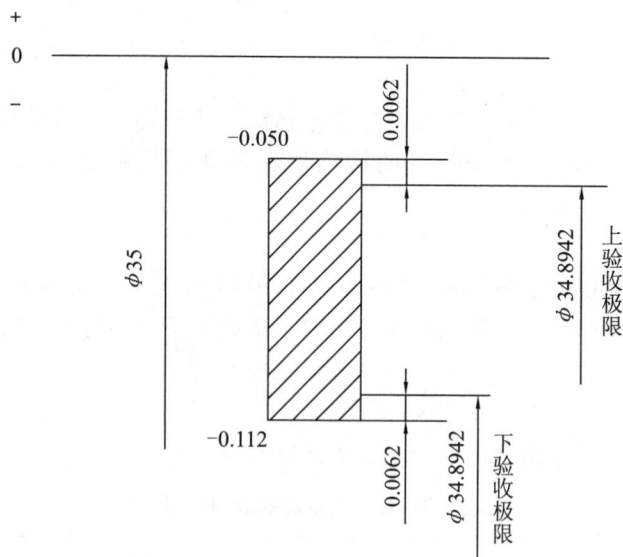

图 2-35　零件公差带及验收极限

（2）　对管连接零件图中 ϕ25H8 孔用量规及 ϕ45f8 轴用量规的工作尺寸进行设计，管连接件的内径及外径尺寸均为配合尺寸。

① 内孔 ϕ25H8 孔用量规的工作尺寸设计及检验。

a. 由国家标准 GB/T 1800.2—2009 查出被测孔的上、下偏差为 ES=+0.033 mm，EI=0。

b. 由表 2-8 查出 T 值及 Z 值，T=0.0034 mm，Z=0.005 mm。

c. 计算量规的极限偏差：

通规：上偏差=EI+Z+T/2=（0+0.005+0.0034/2）=+0.0067 mm

　　　下偏差=EI+Z-T/2=（0+0.005-0.0034/2）=+0.0033 mm

止规：上偏差=ES=+0.033 mm

　　　下偏差=ES-T=（0.033-0.0034）=+0.0296 mm

d. 计算工作量规形状公差、磨损极限及表面粗糙度值。

$$形状公差=T/2=0.0034/2=0.0017 \text{ mm}$$
$$磨损极限=EI=0$$

量规表面粗糙度值查表 2-9 可知，零件尺寸≤120 mm，IT7～IT9 级孔用工作塞规表面粗糙度推荐小于 0.10 μm，取 Ra=0.08 μm。

e. 画量规公差带图，如图 2-36（a）所示。

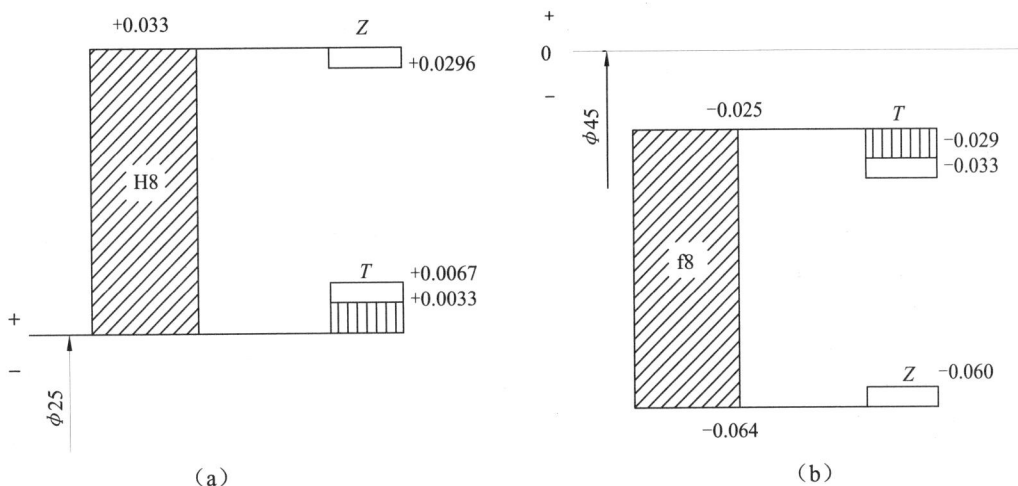

图 2-36　量规公差带图

f. 综上所述，塞规通规尺寸为 $\phi 25^{+0.0067}_{+0.0033}$，止规尺寸为 $\phi 25^{+0.0330}_{+0.0296}$，磨损极限尺寸为 25 mm，形状公差为 0.0017 mm，Ra=0.08 μm。

g. 检验 $\phi 25H8$ 的工作量规标注方法，如图 2-37 所示。

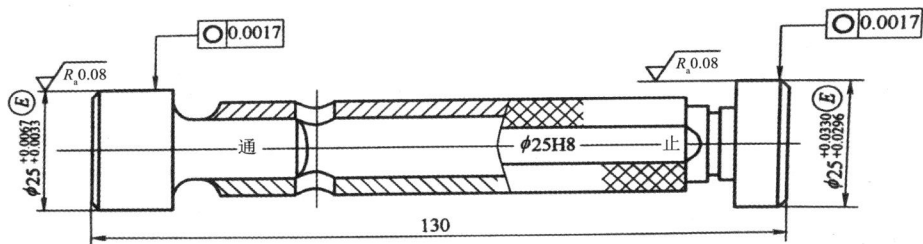

图 2-37　孔用塞规量规的标注方法

② $\phi 45f8$ 轴用量规的工作尺寸设计及检验。

a. 由国家标准 GB/T 1800.2—2009 查出被测轴的上、下偏差为：es=−0.025 mm，ei=−0.064 mm。

b. 由表 2-8 查出 T 值及 Z 值，T=0.004 mm，Z=0.006 mm。

c. 计算量规的极限偏差：

通规：上偏差=es−Z+T/2=（−0.025−0.006+0.004/2）=−0.029 mm

下偏差=es−Z−T/2=（−0.025−0.006−0.002）=−0.033 mm

止规：上偏差=ei+T=−0.064+0.004=−0.060 mm

下偏差=ei=−0.064 mm

d. 计算工作量规形状公差、磨损极限及表面粗糙度值：

形状公差=T/2=0.004/2=0.002 mm

磨损极限=es=−0.025 mm

量规表面粗糙度值查表 2-9 可知，零件尺寸≤120 mm，IT7～IT9 级轴用工作环规表面粗糙度推荐小于 0.10 μm，取 Ra=0.08 μm。

e. 画量规公差带图，如图 2-36（b）所示。

f. 综上所述，卡规通规尺寸为 $\phi45\,^{-0.029}_{-0.033}$，止规尺寸为 $\phi45\,^{-0.060}_{-0.064}$，磨损极限尺寸为 44.975 mm，形状公差为 0.002 mm，Ra=0.08 μm。

g. 检验 $\phi45f8$ 的工作量规标注方法，如图 2-38 所示。

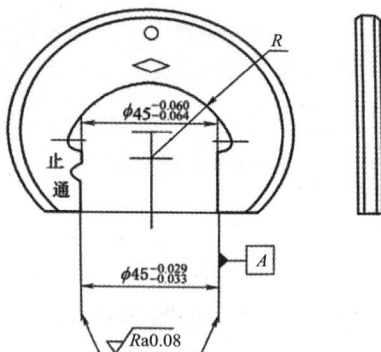

图 2-38　轴用卡规的标注方法

项 目 评 测

一、填空题

1. 游标量具是利用_____和_____相互配合进行测量和读数的量具。

2. 游标卡尺的读数部分由_____和_____组成。它通常用来测量内外径尺寸、_____、_____、_____及_____等。

3. 游标类量具尺身宽度 n-1 格的宽度等于游标刻度_____格的宽度，游标一个刻度间距与尺身一个刻度间距相差一个数值，此即为_____。游标类量具的分度值有_____、_____、_____三种。

4. 游标卡尺读数方法分为"加法原则"及"减法原则"，其中"加法原则"为测量值等于游标"0"刻线左边主尺的毫米整数和游标尺上与主尺刻线对齐的小格数_____之和；"减法原则"为测量值等于主尺上刻线和游标上刻线对齐的毫米数与游标尺上与主尺刻线对齐的小格数_____之差。

5. 螺旋测微量具是利用_____进行测量和读数的一种测微量具。按用途可以分为_____、_____、_____及专用于测量螺纹_____的螺纹千分尺和测量齿轮_____的公法线千分尺。

6. 外径千分尺的结构由_____、_____、_____和紧锁装置等组成。其制造精度可分为_____和_____两种，_____精度较高。

7. 内径千分尺是用来测量_____以上_____的尺寸。

8. 百分表由_____、_____和_____等组成，测量范围通常有_____、_____、_____三种。

9. 用内径百分表测量内径，测量前应根据_____大小，在_____或_____上调整好尺寸后才能进行测量。

10. 光滑零件尺寸的检测方法通常有两种：一是_____，即采用_____测出零件的_____，判断是否合格。二是_____，采用_____来判断零件的_____和_____是否在规定的范围内，从而确定零件是否合格。

11. 验收极限有_____和_____，选择时应综合考虑尺寸功能要求及其_____、_____和_____等因素综合考虑。

12. 通规按零件的_____制造，止规按零件的_____制造。在检验时，只有当_____能通过，同时_____不能通过，便可判断所测零件合格，否则为不合格。

二、判断题

1. 游标卡尺的量爪合拢后，若游标零线与尺身零线没有对齐，应先校正零位。

                              （ ）

2. 各种千分尺的分度值均为 1/1000 mm，即 0.001 mm。   （ ）

3. 为提高工作效率，千分尺可以测量慢速转动中的零件。 （ ）

4. 内测千分尺的测量方向和读数方向与外径千分尺相同。 （ ）

5. 百分表最大的示值范围为 0～10 mm，因而百分表只能用来测量尺寸较小的零件。

                              （ ）

6. 千分表的传动机构中齿轮传动的级数要比百分表多，因而放大比更大，分度值更小，测量精度更高。   （ ）

7. 对遵循包容要求的尺寸、公差等级高的尺寸，验收极限按双边内缩方式确定。（ ）

8. 光滑极限量规必须成对使用。   （ ）

三、简答题

1. 使用游标卡尺时应注意哪些事项？

2. 外径千分尺使用注意事项有哪些？使用完后应如何维护保养？

3. 简述光滑零件尺寸的验收原则及适用范围。

4. 计量器具的选择原则是什么？

5. 什么是泰勒原则？

四、综合题

1. 试用两种方法读出如图 2-39 所示游标卡尺所确定的被测尺寸数值并写出计算过程。

主尺 cm

游标尺

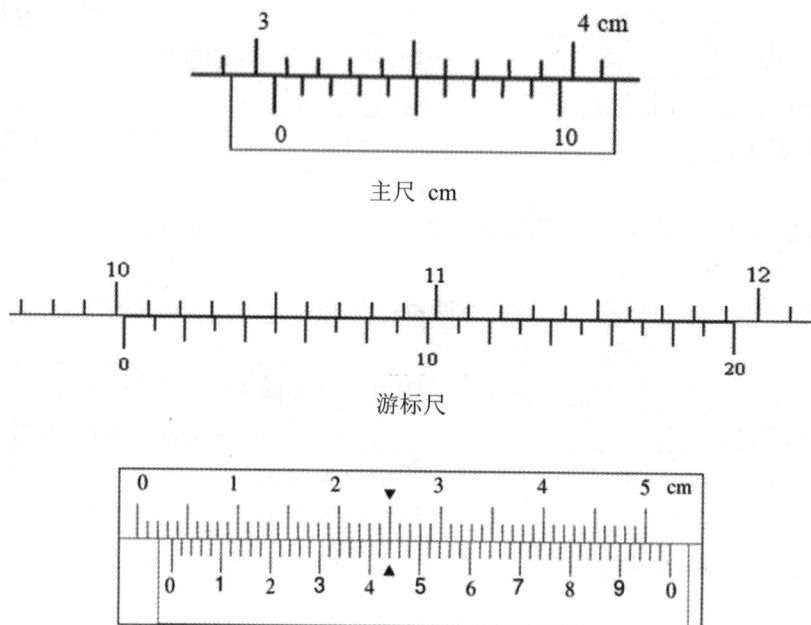

图 2-39 游标卡尺

2. 读出如图 2-40 所示外径千分尺的读数。

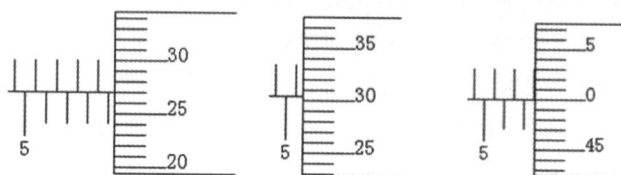

图 2-40 外径千分尺

3. 已知被测孔 $\phi 40E7^{+0.075}_{+0.050}$，试选择计量器具和确定验收极限。

形状和位置公差及其检测

项目描述

零件经过加工后，其表面、轴线、中心对称平面等的实际形状和位置相对于所要求的理想形状和位置，不可避免地存在着误差，这种误差称为形状和位置误差，简称"形位误差"。零件的形位误差一般是由加工设备、刀具、夹具、原材料的内应力、切削力等因素造成的。零件的形位误差对机械产品的工作精度、配合性质、密封性、运动平稳性、耐磨性和使用寿命等都有很大影响。一个零件的形位误差越大，其形位精度越低；反之，则越高。为了保证机械产品的质量和零件的互换性，必须将形位误差控制在一个经济、合理的范围内。这一允许形状和位置误差变动的范围，称为形状和位置公差，简称"形位公差"。本项目主要学习形位公差的标注、形位公差及形位公差带、形位公差原则及要求、形位公差的选择及形位误差的检测。其基本要求如下：

（1）理解形位公差的基本概念、形位公差项目符号和形位公差的标注方法；

（2）理解形位公差的标注及公差带含义；

（3）理解评定形位置误差时，"最小条件"的概念及遵守"最小条件"的意义；

（4）理解单一要素采用包容要求及最大实体要求用于被测要素的情况；

（5）了解形位公差的等级与公差值的选用；

（6）了解形位误差的检测方法。

任务一　形位公差概述

学习目标

1. 了解形位公差的研究对象——几何要素；
2. 掌握公差项目及符号。

任务呈现

构成零件内、外表面外形的具体要素是什么？国家标准规定的几何公差项目及符号有哪些？

任务分析

图样上给出的零件都是没有误差的理想几何体，但是，由于加工中工艺系统本身存在各种误差，以及加工过程中存在受力变形、振动、磨损等各种干扰，致使加工后的零件的实际形状和相互位置，与理想几何体的规定形状和线、面相互位置存在差异，这种形状上的差异就是形状误差，而相互位置的差异就是位置误差，统称为形位误差。为保证机械产品的质量和零件的互换性，必须对形位误差加以控制，规定形状和位置公差。

为适应经济发展和国际交流的需要，我国根据国际标准 ISO1101 制定了有关形位公差的新国家标准。

（1）GB/T 1182—2008《产品几何技术规范（GPS）几何公差形状、方向、位置和跳动公差标注》替换：GB/T 1182—1996《形状和位置公差通则、定义、符号和图样表示法》等效采用：ISO 1101:1996《技术制图-几何公差-形状、定向、定位和跳动公差-通则定义、符号和图样表示法》代替：GB1182—80、GB1183—80。

（2）GB/T 1184—1996《形状和位置公差、未注公差值》等效采用：ISO 2768—2:1989《一般几何公差——第 2 部分未注几何公差》代替：GB1184—80《形位公差标准》。

（3）GB/T 4249—1996《公差原则》等效采用：ISO 8015：1985《技术制图——基本的公差原则》代替：GB4249—84《公差原则》。

（4）GB/T 16671—1996《形状和位置公差最大实体要求、最小实体要求和可逆要求》等效采用：ISO 2692—1996《技术制图——几何公差——最大实体要求、最小实体要求和可逆要求（几何公差和尺寸公差的关系）》。

（5）GB/T 17773—1999《形状和位置公差延伸公差带及其表示法》等效采用：ISO 10578—1982《技术制图定向和定位公差延伸公差带》。

（6）GB/T 17852—1999《形状和位置公差轮廓的尺寸和公差注法》等效采用：ISO 1660—1982《技术制图几何公差轮廓的尺寸和公差注法》。

（7）GB/T 17851—1999《形状和位置公差基准和基准体系》等效采用：ISO5459—1981《技术制图几何公差基准和基准体系》。

（8）GB/T 1958—2004《产品几何量技术规范（GPS）形状和位置公差检测规定》。

（9）GB/T 13319—2003《产品几何量技术规范（GPS）几何公差位置度公差注法》。

知识链接

零件的形状和结构虽各式各样，但它们都是由一些点、线、面按一定几何关系组合而成，几何要素就是指构成零件几何特征的点、线（直线、圆或其他曲线）、面（平面、圆柱面、圆锥面、球面或其他曲面）。形状公差是以要素本身的形状为研究对象，而位置公差则是研究要素之间某种确定的方向或位置关系。

一、形位公差的研究对象——几何要素

几何要素可从不同角度进行分类，具体如下。

（一）按结构特征分类

几何要素按结构特征分类，可分为轮廓要素和中心要素。

1. 轮廓要素

轮廓要素是指构成零件外形的、能被人们直接感觉到的点、线、面。如图 3-1 所示是球面、圆锥面、圆柱面、平面以及各表面的交线。

2. 中心要素

中心要素是指轮廓要素对称中心所表示的点、线、面。其特点是它不能为人们直接感觉到，而是通过相应的轮廓要素才能体现出来。如图 3-1 所示的球面的球心、圆锥面和圆柱面的轴线。

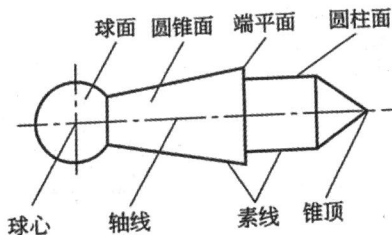

图 3-1 零件的几何要素

（二）按存在状态分类

几何要素按存在状态分类，可分为实际要素和理想要素。

1. 实际要素

实际要素，即零件上实际存在的要素，可以用通过测量反映出来的要素代替。

2. 理想要素

理想要素是具有几何意义的要素，是按设计要求，由图样给定的点、线、面的理想形态，它不存在任何误差，是绝对正确的几何要素。理想要素只是评定实际要素的依据，在生产中是不可能得到的。

（三）按所处地位分类

几何要素按所处地位分类，可分为被测要素和基准要素。

1. 被测要素

被测要素是指图样中给出了形位公差要求的要素，是测量的对象。如图 3-2 中 ϕd_2 的圆柱面和 ϕd_1 的圆柱轴线。

2. 基准要素

基准要素是指用来确定被测要素方向和位置的要素。基准要素在图样上都标有基准符号或基准代号，如图 3-2 中 ϕd_2 圆柱面的轴线。

（四）按功能关系分类

几何要素按功能关系分类，可分为单一要素和关联要素。

1. 单一要素

单一要素是指仅对被测要素本身给出形状公差的要素。如图 3-2 所示 ϕd_2 的圆柱面。

2. 关联要素

关联要素是指与零件基准要素有功能要求的要素。如图 3-2 所示 ϕd_1 圆柱面的轴线与 ϕd_2 圆柱面的轴线是同轴关系。

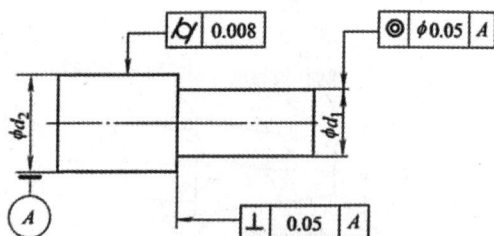

图 3-2 零件的几何要素示例

二、形位公差的项目及其符号

国家标准将形位公差分为 14 个项目，其中形状公差为 4 个项目，轮廓公差为 2 个项目，位置公差为 8 个项目（其中定向公差为 3 个项目，定位公差为 3 个项目，跳动公差为 2 个项目）。形位公差的每一项目都规定了专门的符号，见表 3-1。

表 3-1　形位公差特征项目符号（摘自 GB/T1182—1996）

公　差		特　征	符　号	有或无基准要求	公　差		特　征	符　号	有或无基准要求
形状	形状	直线度	——	无	位置	定向	平行度	//	有
		平面度	▱	无			垂直度	⊥	有
		圆度	○	无			倾斜度	∠	有
		圆柱度	⌀	无		定位	位置度	⊕	有或无
							同轴（同心）度	◎	有
							对称度	═	有
形状或位置	轮廓	线轮廓度	⌒	有或无		跳动	圆跳动	╱	有
		面轮廓度	⌒	有或无			全跳动	⌰	有

任务实施

零件在加工的过程中根据其使用要求及经济性要求，从表 3-1 中选择相应的形位公差项目符号。

任务二　形位公差的标注方法

○ 学习目标

1. 掌握被测要素和基准要素的标注；
2. 掌握公差框格在图样上的标注。

○ 任务呈现

图样上经常会出现如图 3-3 所示的标注，你知道是什么意思吗？

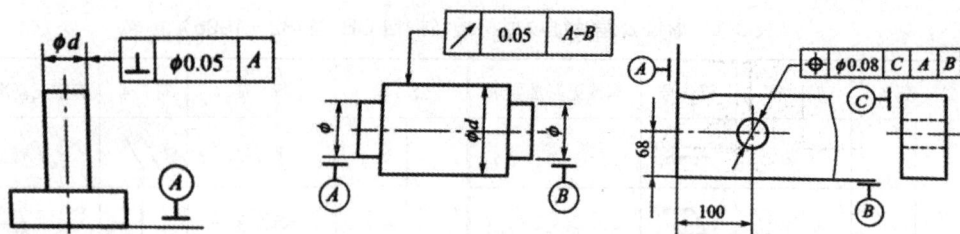

图 3-3　几何公差标注示意图

任务分析

国家标准规定，在图样上形位公差采用代号标注，当无法用代号标注时，才允许在技术要求中用文字说明几何公差要求。

知识链接

形位公差代号包括形位公差项目符号、形位公差框格和指引线、形位公差数值和有关符号以及基准代号等。

一、公差框格与基准符号的标注

（一）形位公差框格和指引线

在技术图样中标注形位公差时，应用细实线绘制公差框格，注明形位公差值及有关符号。根据 GB/T 1182—1996 规定，形位公差要求在矩形方框中给出，称为框格标注。公差框格可以水平放置，也可以垂直放置，但不允许倾斜放置，该方框由两格或多格组成。第一格填写形位公差的项目符号；第二格填写公差数值和相关符号；第三格和以后各格填写基准字母和有关符号，如图 3-4（a）所示。框格需要用带箭头的指引线指向被测要素。指引线用细实线表示，一端与公差框格相连，可从框格左端或右端引出，指引线引出时必须垂直于公差框格；另一端带有箭头，如图 3-4（b）所示。指引线一般允许弯折一次，如图3-4（c）所示。

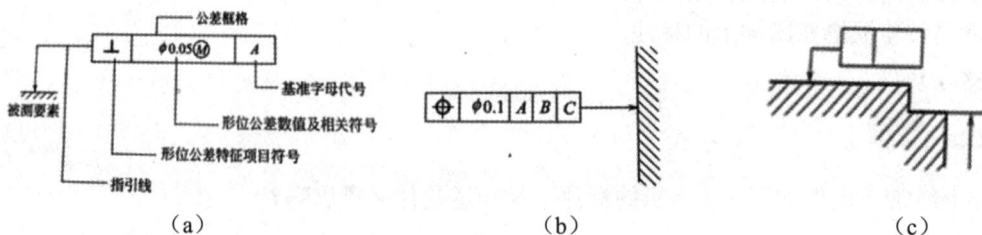

图 3-4　形位公差框格和指引线

（a）形位公差框格和指引线标注示例；　（b）指引线指向被测要素；　（c）指引线允许弯折一次

（二）形位公差项目的符号

根据零件的工作性能要求，公差特征符号由设计者从表 3-1 中选定。

（三）形位公差数值及有关符号

用线性值表示，以 mm 为单位表示。如果公差带是圆形或圆柱形的，则在公差值前面加注 ϕ；如果是球形的，则在公差值前面加注 $S\phi$。

（四）基准代号

基准要素用基准代号表示，基准代号的组成如图 3-5（a）所示，基准代号的方向如图 3-5（b）所示，在标注基准代号时，不论基准符号方向如何，圆圈内的字母都应水平书写。基准字母采用大写英文字母，为了不引起误解，字母 E、I、J、M、O、P、L、R、F 不采用。

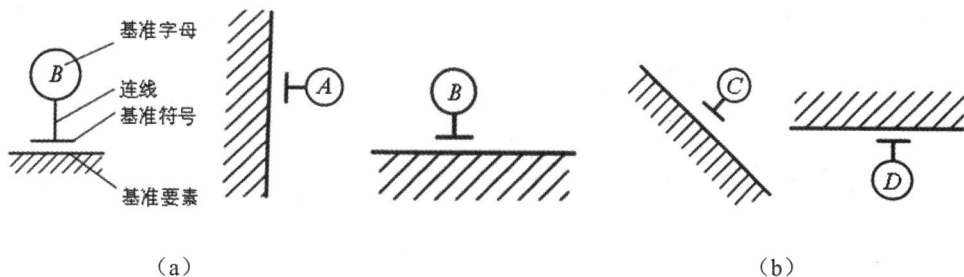

（a）

（b）

图 3-5　基准符号

（a）基准代号的组成；（b）基准代号的方向

1.　基准符号在公差框格中的标注

（1）　单一基准要素用大写字母表示，如图 3-6（a）所示。

（2）　由两个要素组成的公共基准，用由一字线隔开的两个大写字母表示，如图 3-6（b）所示。

（3）　由两个或两个以上要素组成的基准体系，如多基准组合，表示基准的大写字母应按基准的优先次序从左至右分别置于各格中，如图 3-6（c）所示。

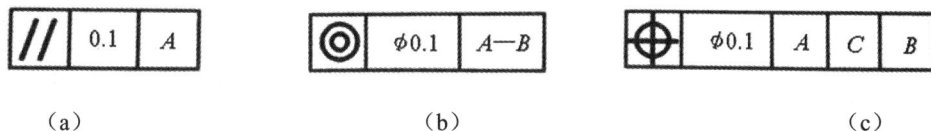

（a）

（b）

（c）

图 3-6　形位公差框格

（a）单一基准要素；（b）两公共基准要素；（c）多基准组合

2.　基准要素的标注

（1）　当基准要素为轮廓要素时，基准符号应置放于轮廓线或其引出线上，应与尺寸线明显错开，如图 3-7（a）所示。

（2） 当基准要素为零件某视图的轮廓面时，可以用圆点标注在该表面上，并将基准符号置于其连线上，如图3-7（b）所示。

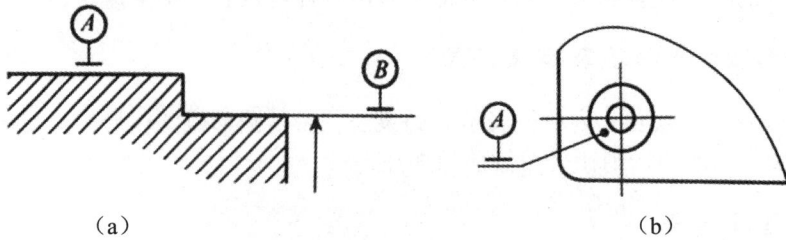

（a） （b）

图 3-7 基准符号在图样上的标注

（a）基准要素为轮廓要素； （b）基准要素为轮廓面

（3） 当基准要素为中心要素时，基准符号应与尺寸线对齐，如图3-8所示。

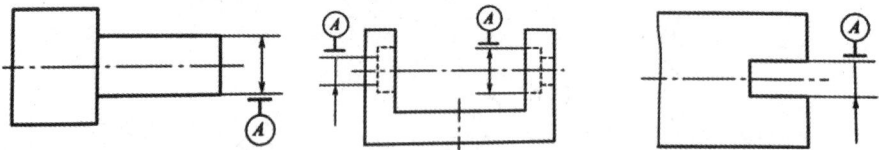

图 3-8 基准要素为中心要素

二、被测要素的标注

被测要素的标注方法是用指引线连接被测要素和几何公差框格。指引线终端带一箭头，指引线引至框格的任意一侧，引出段垂直于框格，引向被测要素时允许弯折，但不得多于2次。用指引线连接被测要素和几何公差框格时，按下列方法标注。

（1） 当被测要素是轮廓线或轮廓面时，指引线箭头应指向该要素的轮廓线或轮廓线的延长线上，且应与尺寸线明显错开，如图3-9（a）所示。

（2） 当被测要素为零件某视图的实际表面时，可以用圆点标注在该表面上，并将指示箭头指向该圆点的连线上，如图3-9（b）所示。

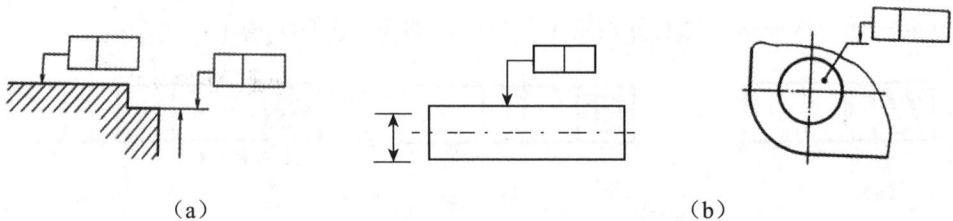

（a） （b）

图 3-9 被测要素是轮廓线或轮廓面的标注

（a）被测要素为轮廓线或轮廓面； （b）被测要素为实际表面

（3） 当被测要素为中心线或中心面时，指引线箭头应与该要素的尺寸线对齐，如图3-10所示。

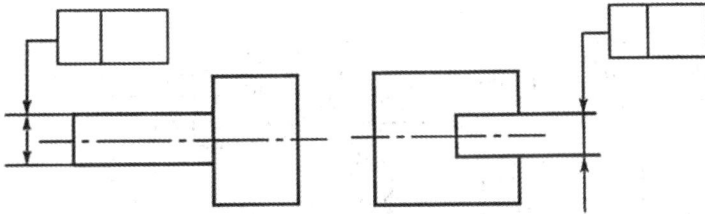

图 3-10　被测要素是中心线或中心面的标注

（4）当对同一要素有一个以上的公差特征项目要求时，为方便起见，可将一个框格放在另一个框格的下方，如图 3-11（a）所示。

（5）对几个表面有同一数值的公差带要求，其表示方法如图 3-11（b）所示。

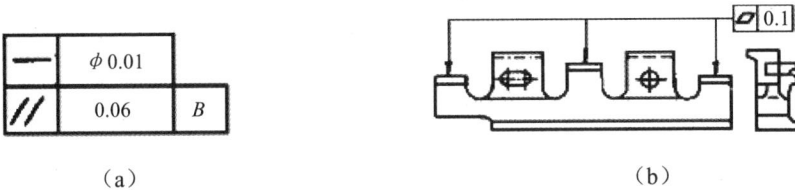

（a）　　　　　　　　　　　　　　　　　　（b）

图 3-11　被测要素的标注

（a）同一要素有一个以上的公差特征项目；（b）几个表面有同一数值的公差带要求

（6）被测要素为螺纹中径轴线，图样中若画出螺纹中径，则指引线箭头应与中径尺寸线对齐；若没有画出中径指引线箭头，可与螺纹尺寸线对齐，被测要素仍为螺纹中径轴线。

（7）特殊表示法。对适用于视图所示的所有轮廓线或轮廓面的形位公差要求，应采用全周符号，即在公差框格的指引线弯折处画出一个细实线小圆圈，如图 3-12 所示。

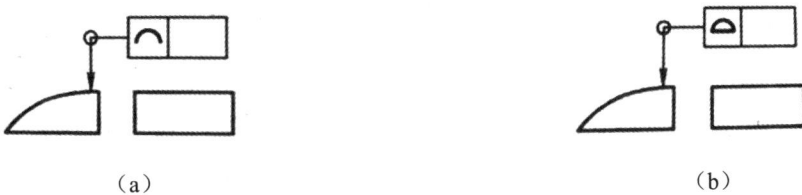

（a）　　　　　　　　　　　　　　　　　　（b）

图 3-12　全周符号的标注

（a）外轮廓线的全周统一要求；（b）外轮廓面的全周统一要求

在公差带内，如果要进一步限制被测要素的形状，则应在公差值后面加注限制符号。限制符号的规定，见表 3-2。

表 3-2　公差值的限制符号

对误差限定	符　号	标注示例
只许中间向材料内凹下	(一)	
只许中间向材料外凸起	(十)	
只许从左至右减小	(▷)	
只许从右至左减小	(◁)	

任务实施

只有同时掌握了公差框格与基准符号的标注和被测要素的标注，才能全面的掌握几何要素的标注。

任务三　形位公差及公差带

学习目标

1. 掌握形状公差及公差带；
2. 掌握位置公差及公差带；
3. 掌握跳动公差及公差带。

任务呈现

形位公差指的是什么？形位公差带的形状是什么样的？

任务分析

形位公差是指被测实际要素的允许变动量。形状公差是指单一实际要素的形状所允许的变动量。位置公差是指关联实际要素的位置对基准所允许的变动量。

形位公差带是空间线或面之间的区域，比尺寸公差带即数轴上两点之间的区域要复杂。形位公差带是表示实际被测要素允许变动的区域，它体现了被测要素的设计要求，也是加工和检验的根据。形位公差带包括公差带形状、大小、方向和位置四个因素。

形位公差带的形状由被测因素的理想形状和给定的公差特征决定，主要有 11 种，见表 3-3。形位公差带的大小由公差值 t 确定，一般指的是公差带的距离、宽度或直径等。

表 3-3 形位公差带的形状

1. 两平行线之间的区域	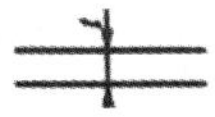	7. 两同轴圆柱面之间的区域	
2. 两等距曲线之间的区域	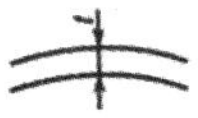	8. 两平行平面之间的区域	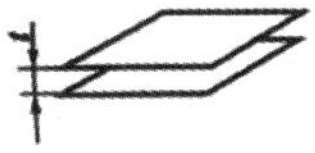
3. 两同心圆之间的区域	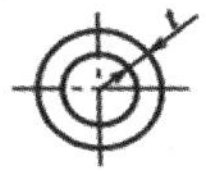	9. 两等距曲面之间的区域	
4. 一个圆内的区域	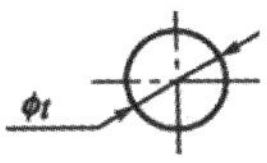	10. 一小段圆柱表面	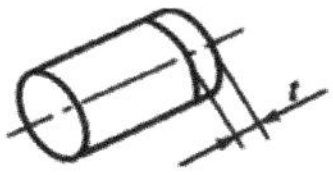
5. 一个球体内的区域	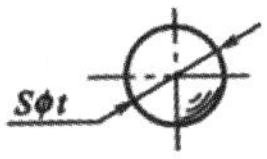	11. 一小段圆锥表面	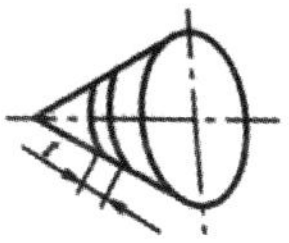
6. 一个圆柱内的区域			

　　公差带的方向是指相对基准在方向上的要求，一般有公差带与基准平行、垂直和倾斜某一角度（0°～90°）之间的要求。公差带的位置是指公差带相对基准在位置上的要求，分为固定和浮动两种。当公差带相对基准有确定位置时，称为公差带位置固定；当公差带位置随实际尺寸的变化而变化时，则称为公差带位置浮动。

🔵 知识链接

　　按照设计的尺寸公差，可以加工出符合要求的零件，但是实际生产中，零件的形状及相关要素的位置可能会出现误差。这些误差有时会影响零件的互换性，会直接影响设备的工作精度及使用寿命。

一、形状公差及公差带

　　形状公差是单一实际被测要素对其理想要素的允许变动全量，形状公差带是单一实际被测要素允许变动的区域。形状公差有直线度、平面度、圆度、圆柱度四个项目。形状公差不涉及基准。形状公差带的特点是公差带的大小和形状是确定的，方向和位置是浮动的。形状公差标注及公差带的含义，见表 3-4。

表 3-4　形状公差标注及公差带的含义

项　　目		公差带定义	标注和解释
直线度	给定平面直线度	在给定平面内，公差带是距离为公差值 t 的两平行直线之间的区域	被测表面的素线必须位于平行于图样所示的投影面且距离为公差值 0.1 mm 的两平行直线内
	给定方向直线度	在给定方向上，公差带是距离为公差值 t 的两平行平面之间的区域	被测圆柱面的任一素线必须位于距离为公差值 0.1 mm 的两平行平面之内
	任一方向直线度	如在公差值前加注 ϕ，则公差带是直径为 ϕt 的圆柱面内的区域	被测圆柱的轴线必须位于直径为 $\phi 0.08$ mm 的圆柱面内
平面度		公差带是在同一正截面上，半径差为公差值 t 的两同心圆之间的区域	被测圆柱面和圆锥面任一截面的圆周必须位于半径差为公差值 0.01 mm 的两同心圆之间
圆度		公差带是在同一正截面上，半径差为公差值 t 的两同心圆之间的区域	被测圆柱面和圆锥面任一正截面的圆周必须位于半径差为公差值 0.01 mm 的两同心圆之间
圆柱度		公差带是半径差为公差值 t 的两同轴圆柱面之间的区域	被测圆柱面必须位于半径差为 0.05 mm 的两同轴圆柱面之间

二、形状或位置公差及公差带

形状或位置公差包括线轮廓度公差和面轮廓度公差两个项目（简称轮廓度公差），轮廓度公差无基准要求时为形状公差，有基准要求时为位置公差。轮廓度公差标注及公差带含义，见表3-5。

轮廓度公差的特点是：无基准要求时，公差带的形状和大小两要素是确定的，方向和位置两要素是浮动的；有基准要求时，公差带的形状、大小、方向和位置四要素均是确定的。

表 3-5　轮廓度公差标注及公差带的含义

项　　目	公差带的定义	标注和解释
线轮廓度	公差带是包络一系列直径为公差值 t 的圆的两包络线之间的区域。诸圆的圆心位于具有理论正确几何形状的线上 	在平行于图样所示投影面的任一截面上，被测轮廓线必须位于包络一系列直径为公差值 0.04 mm，且圆心位于具有理论正确几何形状的线上的两包络线之间 无基准要求 有基准要求
面轮廓度	公差带是包络一系列直径为公差值 t 的球的两包络面之间的区域。诸球的球心应位于具有理论正确几何形状的面上 理想轮廓面	被测轮廓面必须位于包络一系列直径为公差值 0.1 mm 的小球，且球心位于具有理论正确几何形状的线上的两包络面之间 无基准要求 有基准要求

三、位置公差及公差带

位置公差是指关联实际要素的方向、位置相对基准要素所允许的变动全量。位置公差分为定向公差、定位公差和跳动公差三类。

（一）定向公差及公差带

定向公差是指被测关联要素的实际方向对其理论方向的允许变动量。根据两要素给定方向的不同，定向公差分为平行度、垂直度、倾斜度三个项目。定向公差带标注及公差带的含义，见表 3-6。

定向公差与其他形位公差相比有其明显的特点：定向公差带相对于基准有确定的方向，并且公差带的位置可以浮动；定向公差带还具有综合控制被测要素的方向和形状的功能。

表 3-6　定向公差带标注及公差带的含义

项　目		公差带的定义	标注的含义
平行度	线对线的平行度	给定一个方向时：公差带是距离为公差值 t 且平行基准轴线、位于给定方向上的两平行平面之间的区域 	被测轴线必须位于距离为公差值 0.1 mm 且在给定方向上平行于基准轴线 C 的两平行平面之间
		给定两个互相垂直方向时：公差带是两对相互垂直的距离分别为 t_1 和 t_2 且平行于基准线的两平行平面之间的区域 	被测轴线必须位于距离分别为公差值 0.2 mm 和 0.1 mm，在给定的相互垂直方向上，且平行于基准轴线的两组平行平面之间
		任意方向时，公差带是直径为公差值 t，且平行于基准轴线的圆柱面内的区域 	被测轴线必须位于直径为 0.1 mm 且平行于基准轴线的圆柱面内

（续表）

项　目		公差带的定义	标注的含义
平行度	线对面的平行度	公差带是距离为公差值 t 且平行于基准平面的两平行平面之间的区域	被测轴线必须位于距离为公差值 0.03 mm 且平行基准平面 A 的两平行平面之间
	面对线的平行度	公差带是距离为公差值 t 且平行基准轴线的两平行平面之间的区域	被测表面必须位于距离为公差值 0.2 mm 且平行于基准轴线 A 的两平行平面之间
	面对面的平行度	公差带是距离为公差值 t 且平行于基准平面的两平行平面之间的区域	被测表面必须位于距离为公差值 0.05 mm 且平行于基准平面的两平行平面之间
垂直度	线对线的垂直度	公差带是距离为公差值 t 且垂直于基准轴线的两平行平面之间的区域	被测轴线必须位于距离为公差值 0.02 mm，且垂直于基准轴线 A 的两平行平面之间
	线对面的垂直度	公差带是直径为公差值 t 且轴线垂直于基准平面的小圆柱之间的区域	被测轴线必须位于直径为公差值 0.05 mm 且轴线垂直于基准平面 A 的两平行平面之间

（续表）

项　目		公差带的定义	标注的含义
垂直度	面对线的垂直度	公差带是距离为公差值 t 且垂直于基准轴线的两平行平面之间的区域*A*基准轴线	被测表面必须位于距离为公差值 0.05 mm 且垂直于基准轴线 A 的两平行平面之间
	面对面的垂直度	公差带是距离为公差值 t 且垂直于基准平面的两平行平面之间的区域*A*基准平面	被测表面必须位于距离为公差值 0.05 mm 且垂直于基准平面 A 的两平行平面之间
倾斜度	线对线的倾斜度	公差带是距离为公差值 t 且与基准线成一定角度的两平行平面之间的区域*A*基准轴线	被测轴线必须位于直径为公差值 0.1 mm 且与基准轴线成 60° 的两平行平面之间的区域
	线对面的倾斜度	公差带是距离为公差值 t 且与基准面成一定角度的两平行平面之间的区域*A*基准平面	被测轴线必须位于距离为公差值 0.08 mm 且与基准平面 A 成理论正确角度 60° 的两平行平面之间

（续表）

项　　目	公差带的定义	标注的含义
倾斜度　面对线的倾斜度	公差带是距离为公差值 t 且与基准线成一定角度的两平行平面之间的区域 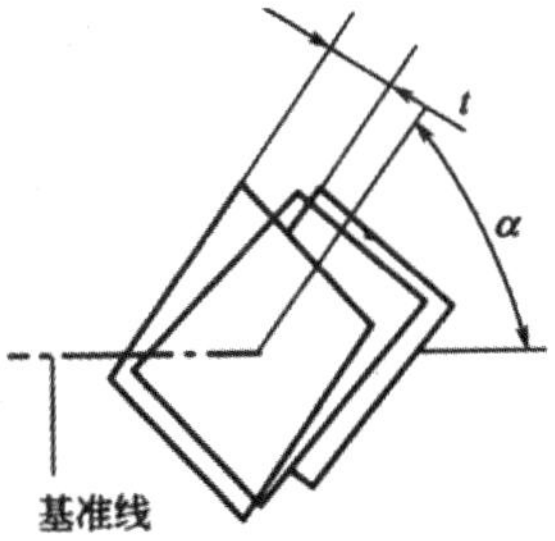 **基准线**	被测表面必须位于距离为公差值 0.05 mm 且与基准轴线 A 成 60°的两平行平面之间 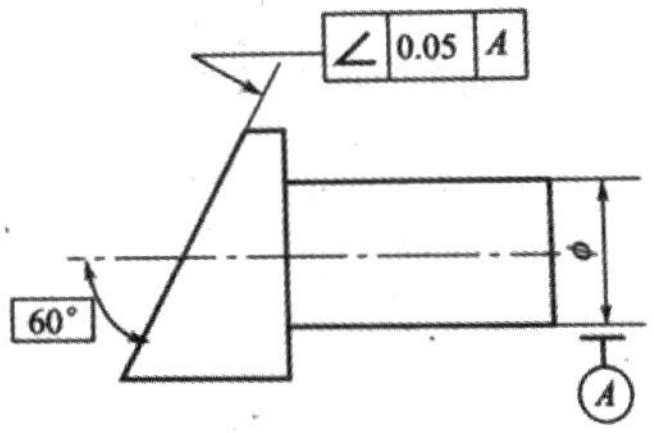
倾斜度　面对面的倾斜度	公差带是距离为公差值 t 且与基准平面成一定角度的两平行平面之间的区域 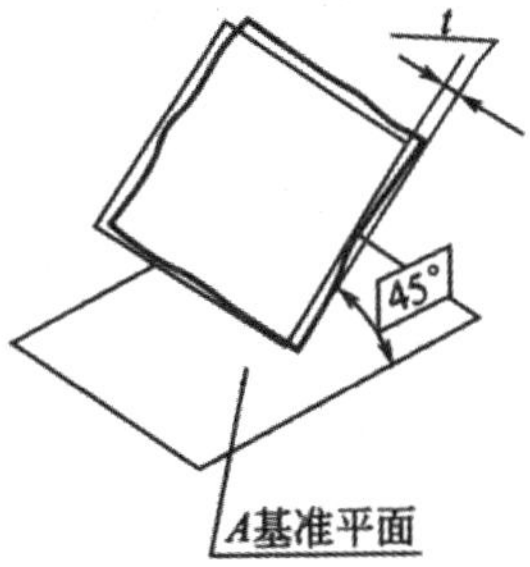 A**基准平面**	被测平面必须位于距离为公差值 0.08 mm 且与基准平面 A 成一理论正确角度 45°的两平行平面之间的区域 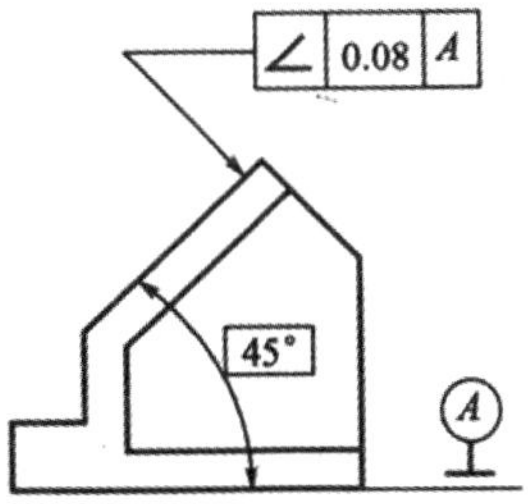

（二）定位公差与公差带

定位公差是关联实际被测要素对基准在位置上允许的变动量。根据被测要素和基准要素之间的功能关系，定位公差分为对称度、位置度和同轴度三个项目。定位公差带标注及公差带的含义，见表 3-7。

定位公差带与其他形位公差带比较，有以下特点：定位公差带具有确定的位置，相对于基准的尺寸为理论正确尺寸；定位公差带具有综合控制被测要素位置、方向和形状的功能。

表 3-7　定位公差带标注及公差带的含义

项　　目	公差带的定义	标注的含义
同轴度	公差带是直径为公差值 ϕt 的圆柱面的区域，该圆柱面的轴线与基准轴线同轴 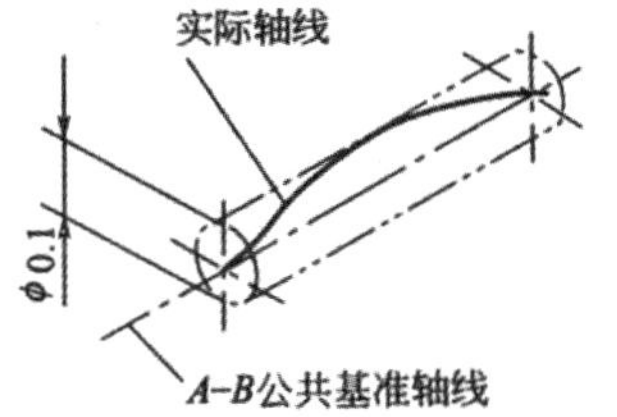 **实际轴线**　$\phi 0.1$ A-B**公共基准轴线**	被测圆柱面的轴线必须位于直径为公差值 $\phi 0.1$ mm 且与公共基准轴线 A-B 同轴的圆柱面内 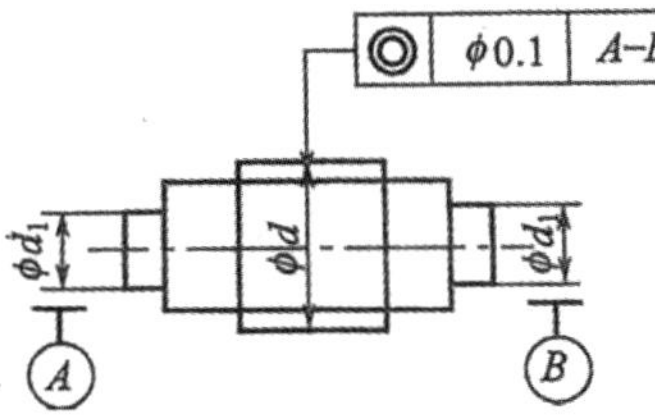

（续表）

项　目	公差带的定义	标注的含义
对称度	公差带是距离为公差值 t 且相对于基准中心平面对称配置的两平行平面之间的区域	被测中心平面必须位于距离为公差值 0.1 mm 且相对基准中心平面 A 对称配置的两平行平面之间
位置度 · 点的位置度	公差带是直径为公差值 t 的球内的区域，其球心的位置由基准 A、B 和理论正确尺寸 L 确定	被测球心必须位于以基准 A、B 和距离 L 所确定的点的理想位置为球心，直径为公差值 0.08 mm 的球内
位置度 · 线的位置度	公差值是直径为 t 的圆柱面内的区域。公差带的轴线的位置由相对于三基面体系的理论正确尺寸确定	被测轴线必须位于直径为公差值 0.08 mm 且以相对于 C、A、B 基准表面的理论正确尺寸所确定的理想位置为轴线的圆柱面内
位置度 · 面的位置度	公差带是距离为公差值 t 且以面的理想位置为中心对称配置的两平行平面之间的区域。面的理想位置由相对于三基面体系的理论正确尺寸确定	被测平面必须位于距离为公差值 0.05 mm 且以相对于基准轴线 B 和基准平面 A 的理论正确尺寸所确定的理想位置对称配置的两平行平面之间

（三）跳动公差与公差带

跳动公差是关联实际要素绕基准轴线回转一周或几周时所允许的最大跳动量。跳动公差分为圆跳动和全跳动。跳动公差带标注及公差带的含义，见表 3-8。

跳动公差与其他形位公差相比，有其显著的特点：跳动公差带相对于基准轴线有确定的位置；跳动公差带可以综合控制被测要素的位置、方向和形状。

表 3-8　跳动公差带标注及公差带的含义

项　　目		公差带的定义	标注的含义
圆跳动	径向跳动	公差带是垂直与基准轴线的任一测量平面内，半径差为公差值 t 且圆心在基准轴线上的两同心圆之间的区域 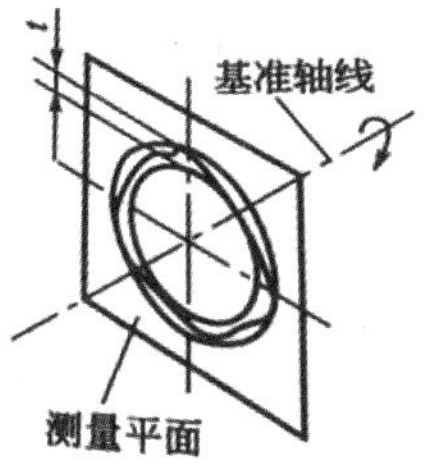	被测圆柱面绕公共基准轴线 A-B 旋转一周时，在任一测量平面内的径向跳动量均不得大于公差值 0.05 mm 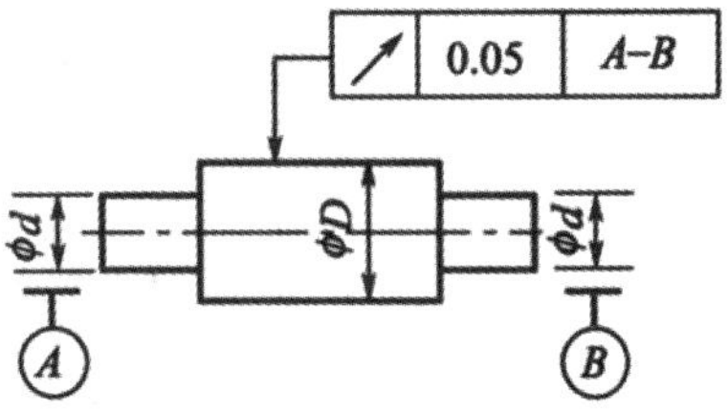
	端面跳动	公差带是在与基准轴线同轴的任一半径位置的测量圆柱面上距离为公差值 t 的圆柱面区域 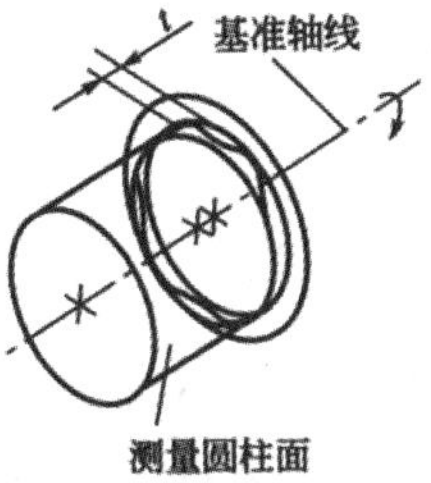	被测面围绕基准线 A 做无轴向移动旋转一周时，在任一测量圆柱面内的轴向跳动量均不得大于 0.06 mm 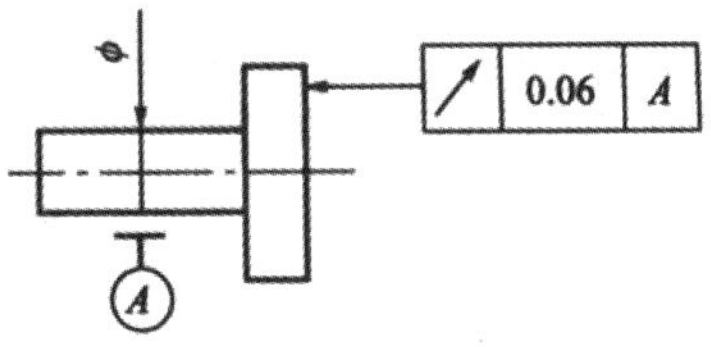
	斜向圆跳动	公差带是在与基准轴线同轴的任一测量圆锥面上距离为 t 的两圆之间的区域，除另有规定，其测量方向应与被测量面垂直 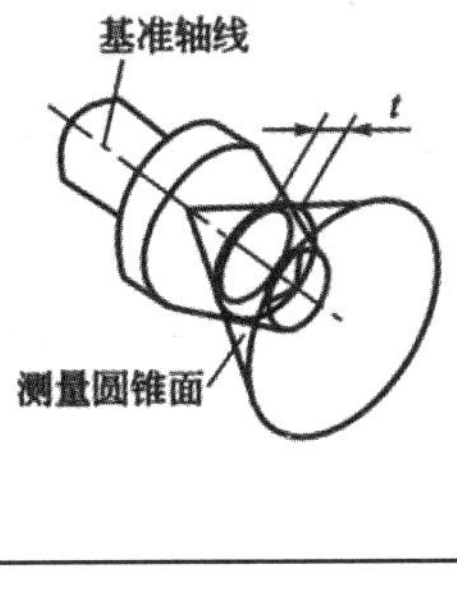	被测量面绕基准轴线 A 做无轴向移动旋转一周时，在任一测量圆锥面上的跳动量均不得大于 0.05 mm 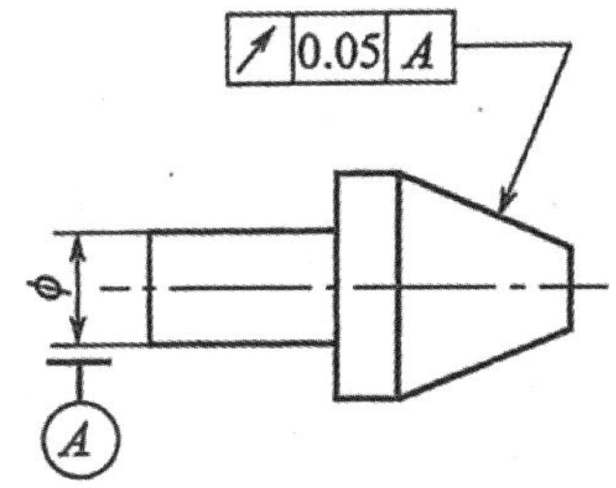

（续表）

项　目		公差带的定义	标注的含义
全跳动	径向全跳动	公差带是半径差为公差值 t 且与基准同轴的两圆柱面之间的区域	被测圆柱面绕公共基准轴线 A–B 做若干次旋转，并在测量仪器与工作间同时做轴向移动，此时在被测圆柱面上各点间的示值差均不得大于 0.2 mm
	端面全跳动	公差带是距离为公差值 t 且与基准垂直的两平行平面之间的区域	被测面绕基准轴线 A 做若干次旋转，并在测量仪器与工作间同时做径向的移动，此时在被测面上各点间的示值差均不得大于 0.05 mm

任务实施

掌握了形位公差及形位公差带的形状，就可以根据零件的具体使用要求控制几何误差。

任务四　形位公差原则及要求

学习目标

1. 了解有关术语及意义；
2. 掌握独立原则和相关要求。

任务呈现

对同一零件，往往既规定尺寸公差，同时又规定形位公差，它们之间可能有关系，也可能无关系，而公差原则就是用于处理形位公差与尺寸公差之间关系的。那么，公差原则包括哪些内容呢?

任务描述

为了实现互换性,保证其功能要求,在零件设计时,对某些被测要素有时要同时给定尺寸公差和形位公差,这就产生了如何处理两者之间关系的问题。公差原则可分为独立原则和相关要求。其中相关要求又分为包容要求、最大实体要求、最小实体要求和可逆要求。根据公差原则,可以正确、合理地表达精度设计意图和检测要求,判断被测要素的合格性。

知识链接

任何实际要素,都同时存在几何误差和尺寸误差。有些几何误差和尺寸误差密切相关,如具有偶数棱圆的圆柱面的圆度误差与尺寸误差;有些几何误差和尺寸误差又相互无关,如导出要素的形状误差与相应组成要素的尺寸误差。而影响零件使用性能的,有时主要是几何误差,有时主要是尺寸误差,有时则主要是它们的综合结果而不必区分出它们各自的大小。因而在设计上,为简明扼要地表达设计意图并为工艺提供便利,应根据需要赋予要素的几何公差和尺寸公差以不同的关系。

一、公差原则的有关术语及定义

(一)局部实际尺寸

局部实际尺寸是指在实际要素的任意正截面上,两对应点之间测得的距离。内、外表面的实际尺寸分别用 D_a、d_a 表示。由于各种误差的存在,零件上各部位的实际尺寸往往不同,如图 3-13(a)、(b)中的 D_{a1}、d_{a1} 等。

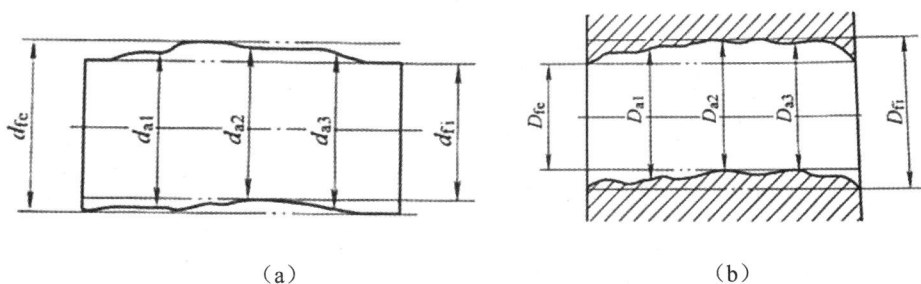

(a)　　　　　　　　　　　　　(b)

图 3-13　实际尺寸与体外作用尺寸和体内作用尺寸

(a)外表面; (b)内表面

(二)作用尺寸

作用尺寸是实际尺寸和形位误差综合作用的尺寸,分为体外作用尺寸和体内作用尺寸两种。

1. 体外作用尺寸

D_{fc}、d_{fc} 在被测要素的给定长度上，与实际外表面（轴）体外相接的最小理想面或与实际内表面（孔）体外相接的最大理想面的直径或宽度，称为体外作用尺寸。内、外表面的体外作用尺寸分别用 D_{fc} 和 d_{fc} 表示，如图 3-13（a）、（b）所示。对于关联要素，该理想面的轴线或中心平面必须与基准保持图样给定的几何关系，如图 3-14 所示。

2. 体内作用尺寸

D_{fe}、d_{fe} 在被测要素的给定长度上，与实际外表面（轴）体内相接的最大理想面或与实际内表面（孔）体内相接的最小理想面的直径或宽度，称为体内作用尺寸。内、外表面的体内作用尺寸分别用 D_{f1}、d_{f1} 表示，如图 3-13（a）、（b）所示。

对于关联要素，该理想面的轴线或中心平面必须与基准保持图样给定的几何关系。如图 3-14 所示。

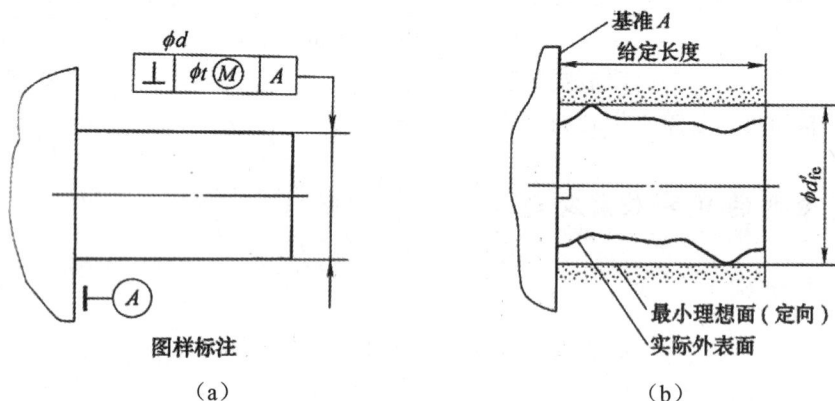

图 3-14 关联作用尺寸

（a）图样标注；（b）关联要素

（三）实体状态、实体尺寸和实体边界

1. 最大实体状态

实际要素在给定长度上处处位于尺寸极限之内，并具有实体最大（材料最多）时的状态称为最大实体状态，用 MMC 表示。

2. 最大实体尺寸

实际要素在最大实体状态下对应的极限尺寸称为最大实体尺寸，用 MMS 表示。对于外表面为最大极限尺寸，对于内表面为最小极限尺寸 D_M，d_M。

$$内表面（孔）：D_M = D_{min}$$
$$外面表（轴）：d_M = d_{max}$$

3. 最大实体边界

边界是设计所给定的具有理想形状的极限包容面。边界的尺寸为极限包容面的直径或距离。

尺寸为最大实体尺寸的边界，称为最大实体边界，用 MMB 表示。

4．最小实体状态

实际要素在给定长度上，处处位于尺寸极限之内，并具有实体最小（材料最少）时的状态，称为最小实体状态，用 LMC 表示。

5．最小实体尺寸

最小实体状态下对应的极限尺寸，称为最小实体尺寸，用 LMS 表示。对于外表面为最小极限尺寸，对于内表面为最大极限尺寸，分别用 D_L 和 d_L 表示。

$$内表面（孔）：\quad D_L = D_{max}$$
$$外表面（轴）：\quad d_L = d_{min}$$

6．最小实体边界

尺寸为最小实体尺寸的边界，称为最小实体边界，用 LMB 表示。

（四）实体实效状态、实体实效尺寸和实体实效边界

1．最大实体实效状态

在给定长度上，实际要素处于最大实体状态，且其中心要素的形状或位置误差等于给出公差值时的综合极限状态，称为最大实体实效状态，用 MMVC 表示。

2．最大实体实效尺寸

最大实体实效状态下的体外作用尺寸称为最大实体实效尺寸，用 MMVS 表示如图 3-15 所示，内、外表面分别用 D_{MV} 和 d_{MV} 表示。

$$内表面（孔）：\quad D_{MV} = D_{min} - t$$
$$外表面（轴）：\quad d_{MV} = d_{max} + t$$

3．最大实体实效边界

尺寸为最大实体实效尺寸的边界，称为最大实体实效边界，用 MMVB 表示，如图 3-15 所示。

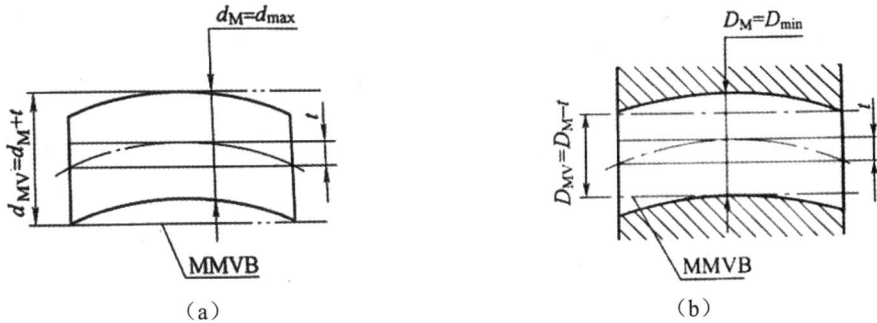

图 3-15　最大实体实效尺寸及边界

（a）外表面；（b）内表面

4. 最小实体实效状态

在给定长度上，实际要素处于最小实体状态，且其中心要素的形状或位置误差等于给出公差值时的综合极限状态，称为最小实体实效状态，用 LMVC 表示。

5. 最小实体实效尺寸

最小实体实效状态下的体内作用尺寸，称为最小实体实效尺寸，用 LMVS 表示。

内、外表面的最小实体实效尺寸分别用 D_{LV} 和 d_{LV} 表示，如图 3-16 所示。

$$内表面（孔）：D_{LV} = d_{min} - t$$

$$外表面（轴）：d_{LV} = d_{max} + t$$

6. 最小实体实效边界

尺寸为最小实体实效尺寸的边界，称为最小实体实效边界，用 LMVB 表示，如图 3-16 所示。

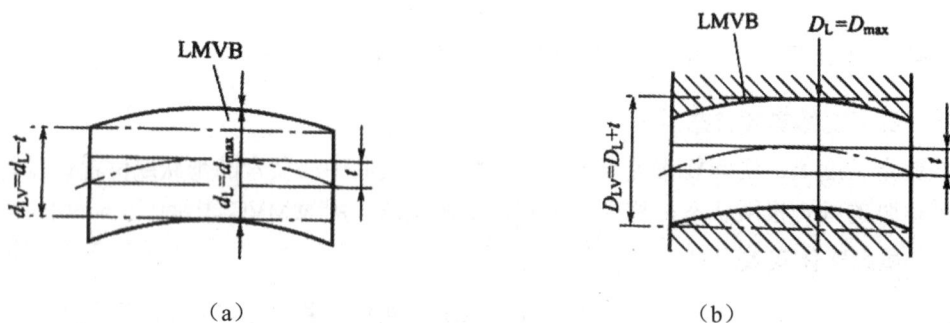

图 3-16　最小实体实效尺寸及边界

（a）外表面；（b）内表面

二、独立原则

（一）独立原则的含义

独立原则是指图样上给定的每一个尺寸和几何（形状、方向或位置）要求均是相互独立、彼此无关、分别满足要求的公差原则。如果对尺寸和几何（形状、方向或位置）要求之间的相互关系有特定要求，应在图样上规定。也就是说极限尺寸只控制实际要素的尺寸，不控制要素本身的几何误差；不论要素的实际尺寸大小如何，被测要素均应在给定的几何公差带内，并且其几何误差允许达到最大值。遵守独立原则时，实际要素尺寸一般用两点法测量，几何误差使用通用量仪测量。

（二）独立原则的识别

凡是对给出的尺寸公差和几何公差未用特定符号或文字说明它们有联系者，就表示其遵守独立原则。应在图样或技术文件中注明"公差原则按 GB/T 4249—2009"。

（三）独立原则的应用

尺寸公差和几何公差按独立原则给出，总是可以满足零件的功能要求，故独立原则的应用十分广泛，是确定尺寸公差和几何公差关系的基本原则。这里仅着重指出以下几点。

（1）影响要素使用性能的，视其影响主要是几何误差还是尺寸误差，这时采用独立原则能经济合理地满足要求。例如，印刷机滚筒（图3-17）的圆柱度误差与其直径的尺寸误差、测量平板的平面度误差与其厚度的尺寸误差，都是前者（圆柱度或平面度误差）对功能要求起决定性影响；而油道或气道孔、轴线的直线度误差与其直径的尺寸误差相比，一般前者功能影响较小。

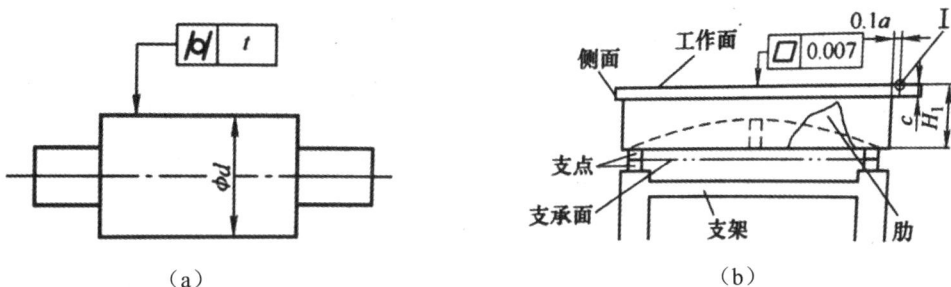

图3-17　独立原则的应用

（a）滚筒；（b）平板

（2）要素的尺寸公差和其某方面的几何公差直接满足的功能不同，需要分别满足要求。例如，齿轮箱上孔的尺寸公差（满足与轴承的配合要求）和相对其他孔的位置公差（满足齿轮的啮合要求，如合适的侧隙、齿面接触精度等）就应遵守独立原则。

（3）在制造过程中需要对要素的尺寸作精确度以进行选配或分组装配时，要素的尺寸公差和几何公差之间应遵守独立原则。

在独立原则中，尺寸公差和形位公差各自独立地控制被测要素的尺寸误差和形位误差。尺寸公差中除线性尺寸公差外，还有角度公差。线性尺寸公差仅控制要素的局部实际尺寸，不控制要素本身的形状误差。角度公差仅控制被测要素与理想要素之间的变动量，不控制被测要素的形状误差，且理想要素的位置应符合最小条件。

三、相关要求

相关要求是指尺寸公差与形位公差相互有关的公差要求。相关要求又分为包容要求、最大实体要求（包括可逆要求应用与最大实体要求）和最小实体要求（包括可逆要求应用与最小实体要求）。

（一）包容要求

1. 包容要求的含义

包容要求表示实际轮廓要素应遵守最大实体边界，作用尺寸不超过（对孔不小于，对轴不大于）最大实体尺寸。按此要求，如果实际要素达到最大实体状态，就不得有任何行为误差；只有在实际要素偏离最大实体状态时，才允许存在与偏离量相关的行为误差。所以，遵守包容要求时，局部实际尺寸不能超出最小实体尺寸，如图 3-18 所示。

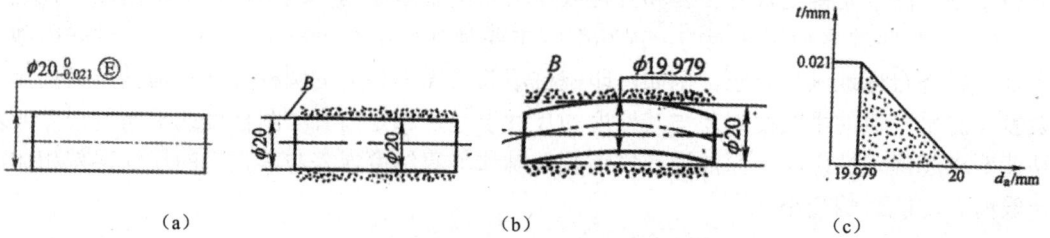

图 3-18　包容要求标注示例

（a）零件图；（b）最大实体边界；（c）补偿关系及合格区域（动态公差带图）

2. 包容要求的标注

按包容要求给出公差时，需要在尺寸的上、下偏差后面或尺寸公差带代号后面加注符号 E。如图 3-19 所示，遵守包容要求而对形位公差需要进一步要求时，须另用框格注出形位公差。当然，形位公差值一定小于尺寸公差，如图 3-19 所示。当"$\phi 100$"的孔尺寸在 $\phi 99.987\,\text{mm} \sim \phi 100.022\,\text{mm}$ 之间变化时，圆度误差按照包容要求的规则得到补偿；若该孔尺寸大于 $\phi 99.987\,\text{mm}$，允许的圆度误差的最大值不超过 0.045 mm。

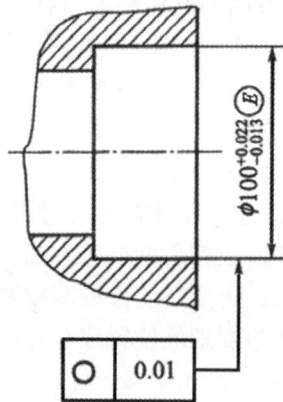

图 3-19　遵守包容要求而对形位公差需要进一步要求

3. 包容要求的应用

包容要求主要用于配合性质要求严格的配合表面，特别是有相对运动的配合面，可利用最大实体尺寸作边界，保证必要的最小间隙，如回转的轴颈与滑动轴承、滑块与槽等。

（二）最大实体要求

最大实体要求是控制被测要素的实际轮廓处于其最大实体实效边界之内的一种公差

要求。

1. 图样标注

最大实体要求的符号为"M"。当应用于被测要素时，应在被测要素形位公差框格中的公差值后标注符号"M"，如图 3-20（a）所示。当应用于基准要素时，应在形位公差框格中的基准字母代号后标注符号"M"；当同时应用于被测要素与基准要素时两者都要标注。

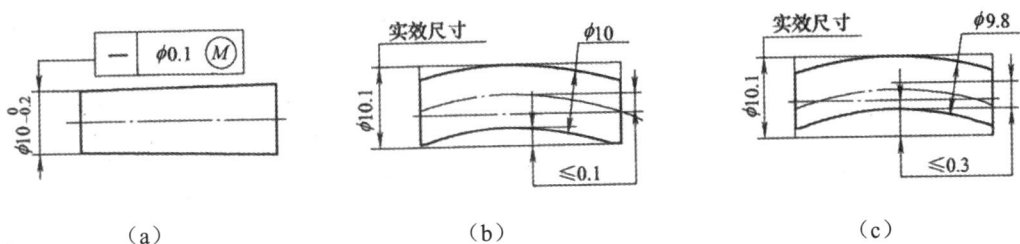

图 3-20　最大实体要求用于被测要素

（a）图样标注；　（b）、（c）最大实体要求用于被测要素

2. 最大实体要求应用于被测要素

当最大实体要求应用于被测要素时，被测要素的实际轮廓在给定的长度上处处不得超出最大实体实效边界，即其体外作用尺寸不应超出最大实体实效尺寸，且其局部实际尺寸不得超出最大实体尺寸和最小实体尺寸。

当最大实体要求应用于被测要素时，被测要素的形位公差值是在该要素处于最大实体状态时给出的。当被测要素的实际轮廓偏离其最大实体状态，即其实际尺寸偏离最大实体尺寸时，形位误差值可超出在最大实体状态下给出的形位公差值，即此时的形位公差值可以增大。

当给出的形位公差值为零时，则为零形位公差。此时，被测要素的最大实体实效边界等于最大实体边界，最大实体实效尺寸等于最大实体尺寸。

如图 3-20（b）所示，当销轴实际尺寸为最大实体尺寸（实体尺寸为 $\phi 10\,\mathrm{mm}$）时，轴心线的直线度公差为 $\phi 0.1\,\mathrm{mm}$；当销轴实际尺寸小于 $\phi 10\,\mathrm{mm}$，如为 $\phi 9.9\,\mathrm{mm}$ 时，轴心线的直线度公差为（$\phi 0.1+\phi 0.1$）mm＝$\phi 0.2\,\mathrm{mm}$。如图 3-20（c）所示，当销轴实际尺寸为最小实体尺寸 $\phi 9.8\,\mathrm{mm}$ 时，销轴轴心线的直线度公差获得最大补偿值（$\phi 10-\phi 9.8$）mm＝$\phi 0.2\,\mathrm{mm}$，这时销轴轴心线的直线度公差可达最大值，且等于给出的直线度公差与最大补偿值之和，为（$\phi 0.1+\phi 0.2$）mm＝$\phi 0.3\,\mathrm{mm}$。从图 3-20（b）中可知，轴的体外作用尺寸都没有超过最大实体实效边界（$\phi 10.1\,\mathrm{mm}$ 的圆柱面），实际尺寸均未超过最大极限尺寸，所以是合格的。

3. 最大实体要求应用于基准要素

当最大实体要求应用于基准要素时，基准要素应遵守相应的边界。若基准要素的实际轮廓偏离其相应的边界，即其体外作用尺寸偏离其相应的边界尺寸，则允许基准要素在一定范围内浮动，其浮动范围等于基准要素的体外作用尺寸与其相应的边界尺寸之差。

当基准要素本身采用最大实体要求时，则其相应的边界为最大实体实效边界。此时，基准代号应直接标注在形成该最大实体实效边界的形位公差框格下面。当基准要素本身不采用最大实体要求时，其相应的边界为最大实体边界。如图 3-21 所示，最大实体要求同时用于被测要素和基准要素，基准本身采用包容要求。同轴度公差 $\phi0.02$ mm 是在基准轴处于最大实体边界（作用尺寸等于最大实体尺寸）和被测轴处于最大实体状态时给定的。被测轴必须位于最大实体实效边界（实效尺寸= $\phi25$ mm+ $\phi0.02$ mm= $\phi25.02$ mm）内；基准轴必须位于 $\phi50$ mm 最大实体边界内，且两个理想边界同轴。当被测要素和基准要素均为最大实体尺寸时，零件同轴度公差为 $\phi0.02$ mm；当被测轴的尺寸偏离最大实体尺寸 $\phi25$ mm 时，零件同轴度公差可获得补偿，同轴度公差增大，最大可达（ $\phi0.02$+ $\phi0.021$）mm= $\phi0.041$ mm。当基准实际轮廓处于最大实体尺寸 $\phi50$ mm 时，基准线不能浮动；当基准实际轮廓偏离最大实体边界时，基准线可以浮动；当基准的体内作用尺寸等于最小实体尺寸 $\phi49.984$ mm 时，基准线浮动范围达到最大值 $\phi0.016$ mm，从而使零件同轴度公差进一步增大。

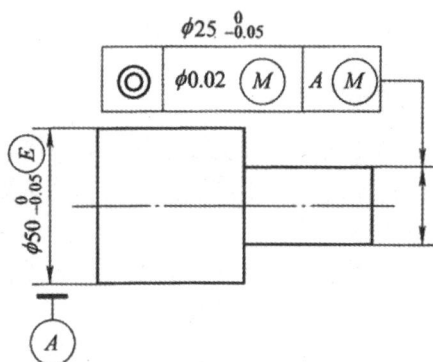

图 3-21 最大实体要求同时用于被测要素和基准要素

4. 最大实体要求的应用

最大实体要求常用于只要求可装配性的场合。因它能充分利用图样上给出的公差，提高零件的合格率，故有显著的经济意义，如轴承盖上用于穿过螺钉的通孔等。

（三）最小实体要求

1. 最小实体要求适用于中心要素

最小实体要求是控制被测要素的实际轮廓处于其最小实体实效边界之内的一种公差要求。当其实际尺寸偏离最小实际尺寸时，允许其形位误差值超出其给出的公差值，此时应在图样上标注符号"L"。

当其形位误差小于其给出的形位公差，又允许其实际尺寸超出最小实体尺寸时，可将可逆要求应用于最小实体要求。此时应同时在其形位公差框格中最小实体要求的形位公差值后，标注符号"R"。

图样标注最小实体要求的符号为"L"。当应用于被测要素时，应在被测要素形位公差框格中的公差值后标注符号"L"；当应用于基准要素时，应在形位公差框格中的基准字母代号后标注符号"L"；当同时应用于被测要素与基准要素时，两者都应标注。

2. 最小实体要求应用于被测要素

当最小实体要求应用于被测要素时，被测要素的实际轮廓在给定的长度上处处不得超出最小实体实效边界，即其体内作用尺寸不应超出最小实体实效尺寸，且其局部实际尺寸不得超出最大实体尺寸和最小实体尺寸。

当最小实体要求应用于被测要素时，被测要素的形位公差值是在该要素处于最小实体状态时给出的。当被测要素的实际轮廓偏离其最小实体状态，即其实际尺寸偏离最小实体尺寸时，形位误差值可超出在最小实体状态下给出的形位公差值，即此时的形位公差值可以增大。

当给出的形位公差值为零时，则为零形位公差。此时，被测要素的最小实体实效边界等于最小实体边界，最小实体实效尺寸等于最小实体尺寸。

图 3-22 表示孔的轴线相对于基准平面在任意方向的位置度公差采用最小实体要求，该孔的实际轮廓应在最小实体实效边界（边界尺寸为 $\phi 8.25$ mm + $\phi 0.4$ mm = $\phi 8.65$ mm）内。当该孔处于最小实体状态（最小实体尺寸为 $\phi 8.25$ mm）时，其轴线相对于基准平面任意方向的位置度公差为 $\phi 0.4$ mm；当孔的实际尺寸偏离最小实体尺寸时，其位置度公差可获得补偿，位置度公差增大，孔的实际尺寸偏离到最大实体尺寸 $\phi 8$ mm，位置度公差最大可为（$\phi 0.4$ + $\phi 0.25$）mm = $\phi 0.65$ mm。

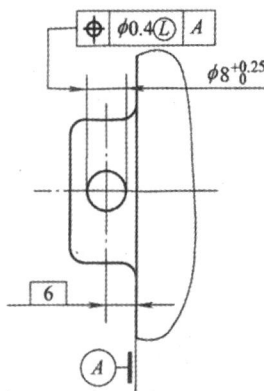

图 3-22 最小实体要求用于被测要素

3. 最小实体要求应用于基准要素

当最小实体要求应用于基准要素时，基准要素应遵守相应的边界。若基准要素的实际轮廓偏离其相应的边界，即其体外作用尺寸偏离其相应的边界尺寸，则允许基准要素在一定范围内浮动，其浮动范围等于基准要素的体内作用尺寸与其相应的边界尺寸之差。

当基准要素本身采用最小实体要求时，则其相应的边界为最小实体实效边界。此时，基准代号应直接标注在形成该最小实体实效边界的形位公差框格下面。当基准要素本身不采用最小实体要求时，其相应的边界为最小实体边界。

4. 最小实体要求的应用

最小实体要求适用于中心要素，主要用于需保证零件的强度和壁厚的场合。

（四）零形位公差

当关联要素采用最大（或最小）实体要求且形位公差为零时称为"零形位公差"，用 $\phi0\textcircled{M}$（或 $\phi0\textcircled{L}$）表示，如图 3-23 所示。在关联要素采用最大实体要求的零形位公差标注时，要求其实际轮廓处处不得超越最大实体边界，且该边界应与基准保存图样上给定的几何关系，要素实际轮廓的局部实际尺寸不得超越最小实体尺寸。

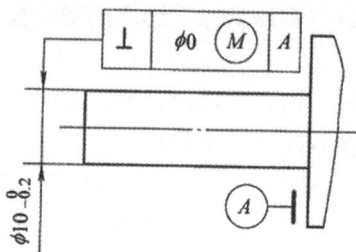

图 3-23　零形位公差

（五）可逆要求

可逆要求是一种尺寸公差与形位公差可以互相补偿的公差要求。但是可逆要求不能单独采用，只能与最大实体要求或最小实体要求联合使用，并且只能用于被测要素，不能用于基准要素。

可逆要求用于最大实体要求时，在形位公差框格中公差值后符号"M"的后面再加注"R"，表示被测要素遵守最大实体要求的同时也遵守可逆要求。此时，除了具有最大实体要求用于被测要素的含义外，还表示当形位误差小于给定的形位公差时，可允许实际尺寸超出最大实体尺寸。当形位误差为零时，允许尺寸超出量最大，为形位公差值，从而实现尺寸公差与形位公差相互转换的可逆要求。此时被测要素仍然遵守最大实体实效边界。

可逆要求用于最小实体要求时，在形位公差框格中公差值后符号"L"的后面再加注"R"，表示被测要素遵守最小实体要求的同时也遵守可逆要求。此时，除了具有最小实体要求用于被测要素的含义外，还表示当形位误差小于给定的形位公差时，可允许实际尺寸超出最小实体尺寸。当形位误差为零时，允许尺寸超出量最大，为形位公差值，此时被测要素仍然遵守最小实体实效边界。

任务实施

公差原则是处理尺寸公差与形位公差之间关系的原则，它规定了确定尺寸（线性尺寸和角度尺寸）公差和形位公差之间相互关系的原则。国家标准的公差原则适用于技术制图和有关文件中的尺寸、尺寸公差和形位公差，以确定零件要素的大小、形状和位置特征。

任务五　形位公差的选择

学习目标

1. 掌握形位公差项目、公差原则和形位公差等级的选择；
2. 了解基准的选择。

任务呈现

正确选择形位公差对标注零件的功能要求及提高经济效益都很重要。那么，形位公差的选择原则是什么？主要包括哪些内容呢？

任务分析

选择形位公差项目的基本原则是：在保证零件功能的前提下，尽可能选用最经济的公差值。形位公差的选择主要包括形位公差项目的选择、基准的选择、公差原则的选择、形位公差等级（公差值）的选择四个方面。

在设计产品时，应按国家标准提供的统一数系选择几何公差值。国家标准对圆度和圆柱度划分了 13 个等级，对直线度、平面度、平行度、垂直度、倾斜度，同轴度、对称度、圆跳动、全跳动划分为了 12 个等级。

知识链接

形位公差项目一般是根据零件几何特征、在机器中所处的地位和作用、经济性等方面因素综合考虑确定的。在保证零件功能要求的前提下，应尽量使形位公差项目减少、检测方法简单，并能获得较好的经济效益。

一、形位公差项目的选择

形位公差项目选择的总原则是：在保证零件功能要求的前提下，应尽量使形位公差项目减少，检测方法简便，以获得较好的经济效益。在选择时主要从以下四个方面考虑。

（一）考虑零件的几何特征

零件的几何特征是选择被测要素公差项目的基本依据。例如，圆柱形零件会产生圆柱度误差，槽类零件会产生对称度误差。

（二）考虑零件的使用功能

应根据零件的功能要求考虑选择所需的形位公差项目。例如，汽缸盖和缸体间要求密封，应规定平面度公差要求；机床导轨应规定直线度和平面度公差；为保证轴的运转精度，与滚动轴承相配合的轴颈应规定圆柱度公差，对其轴肩应规定端面跳动公差。

（三）考虑形位公差的控制功能

各项形位公差的控制功能不尽相同，应尽量选择能发挥综合控制功能的形位公差，以减少公差项目。

（四）考虑检测的方便性

确定公差项目必须与检测条件相结合，考虑现有条件检测的可能性与经济性。当同样满足零件的使用要求时，应选用检测简便的项目。例如，对于轴类零件，可用径向圆跳动或径向全跳动代替圆度、圆柱度以及同轴度公差。

二、基准的选择

（1）根据零件的功能要求和要素间的几何关系，以零件的结构特征作为选择基准。如旋转的轴类零件，通常选择与轴承配合的轴颈为基准。

（2）根据装配关系，选择相互配合、相互接触的表面作为各自的基准，以保证装配要求，如箱体类零件的安装面、盘类零件的端面等。

（3）从加工、检测角度考虑，应选择在夹具中定位的相应要素为基准，以使工艺基准、测量基准、设计基准统一，消除基准不重合误差。

三、公差原则的选择

应根据零部件的装配及性能要求，选择公差原则，从各公差原则的应用场合、可行性和经济性等方面考虑。

（1）应根据被测要素的功能要求，充分发挥公差的职能和采取该公差原则的可行性、经济性。

（2）独立原则用于尺寸精度与形位精度。要求较高的零件精度要求相差较大，需分别满足要求，或两者无联系，保证运动精度、密封性、未注公差等场合。

（3）包容要求主要用于需要严格要求保证配合性质的场合。

（4）最大实体要求用于中心要素，一般用于相配件要求可装配性的场合。

（5）最小实体要求主要用于需要保证零件强度和最小壁厚等场合。

（6）可逆要求与最大（最小）实体要求联用，能充分利用公差带，扩大被测要素实际尺寸的范围，提高效益。在不影响使用性能的前提下可以选用。

表 3-9 列出了几种公差原则的应用示例，可在选择时参考。

表 3-9　公差原则的应用示例

公差原则及公差要求	应用场合	示例（参考）
独立原则	尺寸精度与形位精度要分别满足要求	齿轮箱体孔的尺寸精度与两孔轴线的平行度,连杆活塞销孔的尺寸精度与圆柱度,滚动轴承内、外圆滚道的尺寸精度与形状精度
	尺寸精度与形位精度要求相差较大	滚筒类零件尺寸精度要求很低,形状精度要求较高;平板的尺寸精度要求不高,形状精度要求很高
	尺寸精度与形位精度无联系	滚子链条的套筒或滚子内、外圆柱面的轴线同轴度与尺寸精度,发动机连杆上的尺寸精度与孔轴线间的位置精度
	保证运动精度	导轨的形状精度要求严格,尺寸精度要求一般
	保证密封性	汽缸的形状精度要求严格,尺寸精度要求一般
	未注公差	凡未注尺寸公差与未注形位公差都采用独立原则,如退刀槽、倒角、圆角等非功能要素
包容要求	保证国标规定的配合性质	如 $\phi30H7E$ 孔与 $\phi30h6E$ 轴的配合,可以保证配合的最小间隙等于零
	尺寸公差与形位公差间无严格比例关系要求	一般的孔与轴的配合,只要求作用尺寸不超越最大实体尺寸,局部实际尺寸不超越最小实体尺寸
最大实体要求	保证关联作业尺寸不超越最大实体尺寸	关联要素的孔与轴有配合性质的要求
	保证可装配性	如轴承盖上用于穿过螺钉的通孔,法兰盘上用于穿过螺栓的通孔
最小实体要求	保证零件强度和最小壁厚	如孔组轴线的任意方向位置度公差,采用最小实体要求可保证孔组间的最小壁厚

四、形位公差等级（公差值）的选择

形位公差等级主要根据被测要素的功能要求和加工经济性来选择。

（一）形位公差等级及公差值

GB/T 1184—1996 规定：直线度、平面度、平行度、垂直度、倾斜度、同轴度、对称度、圆跳动、全跳动公差分 12 级，即 1～12 级，公差值见表 3-10～表 3-12。圆度和圆柱度公差共分 13 级，即 0 级、1～12 级，精度依次降低，其公差值见表 3-13。位置度公差未规定公差等级，只规定了系数，见表 3-14。

形位公差等级的选用原则是：在满足零件功能要求的前提下，尽量选用精度较低的公差等级，同时还应注意以下三方面。

（1）协调好各类公差之间的关系，如同一要素上给定的形状公差值要小于位置公差值，形位公差值要小于尺寸公差值。

（2）在满足零件功能要求的前提下，根据零件结构特点、加工难易程度及经济性等，可适当调整形位公差等级。如孔相对于轴、细长的孔或轴、宽度较大的零件表面、线对线（或线对面）相对于面对面的平行度（或垂直度）等的公差等级均可降低 1～2 级。

（3）凡有关标准对形位公差做出规定的，都应按相应的标准确定。如与滚动轴承相配合的轴和壳体孔的圆柱度公差等。

表 3-10　直线度、平面度公差值（摘自 GB/T 1184—1996）

单位：μm

主参数 L/mm	公差等级											
	1	2	3	4	5	6	7	8	9	10	11	12
≤10	0.2	0.4	0.8	1.2	2	3	5	8	12	20	30	60
>10～16	0.25	0.5	1	1.5	2.5	4	6	10	15	25	40	80
>16～25	0.3	0.6	1.2	2	3	5	8	12	20	30	50	100
>25～40	0.4	0.8	1.5	2.5	4	6	10	15	25	40	60	120
>40～63	0.5	1	2	3	5	8	12	20	30	50	80	150
>63～100	0.6	1.2	2.5	4	6	10	15	25	40	60	100	200
>100～160	0.8	1.5	3	5	8	12	20	30	50	80	120	250
>160～250	1	2	4	6	10	15	25	40	60	100	50	300
>250～400	1.2	2.5	5	8	12	20	30	50	80	120	200	400
>400～630	1.5	3	6	10	15	25	40	60	100	150	250	500
>630～1000	2	4	8	12	20	30	50	80	120	200	300	600
>1000～1600	2.5	5	10	15	25	40	60	100	150	250	400	800
>1600～2500	3	6	12	0	30	50	80	120	200	300	500	1000
>2500～4000	4	8	15	25	40	60	100	150	250	400	600	1200
>4000～6300	5	10	20	30	50	80	120	200	300	500	800	1500
>6300～10000	6	12	25	40	60	100	150	250	400	600	1000	2000

注：主参数 L 为被测要素长度。

表 3-11　平行度、垂直度、倾斜度公差值（摘自 GB/T 1184—1996）

单位：μm

主参数 L、d（D）/mm	公差等级											
	1	2	3	4	5	6	7	8	9	10	11	12
≤10	0.4	0.8	1.5	3	5	8	12	20	30	50	80	120
>10～16	0.5	1	2	4	6	10	15	25	40	60	100	150
>16～25	0.6	1.2	2.5	5	8	12	20	30	50	80	120	200
>25～40	0.8	1.5	3	6	10	15	25	40	60	100	150	250
>40～63	1	2	4	8	12	20	30	50	80	120	200	300
>63～100	1.2	2.5	5	10	15	25	40	60	100	150	250	400
>100～160	1.5	3	6	12	20	30	50	80	120	200	300	500
>160～250	2	4	8	15	25	40	60	100	150	250	400	600
>250～400	2.5	5	10	20	30	50	80	120	200	300	500	800
>400～630	3	6	12	25	40	60	100	150	250	400	600	1000
>630～1000	4	8	15	30	50	80	120	200	300	500	00	1200
>1000～1600	5	10	20	40	60	100	150	250	400	600	1000	1500
>1600～2500	6	12	25	50	80	120	200	300	00	800	1200	2000
>2500～4000	8	15	30	60	100	150	250	400	600	1000	1500	2500
>4000～6300	10	20	40	80	120	200	300	500	800	1200	2000	3000
>6300～10000	12	25	50	100	150	250	400	600	1000	1500	2500	4000

注：1. 主参数 L 为给定平行度时被测要素的长度，或给定垂直度、倾斜度时被测要素的长度。

2. 主参数 d（D）为给定面对线垂直度时，被测要素的直径。

表 3-12　同轴度、对称度、圆跳动、全跳动公差值（摘自 GB/T 1184—1996）

单位：μm

主参数 $d(D)$、B、L/mm	公差等级											
	1	2	3	4	5	6	7	8	9	10	11	12
1	0.4	0.6	1.0	1.5	2.5	4	6	10	15	25	40	60
1～3	0.4	0.6	1.0	1.5	2.5	4	6	10	20	40	60	120
3～6	0.5	0.8	1.2	2	3	5	8	12	25	50	80	150
6～10	0.6	1	1.5	2.5	4	6	10	15	30	60	100	200
10～8	0.8	1.2	2	3	5	8	12	20	40	80	120	250
18～30	1	1.5	2.5	4	6	0	15	25	50	100	150	300
30～50	1.2	2	3	5	8	12	20	30	60	120	200	400
50～120	1.5	2.5	4	6	10	15	25	40	80	150	250	500
120～250	2	3	5	8	12	20	30	50	100	200	300	600
250～500	2.5	4	6	10	15	25	40	60	120	250	400	800
500～800	3	5	8	12	20	30	50	80	150	300	500	1000

注：主参数 L 为给定两孔对称度时的孔心距。

表 3-13　圆度、圆柱度公差值（摘自 GB/T 1184—1996）

单位：μm

主参数 $d(D)$/mm	公差等级												
	0	1	2	3	4	5	6	7	8	9	10	11	12
≤3	0.1	0.2	0.3	0.5	0.8	1.2	2	3	4	6	10	14	25
>3～6	0.1	0.2	0.4	0.6	1	1.5	2.5	4	5	8	12	18	30
>6～10	0.12	0.25	0.4	0.6	1	1.5	2.5	4	6	9	15	22	36
>10～18	0.15	0.25	0.5	0.8	1.2	2	3	5	8	11	18	27	43
>18～30	0.2	0.3	0.6	1	1.5	2.5	4	6	9	13	21	33	52
>30～50	0.25	0.4	0.6	1	1.5	2.5	4	7	11	16	25	39	62
>50～80	0.3	0.5	0.8	1.2	2	3	5	8	13	19	30	46	74
>80～120	0.4	0.6	1	1.5	2.5	4	6	10	15	22	35	54	87
>120～180	0.6	1	1.2	2	3.5	5	8	12	18	25	40	63	100
>180～250	0.8	1.2	2	3	4.5	6	10	14	20	29	46	72	115
>250～315	1.0	1.6	2.5	4	6	8	12	16	23	32	52	81	130
>315～400	1.2	2	3	5	7	9	13	18	25	36	57	89	140
>400～500	1.5	2.5	4	6	8	10	15	20	27	40	63	97	155

注：主参数 $d(D)$ 为被测要素的直径。

表 3-14　位置度公差值系数

1	1.2	1.5	2	2.5	3	4	5	6	8
1×10^n	1.2×10^n	1.5×10^n	2×10^n	2.5×10^n	3×10^n	4×10^n	5×10^n	6×10^n	8×10^n

（二）形位公差等级的应用

形位公差的选择方法有计算法和类比法两种，一般多用类比法。采用类比法时，应注意以下几方面：

（1）形位公差和尺寸公差的关系。一般满足关系式

$$T_{形状} < T_{位置} < T_{尺寸}$$

（2） 有配合要求时形状公差与尺寸公差的关系为

$$T_{形状}＝KT_{尺寸}$$

在常用尺寸公差等级 IT5～IT8 的范围内，通常取 $K＝25\%～65\%$，一般按与尺寸公差同级选取即可达到要求。

（3） 考虑零件的结构特点。刚性较差的零件，工艺性差，加工时易产生较大的形位误差，应根据实际情况选较大的形位公差值。

（4） 形状公差与表面粗糙度的关系。一般情况下，表面粗糙度的 Ra 值约占形状公差值的 20%～25%。

（5） 凡有关标准已对形位公差做出规定的，如与滚动轴承相配的轴和壳体孔的圆柱度公差、机床导轨的直线度公差、齿轮箱体孔轴线的平行度公差等，都应按相应的标准确定。形位公差等级的应用可参考表 3-15～表 3-18。

表 3-15 直线度、平面度公差等级的应用

公差等级	应用举例
1、2	用于精密量具、测量仪器以及精度要求较高的精密机械零件，如零级样板、平尺、零级宽平尺、工具显微镜等精密测量仪器的导轨面，喷油嘴针阀体端面平面度，液压泵柱塞套端面的平面度，等等
3	用于零级及 I 级宽平尺的工作面、I 级样板平尺的工作面，测量仪器圆弧导轨的直线度、测量仪器的测杆，等等
4	用于量具、测量仪器和机床的导轨，如 I 级宽平尺、零级平板，测量仪器的 V 形导轨，高精度平面磨床的 V 形导轨和滚动导轨，轴承磨床及平面磨床床身直线度，等等
5	用于 I 级平板，II 级宽平尺，平面磨床的纵导轨、垂直导轨、立柱导轨及工作台，液压龙门刨床和转塔车床床身导轨，柴油机进气、排气阀门导杆，等等
6	用于 I 级平板、卧式车床、龙门刨床、滚齿机、自动车床等的床身导轨、立柱导轨、卧式锥床、铣床工作台以及机床主轴箱导轨，柴油机进、排气门导杆直线度，柴油机机体上部结合面，等等
7	用于 II 级平板，0.02 mm 游标卡尺尺身的直线度，机床主轴箱，滚齿机床身导轨的直线度，锥床工作台，摇臂钻床底座工作台，柴油机气门导杆，液压泵盖的平面度，压力机导轨及滑块
8	用于 II 级平板，车床灌油箱体，机床主轴箱体，机床传动箱体，自动车床底座的直线度，汽缸盖结合面，汽缸座、内燃机连杆分离面的平面度，减速机壳体的结合面
9	用于 III 级平板，车床澶板箱，立钻工作台，螺纹磨床的交换齿轮架，金相显微镜的载物台，柴油机汽缸体连杆的分离面，缸盖的结合面，空气压缩机汽缸体，柴油机缸孔环面的平面度以及辅助机构及机械的支承面
10	用于 III 级平板，自动车床床身底面的平面度，车床交换齿轮架的平面度、柴油机汽缸体，摩托车的曲轴箱体，汽车变速箱的壳体与汽车发动机缸盖结合面，液压管件和法兰的连接面，等等
11	用于易变形的薄片零件，如离合器的摩擦片、汽车发动机缸盖的结合面等

表 3-16 平行度、垂直度、倾斜度公差等级的应用

公差等级	应用举例
4、5	卧式车床导轨，重要支承面，机床主轴孔对基准的平行度，精密机床重要零件，计量仪器、量具、模具的基准面和工作面，床头箱体重要孔，通用减速器壳体孔，齿轮泵的油孔端面，发动机轴和离合器的凸缘，汽缸支承端面，安装精密滚动轴承的壳体孔的凸肩
6、7、8	一般机床的基准面和工作面，压力机和锻锤的工作面，中等精度钻模的工作面，机床一般轴承孔对基准面的平行度，变速器箱体孔，主轴花键对定心直径部位轴线的平行度，重型机械轴盖端面，卷扬机、手动传动装置中的传动轴，一般导轨，主轴箱体孔，刀架，砂轮架，汽缸配合面对基准轴线，活塞销孔对活塞中心线的垂直度，滚动轴承内、外圈端面对轴线的垂直度
9、10	低精度零件，重型机械滚动轴承端盖，柴油机，煤气发动机箱体曲轴孔、曲轴颈，花键轴和轴肩端面，皮带运输机法兰盘等端面对轴线的垂直度，手动卷扬机及传动装置中的轴承端面、减速器壳体平面

表 3-17　同轴度、对称度、跳动公差等级的应用

公差等级	应用举例
5、6、7	这是应用范围较广的公差等级，用于形位精度要求较高、尺寸公差等级为 IT8 及高于 IT8 的零件。5 级常用于机床轴颈，计量仪器的测量杆，汽轮机主轴，柱塞油泵转子，高精度滚动轴承外圈，一般精度滚动轴承内圈，回转工作台端面跳动。7 级用于内燃机曲轴、凸轮轴、齿轮轴、水泵轴、汽车后轮输出轴、电动机转子、印刷机传墨辊的轴颈，键槽
8、9	常用于形位精度要求一般，尺寸公差等级 IT9～IT11 的零件。8 级用于拖拉机发动机分配轴轴颈，与 9 级精度以下齿轮相配的轴，水泵叶轮，离心泵体，棉花精梳机前后滚子，键槽等。9 级用于内燃机汽缸套配合面，自行车中轴

表 3-18　圆度、圆柱度公差等级的应用

公差等级	应用举例
5	一般计量仪器主轴、测杆外圆柱面，陀螺仪轴颈，一般机床主轴轴颈及主轴轴承孔，柴油机、汽油机活塞、活塞销，与 E 级滚动轴承配合的轴颈
6	仪表端盖外圆柱面，一般机床主轴及前轴承孔，泵，压缩机的活塞，汽缸，汽油发动机凸轮轴，纺机锭子，减速传动轴轴颈，高速船用柴油机、拖拉机曲轴主轴颈，与 E 级滚动轴承配合的外壳孔，与 G 级滚动轴承配合的轴颈
7	大功率低速柴油机曲轴轴颈、活塞、活塞销，连杆，汽缸，高速柴油机箱体轴承孔，千斤顶或压力油缸活塞，机车传动轴，水泵及通用减速器转轴轴颈，与 G 级滚动轴承配合的外壳孔
8	低速发动机、大功率曲柄轴轴颈，压气机连杆盖、体，拖拉机汽缸、活塞，炼胶机冷铸轴辊，印刷机传墨辊，内燃机曲轴轴颈，柴油机凸轮轴轴孔，凸轮轴，拖拉机，小型船用柴油机汽缸套
9	空气压缩机缸体，液压传动筒，通用机械杠杆与拉杆用套筒销子、拖拉机活塞环、套筒孔什行子拉机限在孔
10	印染机导布辊、绞车、吊车和起重机滑动轴承轴颈等

（三）未注形位公差的规定

为简化制图，对一般机床加工就能保证的形位精度，不必在图样上注出形位公差，未注形位公差按 GB/T 1184—1996《形状和位置公差未注公差值》执行。未注形位公差的规定如下：

（1）未注直线度、平面度、垂直度、对称度和圆跳动各规定了 H、K、L 三个公差等级，在标题栏或技术要求中注出标准及等级代号，例如 GB/T 1184—K，其值见表 3-19～表 3-22。

表 3-19　直线度、平面度未注公差值

单位：mm

公差等级	基本长度范围					
	≤10	>10～30	>30～100	>100～300	>300～1000	>1000～3000
H	0.02	0.05	0.1	0.2	0.3	0.4
K	0.05	0.1	0.2	0.4	0.6	0.8
L	0.1	0.2	0.4	0.8	1.2	1.6

表 3-20 对称度未注公差值

单位：mm

公差等级	基本长度范围			
	≤100	>100～300	>300～1000	>1000～3000
H	0.5			
K	0.6		0.8	1
L	0.6	1	1.5	2

表 3-21 垂直度未注公差值

单位：mm

公差等级	直线度和平面度基本长度范围			
	≤100	>100～300	>300～1000	>1000～3000
H	0.2	0.3	0.4	0.5
K	0.4	0.6	0.8	1
L	0.6	1	1.5	2

表 3-22 圆跳动未注公差值

单位：mm

公差等级	公 差 值
H	0.1
K	0.2
L	0.5

（2） 未注圆度公差值等于直径公差值，但不得大于径向跳动的未注公差。

（3） 未注圆柱度公差不做规定，由构成圆柱度的圆度、直线度和相应线的平行度的公差控制。

（4） 未注平行度公差值等于尺寸公差值或直线度和平面度公差值中较大者。

（5） 未注同轴度公差值未作规定，可参考径向圆跳动公差。

（6） 未注线轮廓度、面轮廓度、倾斜度、位置度和全跳动的公差值均由各要素的注出或未注出的尺寸或角度公差控制。

任务实施

只有掌握好形位公差项目的选择原则、公差原则的选择和形位公差等级的选择，在保证零件功能要求的前提下，从零件的几何特征、使用要求及检测的方便性等方面考虑，同时尽量减少所选公差项目的数量，才能够获得较好的经济效益。

任务六 形位误差的检测

学习目标

1. 掌握形位误差的检测原则；
2. 掌握形位误差及其评定的相关知识。

任务呈现

形位误差是指被测实际要素对其理想要素的变动量。若零件的形位误差值不大于形位公差值，则认为该零件合格。那么，形位误差的检测原则有哪些呢？

任务分析

由于零件结构的形式多种多样，形位误差的特征项目又较多，所以形位误差的检测方法很多。国家标准规定了形位误差的五个检测原则，并附有一些检测方法。本任务仅介绍这五个检测原则。通过学习，可以理解多种多样的检测方法。

知识链接

加工后的零件的实际形状和相互位置，与理想几何体的规定形状和相互位置存在差异，这种差异必须要经过专业的检测才能知道大小，从而确定零件合格与否。

一、形位误差的检测原则

（一）与理想要素比较的原则

与理想要素比较的原则是指测量时将被测实际要素与相应的理想要素作比较，在比较过程中获得数据，再按这些数据来评定形位误差。例如，用实物体现刀口尺的刃口，平尺的工作面、一条拉紧的钢丝绳、平台和平板的工作面以及样板的轮廓等都可以作为理想要素，理想要素还可以用一束光线、水平线（面）来体现。

（二）测量坐标值的原则

测量坐标值的原则是指利用计算器具固有的坐标系，测出实际被测要素上各测点的相对坐标值，再经过数据处理从而确定形位误差值的原则。这项原则适用于测量形状复杂的表面，但数据处理有些烦琐，随着计算机技术的发展，其应用将会越来越广。

（三）测量特征参数的原则

测量特征参数的原则是指测量被测要素上具有代表性的参数（特征参数）来近似表示该要素的形位误差。例如，以平面上任意方向的最大直线度误差来近似表示该平面的平面度误差，用两点法测量圆度误差，即在一个横截面内的几个方向上测量直径，取最大、最小直径差的一半作为圆度误差。用该原则所得到的形位误差值与按定义确定的形位误差值相比，只是一个近似值。

（四）测量跳动的原则

跳动公差是按检测方法定义的，所以测量跳动的原则主要用于图样上标注了原跳动或全跳动时误差的测量。用 V 形架模拟基准轴线，并对零件轴向限位。在被测要素回转一周的过程中，指示器最大与最小读数之差为该截面的径向圆跳动误差；若被测要素回转的同时，指示器缓慢做轴向移动，在整个过程中指示器最大读数与最小读数之差为该零件的径向全跳动误差，如图 3-24 所示。

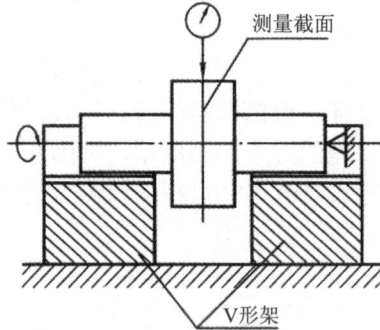

图 3-24　径向跳动误差的测量

（五）控制实效边界的原则

　　控制实效边界的原则是通过检测实际被测要素是否超过最大实体实效边界，以判断其是否合格的原则。判断被测实体是否超越最大实体实效边界的有效方法是用功能量规检测。功能量规是模拟最大实体实效边界的全形量规。若被测实际要素能被功能量规通过，则表示该项形位公差要素合格。例如，图 3-25（a）所表示的位置误差可用图 3-25（b）所示的功能量规检测。被测孔的最大实体实效尺寸为 $\phi7.506$ mm，故量规 4 个小测量圆柱的基本尺寸也为 $\phi7.506$ mm。基准要素 B 本身遵循最大实体要求，应遵循最大实体实效边界，边界尺寸 $\phi10.015$，故量规定位部分的基本尺寸也为 $\phi10.015$ mm（图中量规各部分的尺寸都是基本尺寸，实际设计量规时，还应按有关标准规定一定的公差）。检验时，量规若能插入零件中，且其端面与零件 A 面之间无间隙，则零件上 4 个孔的位置度误差就是合格的。

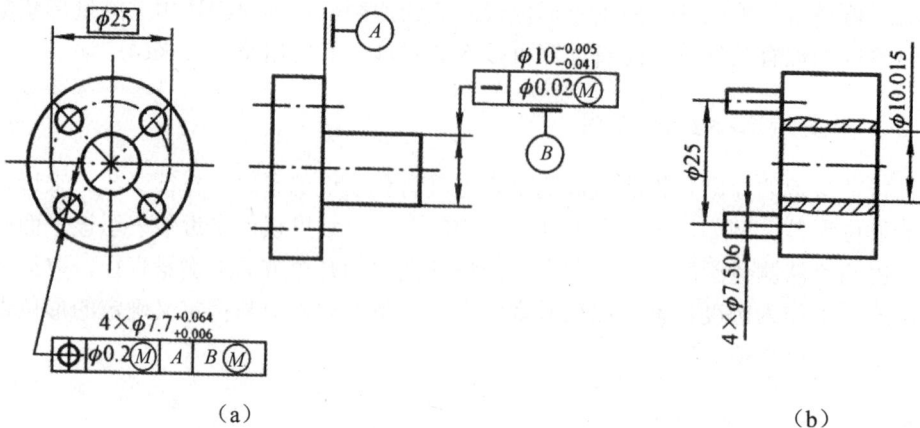

（a）　　　　　　　　　　　　　　　　　　　　　　（b）

图 3-25　控制实效边界原则示例

（a）被测零件；（b）功能量规

二、形位误差及其评定

形位误差与尺寸误差的特征不同。尺寸误差是两点间距离对标准值之差，形位误差是被测要素偏离理想要素的状态，并且在要素上各点的偏离量可以不相等。

（一）形状误差及其评定

形状误差是指实际被测要素的形状对其理想要素的变动量，而理想要素的位置应符合最小条件。

1. 形状误差评定原则——最小条件

所谓最小条件是指确定理想要素位置时，应使理想要素与实际要素相接触，并使被测实际要素对其理想要素的最大变动量为最小。

2. 形状误差评定方法——最小区域法

根据最小条件，形位误差值可用最小包容区域（简称最小区域）的宽度或直径表示。最小包容区域是指包容被测实际要素，且具有最小宽度 f 或 ϕf 的区域。如图 3-26 所示，为评定直线度误差最小条件与最小区域。A_1B_1、A_2B_2、A_3B_3 分别是处于不同位置的理想要素，h_1、h_2、h_3 分别是被测实际要素对三个不同位置的理想要素的最大变动量，且 $h_1<h_2<h_3$。因为 h_1 最小，则理想要素在 A_1B_1 处符合最小条件，符合最小条件的包容区域的宽度 h_1 即为直线度误差。

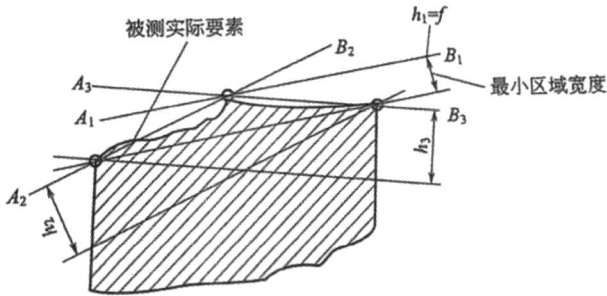

图 3-26　最小条件与最小区域

与其他评定方法比较，按最小条件评定的形状误差最为理想，符合国家标准规定的形状误差定义。但在很多情况下，寻找和判断符合最小条件的理想要素方位，很麻烦且困难，所以在满足零件功能要求的前提下，允许采用近似方法来评定形状误差。

3. 最小区域的判别

（1）评定给定平面内的直线度误差时，由两平行直线形成包容区，实际直线与包容直线至少有高、低相间的三点接触，这个包容区域就是最小区域，如图 3-27 所示。

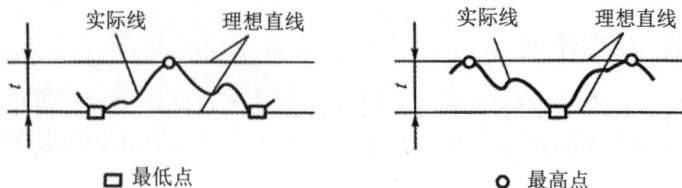

图 3-27 直线包容时的最小区域

（2）评定圆度误差时，由两同心圆形成包容区，实际圆轮廓应至少有内、外交替的四点与两包容圆接触，此时两同心圆的半径差最小，如图 3-28 所示，该两同心圆构成一最小区域，其半径差即为圆度误差。这种接触形式又称交叉准则。

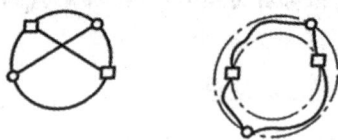

图 3-28 两同心圆包容时的最小区域

（3）评定平面度误差时，由两平行平面包容实际要素时，实际平面至少有三点或四点与两平行平面分别接触，且满足下列三种准则之一，即为最小区域。

① 三角形准则：一个最低（高）点的投影正好落在三个最高（低）点所组成的三角形内，如图 3-29（a）所示。

② 交叉准则：两个最高点的投影位于两个最低点连线的两侧，如图 3-29（b）所示。

③ 直线准则：一个最低（高）点的投影位于两个最高（低）点的连线上，如图 3-29（c）

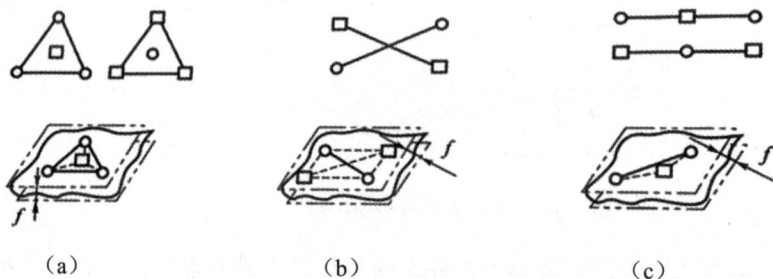

图 3-29 平行平面包容时的最小区域

（a）三角形准则；（b）交叉准则；（c）直线准则

（二）位置误差及其评定

位置误差是关联实际要素对其理想要素的变动量，理想要素的方向或位置由基准确定。

1. 基准的建立和体现

评定位置误差的基准应是理想的基准要素，但基准要素本身也是实际加工出来的，也存在形状误差。因此，应用基准实际要素的理想要素来建立基准，理想要素的位置应符合最小条件。在实际检测中，基准的体现方法有模拟法、分析法和直接法等，其中用得最广泛的是模拟法。

模拟法是采用形状足够精确的表面模拟基准。例如，用平板表面模拟基准平面，如图3-30所示；用心轴表面模拟基准孔的轴线，如图3-31所示；用V形架表面模拟基准轴线等，如图3-32所示。

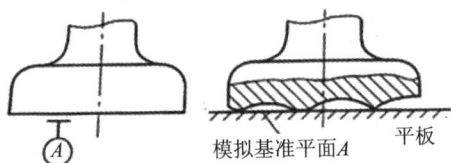

图 3-30　用平板模拟基准平面

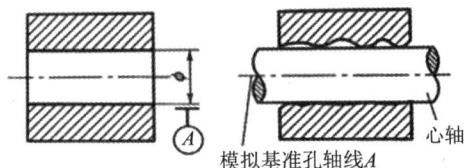

图 3-31　用心轴模拟基准孔轴线

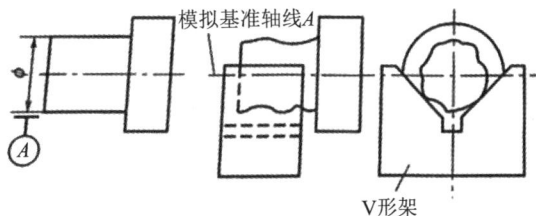

图 3-32　用 V 形架表面板模拟基准轴线

2. 定向误差及其评定

定向误差是指被测实际要素对具有确定方向的理想要素的变动量，理想要素的方向由基准确定。定向误差包括平行度、垂直度和倾斜度三个项目，在评定定向误差时，理想要素相对基准的方向应保持图样上给定的几何关系，同时应使实际被测要素对理想要素的最大变动量为最小。

定向误差值用定向最小包容区域的宽度 f 或 ϕf 表示，定向最小包容区域的形状与定向公差带的形状相同，如图3-33所示。采用定向最小区域的方法表示整个被测实际要素的定向误差值直观方便，且结果是唯一的。

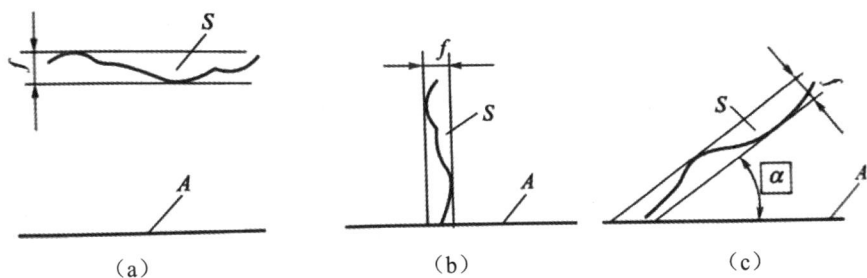

（a）　　　　　　　　　　（b）　　　　　　　　　　（c）

图 3-33　定向最小区域示例

（a）平行度；（b）垂直度；（c）倾斜度

3. 定位误差及其评定

定位误差是指被测实际要素对具有确定位置理想要素的变动量，理想要素的位置由基准和理论正确尺寸确定。

定位误差值用定位最小包容区域的宽度 f 或 ϕf 表示，如图 3-34 所示。

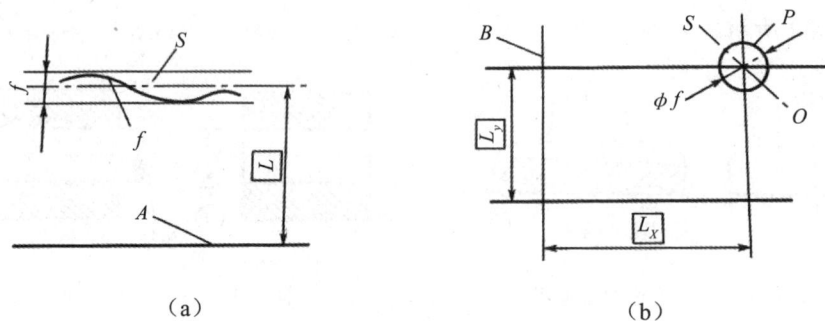

图 3-34　定位最小区域示例

（a）由两条平行直线构成的定位最小区域；　（b）由一个圆构成的定位最小区域

采用定位最小区域的方法表示整个被测实际要素的定位误差值直观方便，且结果是唯一的。

任务实施

一、直线度误差的测量

1. 间隙法

检测器具：刀口形直尺（或样板直尺）、塞尺。

检测方法：用刀口尺的刃口模拟理想直线，将刀口尺的刃口与被测要素接触，使刃口尺和被测要素间的最大间隙为最小，此最大间隙即为被测要素的直线度误差。当光隙较小时，可按标准光隙估读间隙大小，如图 3-35（a）所示；当间隙较大时（>20μm）则用厚薄规（塞规测量）。其间隙量可用塞尺测量（或与标准间隙比较获得）。该方法适用于给定方向或给定平面内的直线度误差的测量。

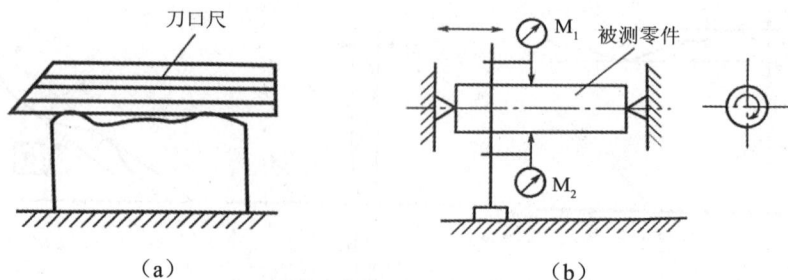

图 3-35　间隙法和指示器法测量直线度误差

（a）间隙法测量直线度误差；　（b）用指示器法测量直线度误差

2. 指示器法

检测器具：平板、顶尖、支架及指示表（百分表或千分表）。

检测方法：将被测零件安装在平行于平板的两顶尖之间，在支架上装上两个测量头相对的指示表，沿零件铅垂截面的两条素线测量，同时分别记录两指示表在各自测点的读数 M_1 和 M_2，取各测点读数差的一半 $\left(\dfrac{M_1-M_2}{2}\right)$ 中的最大值作为该截面轴线的直线度误差，如图 3-35（b）所示。将零件换个位置，按上述方法测量若干个截面，取其中最大的误差值作为被测零件轴线的直线度误差，此法适用于测量任意方向的直线度误差。

3. 节距法

检测器具：水平仪。

检测方法：将水平仪放在被测表面上，将被测长度分成若干小段，逐段测出每一小段的相对读数，最后通过计算法或作图法求出直线度误差，如图 3-36 所示，测量时，一般首先将被测要素调成近似水平，以保证水平仪读数方便。还可在水平仪下面放入桥板，桥板跨距可按被测要素的长度和测量精度的高低来确定。该方法适用于精度较高且长度较长的直线度误差的测量。

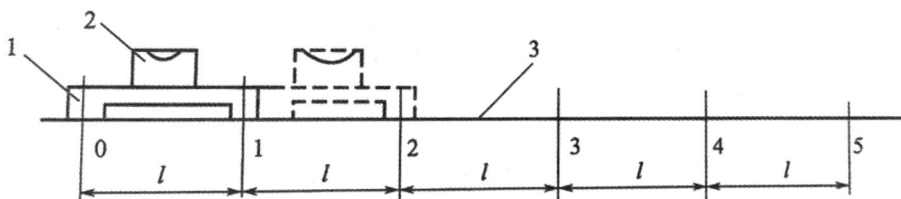

图 3-36　用节距法测直线度误差

1-桥板；2-水平仪；3-被测件

二、平行度误差的测量

1. 面对面平行度误差的测量

检测器具：平板、带指示表的测量架。

测量方法：将被测零件直接放在平板上（以平板体现基准），如图 3-37 所示，用指示表在整个被测表面上方多方向移动进行测量，取指示表最大与最小读数之差作为该零件的平行度误差。

2. 线对面平行度误差的测量

检测器具：平板、心轴、带指示表的测量架。

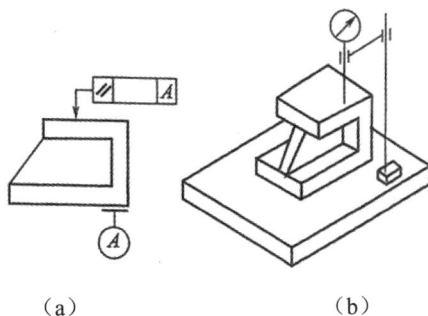

（a）　　　　　　　　（b）

图 3-37　测量面对面的平行度误差

（a）被测件；（b）测量方法

测量方法：如图 3-38 所示，测量时以平板模拟基准平面，以心轴模拟被测孔轴线，用指示表在距离为 L_2 的两个位置测得读数为 M_1、M_2，则平行度误差 f 为

$$f = |M_1 - M_2| \frac{L_1}{L_2}$$

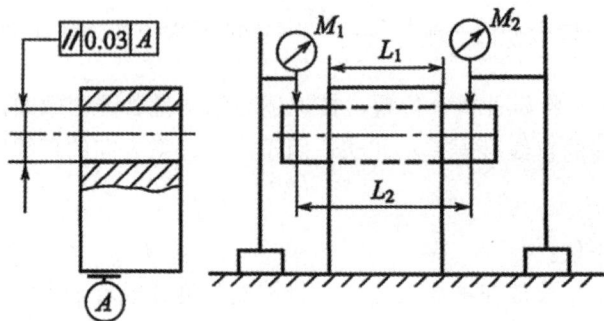

图 3-38　线对面的平行度误差的测量

3. 线对线平行度误差的测量

测量器具：平板、心轴、等高支承、带指示表的测架。

测量方法：如图 3-39 所示，基准轴线和被测轴线由心轴模拟。将被测件放在等高支承上，在选定长度 L_2 的两端位置上测得指示表的读数为 M_1 和 M_2，其平行度误差为 $\Delta = \frac{L_1}{L_2}|M_1 - M_2|$，式中 L_1、L_2 为被测长度。

对于在互相垂直的两个方向上有公差要求的被测件，则在两个方向上按上述方法分别测量，两个方向上的平行度误差应分别小于给定的公差值 $f = \frac{L_1}{L_2}\sqrt{(M_{1V} - M_{2V})^2 + (M_{1H} - M_{2H})^2}$，式中，V、H 为相互垂直的测位符号。

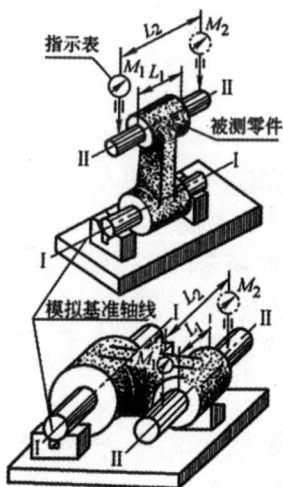

图 3-39　线对线的平行度误差的测量

三、圆度误差的测量

测量器具：平板、V形块、带指示表的测架等。

测量方法：最理想的测量方法是用圆度仪测量。可通过记录装置将被测表面的实际轮廓形象地描绘在坐标纸上，然后按最小包容区域法求出圆度误差。实际测量中还可采用分度头测量，也可采用近似测量方法，如两点法、三点法、两点三点组合法等。

1. 两点法

两点法测量是用游标卡尺、千分尺等通用量具测出同一径向截面中的最大直径差，此差的一半 $\frac{d_{max}-d_{min}}{2}$ 就是该截面的圆度误差。测量多个径向截面，取其中最大值作为被测零件的圆度误差。

2. 三点法

对于奇数棱形截面的圆度误差，可用三点法测量，其测量装置如图 3-40 所示。被测件放在 V 形块上回转一周，指示表的最大与最小读数之差（$M_{max}-M_{min}$）反映了该测量截面的圆度误差 f，其关系式为 $f=\frac{M_{max}-M_{min}}{K}$。式中，$K$ 为反映系数，是被测件的棱边数及所用 V 形块的夹角 α 的函数。其关系比较复杂。在不知棱数的情况下，可采用夹角 $\alpha=90°$ 和 $120°$ 或 $\alpha=72°$ 和 $108°$ 的两个 V 形块分别测量（各测若干个径向截面），取其中读数差的最大值作为测量结果，此时可近似地取反映系数 $K=2$，按上式计算出被测件的圆度误差。

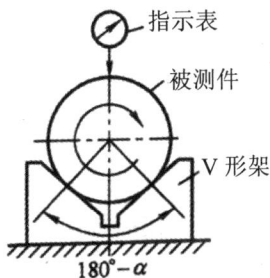

图 3-40　三点法测圆度误差

四、跳动的测量

1. 径向圆跳动误差的测量

测量器具：支架、指示表等。

测量方法：该方法是用一对顶尖模拟基准，将被测零件装卡在两顶尖之间，并将指示器的测头沿与轴线垂直的方向和被测圆柱面的最高点接触。被测圆柱面绕基准轴线回转一周，指示表读数最大差值即为单个测量截面上的圆跳动误差值。如图 3-41 所示，按上述方法测量若干个截面，取各截面上测得的跳动量中的最大值作为该零件的径向圆跳动误差。

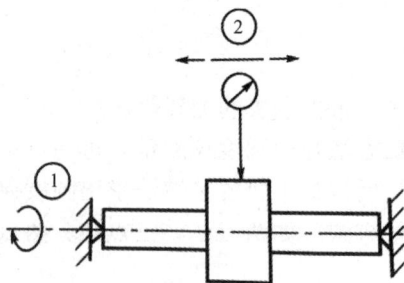

图 3-41　测量径向圆跳动误差

2. 端面圆跳动的测量

测量器具：V 形架、指示表等

测量方法：如图 3-42 所示，该方法是用一个 V 形架顶尖模拟基准，将被测零件放在 V 形架上，并在轴向固定，使指示器的测头与被测端面垂直接触。使被测面绕基准轴线回转一周，指示表读数最大差值即为单个测量圆柱面上的端面圆跳动误差。按上述方法测量若干个圆柱面，取各圆柱面上测得的跳动量中的最大值作为该零件的端面圆跳动误差。

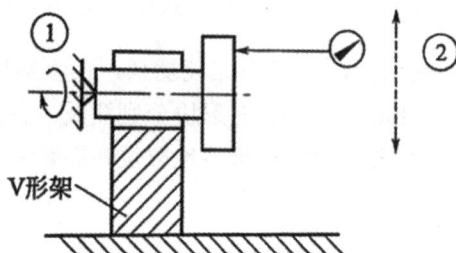

图 3-42　测量端面圆跳动

3. 斜向圆跳动的测量

测量器具：导向套筒、指示表等。

测量方法：该方法是用一个导向套筒模拟基准，将被测零件支承在导向套筒内，并在轴向固定，使指示器的测头与被测表面垂直接触。如图 3-43 所示，使被测面绕基准轴线回转一周，指示表读数最大差值即为单个测量圆锥面上的斜向圆跳动误差。按上述方法可在若干个圆锥面上测量，取各圆锥面上测得的跳动量中的最大值作为该零件的斜向圆跳动误差。

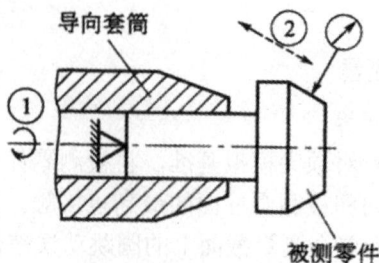

图 3-43　测量斜向圆跳动

4. 径向全跳动误差的测量

测量器具：同轴导向套筒、指示表架、指示表等

测量方法：将被测零件放在两个同轴的导向套筒内（也可用一对同轴顶尖或一对等高的 V 形架模拟基准），如图 3-44 所示，使其轴线与平板平行，并在轴向固定。使被测零件连续回转，同时使指示表沿基准轴方向作直线移动，则在整个测量过程中指示表反映的最大差值即为该零件的径向全跳动误差。

5. 端面全跳动误差的测量

测量器具：导向套筒、指示表架、指示表等。

测量方法：将被测零件放在导向套筒内（也可用 V 形架模拟基准），并在轴向固定。如图 3-45 所示，导向套筒的轴线应与平板垂直，使被测零件连续回转，同时使指示表沿被测表面的径向作直线移动，在整个测量过程中指示表反映的最大差值即为该零件的径向全跳动误差。

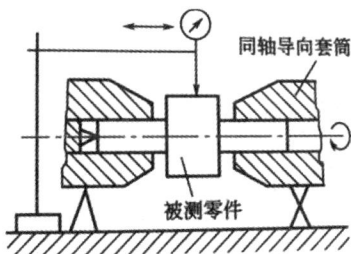

图 3-44　测量径向全跳动　　　　　　　　图 3-45　测量端面全跳动

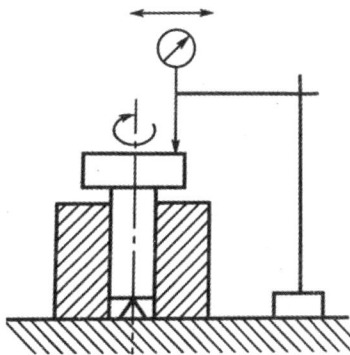

项 目 评 测

一、填空题

1. 圆柱度和径向全跳动公差带相同点是_____，不同点是_____。

2. 圆度的公差带形状是_____，圆柱度的公差带形状是_____。

3. 包容要求所涉及的边界是_____边界。

4. 在形状公差中，当被测要素是一空间直线，若给定一个方向时，其公差带是_____之间的区域。若给定任意方向时，其公差带是_____区域。

5. 某轴尺寸为 $\phi 40^{+0.041}_{-0.030}$ mm，轴线直线度公差为 $\phi 0.005$ mm，实测得其局部尺寸为 $\phi 40.031$ mm，轴线直线度误差为 $\phi 0.003$ mm，则轴的最大实体尺寸是_____mm，最大实体实效尺寸是_____mm，作用尺寸是_____mm。

二、判断题

1. 对同一要素既有位置公差要求，又有形状公差要求时，形状公差值应大于位置公差值。 　　　　　　　　　　　　　　　　　　　　　　　　　　　　　（　　　）

2. 某圆柱面的圆柱度公差是 0.03 mm，那么该圆柱面相对于基准轴线的径向全跳动公差不小于 0.03 mm。 　　　　　　　　　　　　　　　　　　　　　　　　（　　　）

3. 最小条件是指被测要素相对于基准要素的最大变动量为最小。 　　（　　　）

4. 基准要素是中心要素时，基准符号应该与该要素的轮廓要素尺寸线错开。

　　　　　　　　　　　　　　　　　　　　　　　　　　　　　　　（　　　）

5. 包容原则是要求实际要素处处不超过最小实体边界的一种公差原则。 （　　　）

三、选择题

1. 属于位置公差的有（　　　）。

    A. 平行度　　　　　　　B. 倾斜度　　　　　　C. 平面度　　　　　　D. 端面全跳动

2. 圆柱度公差可以同时控制（　　　）。

    A. 同轴度　　　　　　　B. 径向全跳动　　　　C. 圆度　　　　　　　D. 直线度

3. 某轴 $\phi 10^{0}_{-0.015}$ mm E，则下列说法正确的是（　　　）。

    A. 被测要素遵守 MMVC 边界

    B. 被测要素遵守 MMC 边界

    C. 当被测要素尺寸为 $\phi 9.985$ mm 时，允许形状误差最大可达 0.015 mm

    D. 当被测要素尺寸为 $\phi 10$ mm 时，允许形状误差最大可达 0.015 mm

4. 形位公差带形状是半径差为公差值 t 的两圆柱面之间的区域有（　　　）。

    A. 圆柱度　　　　　　　　　　　　　　　　　B. 同轴度

    C. 径向全跳动　　　　　　　　　　　　　　　D. 任意方向直线度

5. 下列论述正确的有（　　　）。

    A. 孔的最大实体实效尺寸=D_{max}-形位公差

    B. 孔的最大实体实效尺寸=最大实体尺寸-形位公差

    C. 轴的最大实体实效尺寸=d_{max}+形位公差

    D. 轴的最大实体实效尺寸=实际尺寸+形位公差

四、综合题

1. 什么是零件的几何要素？几何要素分为哪几种？

2. 试写出形位公差特征项目名称和符号。

3. 公差原则有哪几种？其应用情况有何差异？

4. 试将下列几何公差要求标注在图 3-46（a）和（b）上。

（1）　标注在图 3-46（a）上的几何公差要求：

① 　$\phi 32^{0}_{-0.03}$ mm 圆柱面对 $\phi 20^{0}_{-0.03}$ mm 公共轴线的圆跳动公差为 0.015 mm。

② 两 $\phi 20^{0}_{-0.03}$ mm 轴颈的圆度误差为 0.01 mm。

③ 　$\phi 32^{0}_{-0.03}$ mm 左、右两端面对面 $\phi 20^{0}_{-0.03}$ mm 公共轴线的轴向圆跳动公差为 0.02 mm。

④ 键槽 $10^{0}_{-0.036}$ mm 中心平面对 $\phi 32^{0}_{-0.03}$ mm 轴线的对称度公差为 0.015 mm。

（2）标注在图 3-46（b）上的几何公差要求：

① 底面的平面度公差为 0.012 mm。

② $\phi 20^{0}_{-0.03}$ mm 两孔的轴线分别对它们的公共轴线的同轴度公差为 0.015 mm。

③ 两 $\phi 20^{0}_{-0.03}$ mm 孔的公共轴线对底面的平行度公差为 0.01mm。

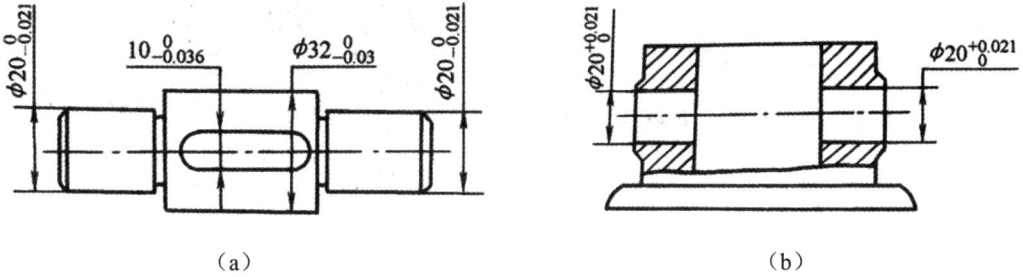

（a）　　　　　　　　　　　　　　（b）

图 3-46　思考与练习题

表面粗糙度及检测

项目描述

为了保证互换性和工作精度等要求，不仅要控制零件的尺寸误差和形位误差，还必须控制零件的表面粗糙度。表面粗糙度和形状误差同属于几何形状误差，前者属于微观几何形状误差，后者属于宏观几何形状误差。

机械零件的破坏总是从表层开始的，零件的表面质量是保证产品质量的基础，直接影响零件的耐磨性、耐疲劳性、耐蚀性和零件的配合质量。

任务一　表面粗糙度概述

学习目标

1. 理解粗糙度轮廓的概念；
2. 了解表面粗糙度对机械零件使用性能的影响。

任务呈现

经过机械加工或用其他方法获得的零件表面，总是存在着一定程度上的宏观和微观几何形状误差。微观几何形状误差，即加工表面上微小的峰谷高低程度及其间距状况称为表面粗糙度。它是由于刀具或砂轮切削后遗留的刀痕、切削过程中切屑分离时的塑性变形，以及机床的振动等原因形成的。

如图 4-1 所示，为某企业生产的零件。从图样中可以看出，该零件均有表面粗糙度要求，试确定符号"$\sqrt{}_{Rz6.3}^{车}$"中符号"$\sqrt{}$"和"车"字所表示的内容。

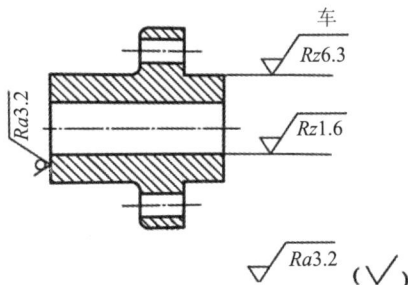

图 4-1　回转体零件表面粗糙度的标注

任务分析

表面粗糙度是检验零件质量的主要依据，它的合理与否直接关系产品的质量、使用寿命和生产成本。要完成此任务，我们必须掌握表面粗糙度的含义、基本概念和其对机械零件使用性能的影响。

知识链接

一、表面粗糙度的定义

表面粗糙度是指加工表面所具有的较小间距和微小峰谷不平度。其相邻两波峰或波谷之间的距离（波距）很小（在 1 mm 以下），用肉眼是难以区分的，因此它属于微观几何形状误差。表面粗糙度越小，则表面越光滑。图 4-2（a）所示为放大的实际工作表面示意图。图 4-2（b）所示为实际工作表面波形分解图。其中，h_R、h_W 为波高，λ_R、λ_W 为波距。表面粗糙度误差与宏观几何形状误差和波形误差的区别，一般以一定的波距 λ 与波高 h 之比来划分。一般地，$\lambda/h > 1000$ 者为宏观几何形状误差，$\lambda/h < 50$ 者为表面粗糙度误差，$\lambda/h = 50\sim1000$ 者为波纹度误差。

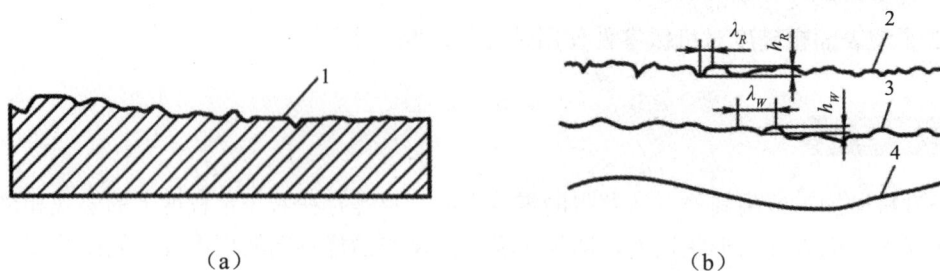

（a）　　　　　　　　　　　　　（b）

图 4-2　表面粗糙度

（a）放大的实际工作表面示意图；（b）实际工作表面波形分解图

1-实际工作表面；2-表面粗糙度；3-波纹度；4-表面宏观几何形状

二、表面粗糙度对零件使用性能的影响

表面粗糙度对机械零件使用性能及其寿命影响较大，尤其对在高温、高速和高压条件下工作的机械零件影响更大。其影响主要表现在以下几个方面。

（一）对耐磨性的影响

具有表面粗糙度的两个零件，当它们接触并产生相对运动时，只是一些峰顶间的接触，减少了接触面积，比压增大，使磨损加剧。零件越粗糙，阻力就越大，零件磨损也越快。

需要指出的是，零件表面越光滑，磨损量不一定越小。过于光滑的表面，不利于储存润滑油，易使零件表面形成半干摩擦或干摩擦，有时还会增加零件接触面的吸附力，反而使摩擦因数增大，加剧磨损。

（二）对配合性质的影响

对于间隙配合，相对运动的表面因其粗糙不平而迅速磨损，致使间隙增大；对于过盈配合，表面轮廓峰顶在装配时易被挤平，使实际有效过盈减小，致使连接强度降低。因此，表面粗糙度影响配合性质的可靠性和稳定性。

（三）对抗疲劳强度的影响

零件表面越粗糙，凹痕越深，波谷的曲率半径越小，对应力集中也越敏感，特别是当零件承受交变载荷时，应力集中的影响，使疲劳强度降低，导致零件表面产生裂纹而损坏。

（四）对接触刚度的影响

由于两表面接触时，实际接触面仅为理想接触面积的一部分，零件表面越粗糙，实际接触面积就越小，单位面积压力增大，零件表面局部变形也必然增大，接触刚度也降低，从而影响零件的工作精度和抗震性。

（五）对抗腐蚀性的影响

粗糙的表面，易使腐蚀性物质存积在表面的微观凹谷处，并渗入金属内部，致使腐蚀加剧。因此，提高零件表面粗糙度的质量，可以增强其抗腐蚀的能力。

此外，表面粗糙度大小还对零件结合的密封性，流体流动的阻力，机器、仪器的外观质量及测量精度，等等，有很大影响。

为提高产品质量，促进互换性生产，适应国际交流和对外贸易，保证机械零件的使用性能，应正确贯彻实施新的表面粗糙度标准。到目前为止，我国常用的表面粗糙度国家标准有：

（1）GB/T 3505—2009《产品几何技术规范（GPS）表面结构 轮廓法 表面结构的术语、定义及参数》。

（2）GB/T 1031—2009《产品几何技术规范（GPS）表面结构 轮廓法 粗糙度参数及其数值》。

（3）GB/T 131—2006《产品几何技术规范（GPS）技术产品文件中表面结构的表示法》。

（4）GB/T 10610—2009《产品几何技术规范（GPS）表面结构 轮廓法 评定表面结构的规则和方法》。

三、表面粗糙度的表面微观特性、加工方法及应用举例

表面粗糙度的表面微观特性、加工方法及应用举例，见表4-1。

表4-1 表面粗糙度的表面微观特性、加工方法及应用举例

表面微观特性		$Ra/\mu m$	加工方法	应用举例
粗糙表面	微见加工痕迹	≤20	粗车、粗刨、粗铣、锯断	半成品粗加工过的表面，非配合的加工表面，如端面、倒角、钻孔
半光表面	微见加工痕迹	≤10	车、刨、铣、镗、粗铰	轴上不安装轴承、齿轮处的非配合表面、轴和孔的退刀槽
	微见加工痕迹	≤5	粗刮、滚压	半精加工表面，支架、盖面、套筒和需要发蓝处理的表面
	微见加工痕迹	≤2.5	磨齿、铣齿	接近于精加工表面，箱体上安装轴承的镗孔，齿轮的工作表面
光表面	可辨加工痕迹	≤1.25	磨齿、拉、刮	圆柱销、圆锥销，普通车床导轨面，内外花键定心表面
	微可辨加工痕迹	≤0.63	精铰、磨、精镗	配合性质稳定的配合表面，较高精度车床的导轨面
	不可辨加工痕迹	≤0.16	研磨、超精加工	精密机床主轴锥孔，顶尖圆锥面，发动机曲轴

（续表）

表面微观特性		Ra/μm	加工方法	应用举例
极光表面	暗光泽面	≤ 0.16	精磨	精密机床主轴颈表面，活塞销表面
	亮光泽面	≤ 0.08	超精磨、精抛光	高压油泵中柱塞和柱塞套配合表面
	镜光泽面	≤ 0.04		
	镜面	≤ 0.01	镜面磨削、超精研	高精度量仪、量块的工作表面

任务实施

根据表面粗糙度的表面特征、经济加工方法及应用举例列表中的选择，图 4-1 中"√"符号表示有表面质量粗糙度的要求，"车"字表示通过车削加工方法得到。

任务二　表面粗糙度的评定参数

学习目标

理解表面粗糙度的评定参数。

任务呈现

图 4-1 中，Ra、Rz 代表的具体含义是什么？

任务分析

要完成此任务，我们必须掌握表面粗糙度的基本术语和定义，并在此基础上掌握表面粗糙度评定参数的选用。

知识链接

一、基本术语和定义

对于加工后获得的零件表面的表面粗糙度是否满足使用要求，需要进行测量和评定才能知道。测量和评定表面粗糙度时，需要确定取样长度、评定长度、基准线等评定参数。

（一）取样长度（l_r）

取样长度是指评定表面粗糙度时所规定的一段基准长度。它是在轮廓总的走向上选取的用于判别具有表面粗糙度特征的一段基准线长度。规定和选择这段长度是为了限制和减弱表面波纹度对表面粗糙度测量结果的影响。表面越粗糙，取样长度应越大。在所选取的取样长度内至少包含五个以上的轮廓峰和轮廓谷，如图 4-3 所示。国标规定的取样长度见表 4-2。

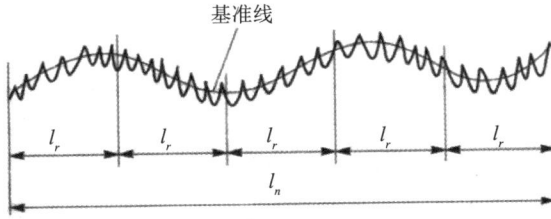

图 4-3　取样长度和评定长度

表 4-2　取样长度（l_r）的数值（摘自 GB/T 1031—2009）

单位：mm

l_r	0.08	0.25	0.8	2.5	8	25

（二）评定长度（l_n）

评定长度是用于判别被评定轮廓的 X 轴方向上的长度。由于零件表面粗糙度不均匀，为了合理地反映其特征，在测量和评定时所规定的一段最小长度称为评定长度（l_n）。

一般情况下，取 $l_n = 5l_r$，称为标准长度，如图 4-3 所示。如果评定长度取为标准长度，则不须在表面粗糙度代号中注明。当然，根据情况，也可取非标准长度。此时则须在表面粗糙度代号中注明。如果被测表面均匀性较好，测量时，可选 $l_n < 5l_r$；若均匀性差，可选 $l_n > 5l_r$。

（三）轮廓中线

轮廓中线是指用以评定表面粗糙度参数值大小的一条给定的基准线，分为以下两种。

1. 轮廓最小二乘中线

如图 4-4（a）所示，轮廓最小二乘中线是指在取样长度范围内，实际被测轮廓线上的各点至该线的距离平方和为最小，即

$$\int_0^{l_r} y_i^2 \mathrm{d}x = \text{极小值} \tag{4-1}$$

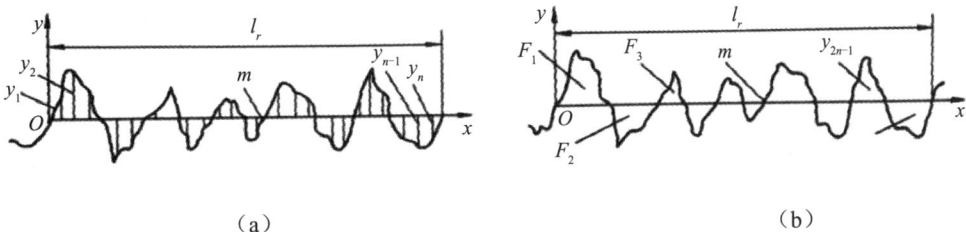

（a）

（b）

图 4-4　轮廓中线

（a）最小二乘中线；（b）算术平均中线

2. 轮廓算术平均中线

如图 4-4（b）所示轮廓算术平均中线是指在取样长度内，划分实际轮廓为上、下两部分，且使上、下两部分面积相等的线，即

$$F_1 + F_3 + \cdots + F_{2n-1} = F_2 + F_4 + \cdots + F_{2n} \qquad (4\text{-}2)$$

在轮廓图形上确定最小二乘中线的位置比较困难，可用轮廓算术平均中线代替，通常算术平均中线可用目测法确定。

（四）实际轮廓

实际轮廓是指平面与实际表面相交所得的轮廓线，如图 4-5 所示。按相截方向不同，实际轮廓分为横向实际轮廓和纵向实际轮廓。在评定表面粗糙度时，除非特别说明，通常指横向实际轮廓，即与加工纹理方向垂直的轮廓。

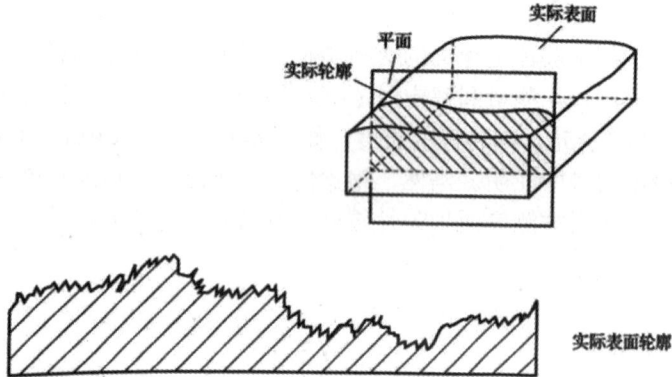

图 4-5　实际轮廓

（五）加工纹理方向

加工纹理方向是加工完后在零件表面留下的痕迹方向。

二、表面粗糙度的主要评定参数

国家标准采用中线制（轮廓法）评定表面粗糙度。常用的参数值范围是 Ra 为 0.025～6.3 μm，Rz 为 0.1～25 μm，推荐优先选用 Ra。

（一）轮廓的算术平均偏差 Ra

如图 4-6 所示，轮廓算术平均偏差 Ra 是指在取样长度 l_r 内，被测实际轮廓上各点至基准线距离的算术平均值为 Ra，即

$$Ra = \frac{1}{l_r} \int_0^{l_r} |Z(x)| \mathrm{d}x \qquad （4-3）$$

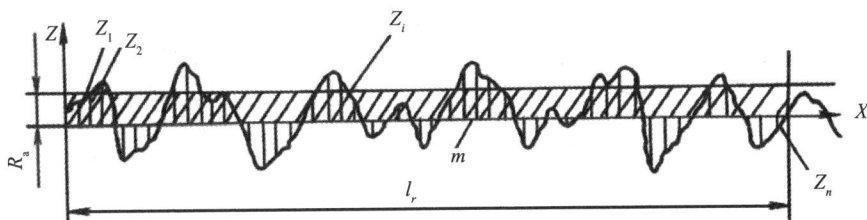

图 4-6　轮廓的算术平均偏差 Ra

Ra 值越大，表面越粗糙。Ra 值能客观、全面地反映表面微观几何形状的特性，一般用触针式轮廓仪测得，是普遍采用的参数，但不能用于太粗糙或太光滑的表面。Ra 的数值规定，见表 4-3。

表 4-3　Ra 的数值（摘自 GB/T 1031—2009）

单位：μm

0.012	0.050	0.20	0.80	3.2	12.5	50
0.025	0.100	0.40	1.60	6.3	25	100

（二）轮廓的最大高度 Rz

在取样长度 l_r 内，轮廓峰顶线和轮廓谷底线之间的距离，称为轮廓最大高度 Rz，如图 4-7 所示。图中平行于基准线并通过轮廓最高点（最低点）的线称为峰顶线（谷底线），用公式表示为

$$Rz = Z_{p\max} + Z_{v\max} \qquad （4-4）$$

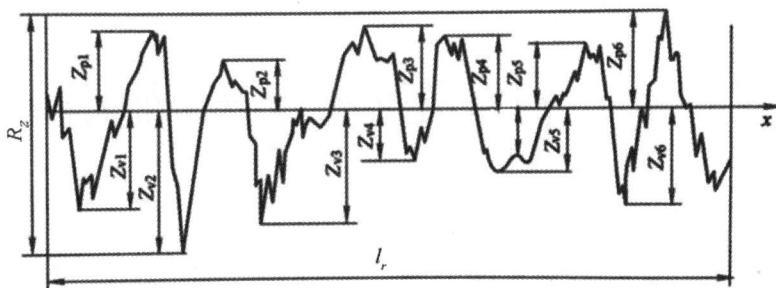

图 4-7　轮廓最大高度 Rz 示意图

Rz 常用于不允许有较深加工痕迹如受交变应力的表面；或因表面很小不宜采用 Ra 时用 Rz 评定的表面。Rz 只能反映表面轮廓的最大高度，不能反映微观几何形状特征。Rz 的数值规定，见表 4-4。

表 4-4　*Rz* 的数值（摘自 GB/T 1031—2009）

单位：µm

0.025	0.20	1.60	12.5	100	800
0.050	0.40	3.2	25	200	1600
0.100	0.80	6.3	50	400	

　　一般情况下，在测量 *Ra*、*Rz* 时，推荐按表 4-5、表 4-6 选用对应的取样长度，此时取样长度值的标注在图样上或技术文件中可省略。当有特殊要求时，应给出相应的取样长度值，并在图样上或技术文件中注出。

表 4-5　*Ra* 参数值与取样长度 l_r 值的对应关系（摘自 GB/T1031—2009）

Ra/µm	l_r/ mm	l_n/mm
≥0.08～0.02	0.08	0.4
>0.02～0.1	0.25	1.25
>0.1～2.0	0.8	4.0
>2.0～10.0	2.5	12.5
>10.0～80.0	8.0	40

表 4-6　*Rz* 参数值与取样长度 l_r 值的对应关系（摘自 GB/T 1031—2009）

Ra/µm	l_r/ mm	l_n/mm
≥0.025～0.10	0.08	0.4
>0.10～0.50	0.25	1.25
>0.50～10.0	0.8	4.0
>10.0～50.0	2.5	12.5
>50～320	8.0	40

任务实施

　　Ra 表示轮廓算术平均偏差，*Rz* 表示轮廓最大高度；以上表示方法是在取样长度 l_r 上取得的。

任务三　表面粗糙度参数的选择和标注

学习目标

　　掌握表面粗糙度技术要求在零件图上的标注方法。

任务呈现

　　在技术产品文件中，对表面粗糙度轮廓的要求应按标准规定的图形符号表示，包括表面粗糙度轮廓的图形符号、扩展图形符号、完整图形符号和零件轮廓各表面的图形符号等。下面为一个标注完整的粗糙度符号，请说明其表示的具体含义。

$$\sqrt{0.8\text{-}25W/310}$$

任务分析

要解决此任务，需要认识表面粗糙度符号，并合理选用符号。

知识链接

一、表面粗糙度参数值的选用

零件表面粗糙度不仅对其使用性能的影响是多方面的，而且也直接关系着零件的加工工艺和制造成本。因此，选用合适的表面粗糙度参数，既要满足零件的使用功能要求，又要兼顾工艺性和经济性。也就是说，在满足使用要求的前提下，应尽可能选用较大的表面粗糙度值。

（一）参数的选择原则

表面粗糙度的幅度参数 Ra 是基本的评定参数，在图样上一般注出其中一个或两个。

能客观反映被测轮廓高度方向的微观几何形状特征。在 $Ra = 0.25 \sim 6.3\mu m$、$Rz = 0.1 \sim 25\mu m$ 的范围内，用触针式电动轮廓仪测量比较方便。此时，评定参数应优先选用 Ra。但触针式电动轮廓仪采用直接接触式测量方法，受其功能限制，对于太光滑和过于粗糙的表面，评定参数不宜选用 Ra。故在 $Ra = 0.008 \sim 0.020\mu m$、$Rz = 0.032 \sim 0.08\mu m$ 或 $Ra = 6.3 \sim 100\mu m$、$Rz = 25 \sim 400\mu m$ 范围内，用光切显微镜和干涉显微镜测 Rz 比较方便，多选用 Rz。

（二）参数值的选择原则

选择表面粗糙度数值时，一般考虑以下几点：

（1）同一零件上，工作表面的粗糙度参数值小于非工作表面的粗糙度参数值。

（2）摩擦表面比非摩擦表面的粗糙度参数值要小，滚动摩擦表面比滑动摩擦表面的粗糙度数值要小；运动速度高、单位压力大的摩擦表面，应比运动速度低、单位压力小的摩擦表面的粗糙度参数值要小。

（3）有循环载荷的表面及易引起应力集中的部分（如圆角、沟槽），表面粗糙度参数值要小。

（4）配合性质要求高的结合表面，配合间隙小的配合表面以及要求连接可靠、受重载的过盈配合表面等，都应取较小的粗糙度参数值。

（5） 若配合性质相同，零件尺寸越小，则表面粗糙度参数值越小；同一精度等级，小尺寸比大尺寸、轴比孔的表面粗糙度参数要小。

（6） 配合零件的表面粗糙度值应与尺寸及形状公差相协调。通常尺寸及形状公差值小时，表面粗糙度值也小。尺寸公差较大的表面，其表面粗糙度值不一定也大，如医疗器械、机床的手轮、手柄的表面，为了造型美观，操作舒适，都要求表面很光滑。

常用表面粗糙度的参数值及表面粗糙度参数值与所适用的零件表面选择时，可参考表 4-7 和表 4-8。

表 4-7 常用表面粗糙度的参数值

应用场合			$Ra/\mu m$				
示例	公差等级	表面	基本尺寸/mm				
			≤50		>50～500		
经常装拆的配合表面	IT5	轴	≤0.2		≤0.4		
		孔	≤0.4		≤0.8		
	IT6	轴	≤0.4		≤0.8		
		孔	0.4～0.8		0.8～1.6		
	IT7	轴	0.4～0.8		0.8～1.6		
		孔	≤0.8		≤1.6		
	IT8	轴	≤0.8		≤1.6		
		孔	0.8～1.6		1.6～3.2		
过盈配合的配合表面	公差等级		表面	基本尺寸/mm			
				≤50	>50～120	>120～500	
	压力机装配	IT5	轴	0.1～0.2	≤0.4	≤0.4	
			孔	0.2～0.4	≤0.8	≤0.8	
		IT6 IT7	轴	≤0.4	≤0.8	≤1.6	
			孔	≤0.8	≤1.6	≤1.6	
		IT8	轴	≤0.8	0.8～1.6	1.6～3.2	
			孔	≤1.6	1.6～3.2	1.6～3.2	
	热孔法装配		轴	≤1.6			
			孔	1.6～3.2			
滑动轴承表面	IT6～IT9		轴	0.4～0.8			
			孔	0.8～1.6			
	IT10～IT12		轴	0.8～3.2			
			孔	1.6～3.2			
	流体润滑		轴	0.1～0.4			
			孔	0.2～0.8			
定心精度高的配合表面	公差等级	表面	径向跳动/μm				
			2.5	4	6	10	16	25
	IT5～IT8	轴	≤0.05	≤0.1	≤0.1	≤0.2	≤0.4	≤0.8
		孔	≤0.1	≤0.2	≤0.2	≤0.4	≤0.8	≤1.6

表 4-8 表面粗糙度参数值与所适用的零件表面

R_a/μm	适用的零件表面
12.5	粗加工非配合表面，如轴端面、倒角、钻孔、键槽非工作面、垫圈接触面、不重要的安装支承面、螺钉、铆钉孔表面
6.3	半精加工表面；不重要的零件的非配合表面，如支柱、轴、支架、外壳、衬套、盖等的端面；螺钉、螺母和螺栓的自由表面；不要求定心和配合特性的表面，如螺栓孔、螺钉通孔、铆钉孔；飞轮、带轮、离合器、联轴节、凸轮、偏心轮的侧面；平键及键槽的上下面，花键非定心表面，齿顶圆表面；所用轴和孔的退刀槽；不重要的连接配合表面
3.2	半精加工表面；外壳、箱体、盖、套筒、支架等和其他零件连接面而不形成配合的表面；不重要的紧固螺纹表面、非传动用梯形螺纹、锯齿螺纹表面；燕尾槽表面；键和键槽工作面；需要发蓝处理的表面；需滚花的预加工表面；低速滑动轴承和轴的摩擦面；张紧链轮、导向滚轮与轴的配合表面
1.6	要求有定心及配合特性的固定支承、衬套、轴承和定位销的压入孔表面；不要求定心及配合特性的活动支承面，活动关节及花键结合面；8级齿轮的齿面，齿条齿面；传动螺纹工作面；低速传动的轴颈；楔形键及键槽上、下面；轴承盖凸肩（对中用）；三角皮带轮槽表面，电镀前金属表面
0.8	要求保证定心及配合特性的表面；锥销和圆柱销表面；与 G 和 E 级滚动轴承相配合的孔和轴颈表面；中速转动的轴颈，过盈配合的孔 IT7，间隙配合的孔 IT8，花键轴定心表面，滑动导轨面
0.4	不要求保证定心及配合特性的活动支承面：高精度的活动球状接头表面、支承垫圈
0.2	要求能长期保持配合特性的 IT6，IT5，6 级精度齿轮齿面，蜗杆齿面（6～7 级），与 D 级滚动轴承配合的孔和轴颈表面；要求保证定心及配合特性的表面；滚动轴承轴瓦工作表面；分度盘表面；工作时受交变应力的重要零件表面；受力螺栓的圆柱表面，曲轴和凸轮轴工作表面，发动机气门圆锥面，与橡胶油封相配合的轴表面
0.1	工作时受较大交变应力的重要零件表面，保证疲劳强度、防腐性及在活动接头工作中耐久性的表面；精密机床主轴箱与套筒配合的孔；活塞销的表面；液压传动用孔的表面，阀的工作表面，汽缸内表面，保证精确定心的锥体表面；仪器中承受摩擦的表面，如导轨、槽面
0.05	滚动轴承套圈滚道、滚珠及滚柱表面，摩擦离合器的摩擦表面，工作量规的测量表面；精密刻度盘表面，精密机床主轴套筒外圆面
0.025	特别精密的滚动轴承套圈滚道、滚珠及滚柱表面；量仪中较高精度间隙配合零件的工作表面；柴油机高压泵中柱塞副的配合表面；保证高度气密的接合表面
0.012	仪器的测量面；量仪中高精度间隙配合零件的工作表面；尺寸超过 100 mm 量块的工作表面

二、表面粗糙度的标注符号及含义

表面粗糙度的标注符号及含义见表 4-9。

表 4-9 表面粗糙度的标注符号及含义

符 号	意义及说明
	基本符号，表示表面可用任何方法获得。当不加注粗糙度参数值或有关说明时，仅适用于简化代号标注
	基本符号加一短画，表示表面是用去除材料的方法获得。例如车、铣、钻、磨、电加工等
	表示表面是用不去除材料的方法获得，如锻、铸、冲压等，或者是用于保持原供应状况的表面（包括保持上道工序的状况）
	在这三个符号的长边上均可加一横线，用于标注有关参数和说明
	在这三个符号上均可加一小圆，表示所有表面具有相同的表面粗糙度要求

三、表面粗糙度的标注及代号实例

（一）表面粗糙度的标注

表面粗糙度要求标注的内容在图中注写的位置，如图 4-8 所示。

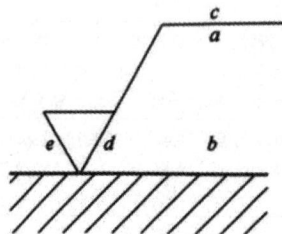

图 4-8　表面粗糙度代号标注法

图中各位置表示：

a——传输带或取样长度（单位为 mm）/粗糙度参数代号及其数值（第一个表面结构要求，单位为 µm）；

b——粗糙度参数代号及其数值（第二个表面结构要求）；

c——加工要求、镀覆、涂覆、表面处理或其他说明等；

d——加工纹理方向符号；

e——加工余量（单位为 mm）。

（二）表面粗糙度的标注代号示例

表面粗糙度的标注代号示例，见表 4-10。

表 4-10　表面粗糙度代号标注示例及含义

序　号	符　号	含　义
1	*Rz 0.4*	表示不允许去除材料，单向上限值，默认传输带，*R* 轮廓，粗糙度的最大高度 0.4µm，评定长度为 5 个取样长度（默认），"16%"规则①（默认）
2	*Rz max0.2*	表示去除材料，单向上限值，默认传输带，*R* 轮廓，粗糙度最大高度 0.2µm，评定长度为 5 个取样长度（默认），"最大规则"②
3	*0.008−0.8/Ra3.2*	表示去除材料，单向上限值，传输带③0.008～0.8 mm，*R* 轮廓，算术平均偏差 3.2µm，评定长度为 5 个取样长度（默认），"16%规则"（默认）
4	*−0.8/Ra3.2*	表示去除材料，单向上限值，传输带根据 GB/T 6062，取样长度 0.8 mm，*R* 轮廓，算术平均偏差 3.2µm，评定长度为 5 个取样长度，"16%"规则（默认）
5	*U Ra max3.2* *L Ra 0.8*	表示不允许去除材料，双向限定值，两极限值均使用默认传输带，R 轮廓，上限值：算术平均偏差 3.2µm，评定长度为 5 个取样长度（默认），"最大规则"；下限值：算术平均偏差 0.8µm，评定长度为 5 个取样长度（默认），"16%"规则（默认）

序　号	符　号	含　义
6	0.008−4/ Ra 50 0.008−4/ Ra 6.3 3	表示去除材料，双向限定值，上限值 $Ra = 50\mu m$，下限值 $Ra = 6.3\mu m$，上、下限传输带均为 0.008～4 mm，默认的评定长度为 20 mm，"16%" 规则（默认），加工余量为 3 mm
7	铣 Ra 0.8 −2.5/ Rz 3.2	表示去除材料，两个单向上限值：①默认传输带和评定长度，算术平均偏差 0.8μm，"16%" 规则（默认）；②传输带 2.5 mm，默认的评定长度，轮廓的最大高度 3.2μm，"16%" 规则（默认）
8	y　z	简化符号：符号及所加字母的含义由图样中的标注说明

① "16%规则"：用同一个参数及评定长度，测值大于（或小于）规定值的个数不超过总数的16%，则该表面合格。

② "最大规则"：在被检的整个表面上，参数值一个也不能超过规定值。

③ "传输带"：是两个定义的滤波器之间的波长范围，即被一个短波滤波器和另一个长波滤波器所限制。长波滤波器的截止波长值就是取样长度。传输带即是评定时的波长范围。使用传输带的优点是测量的不确定度大为降低。

（三）表面粗糙度加工纹理符号及说明

表面粗糙度加工纹理符号及说明见表 4-11。

表 4-11　加工纹理方向的符号（摘自 GB/T 131—2006）

符　号	说　明	示意图	符　号	说　明	示意图
=	纹理平行于标注代号的视图投影面	纹理方向	C	纹理呈近似同心圆	C
⊥	纹理垂直于标注代号视图的投影面	纹理方向	R	纹理呈近似放射线	R
×	纹理呈两相交的方向	纹理方向	P	纹理无方向或呈凸起的细粒状	P
M	纹理呈多方向	M			

（四）表面粗糙度的标注示例

表面粗糙度的标注示例见，表 4-12。

表 4-12 表面粗糙度的标注示例

要 求	图 例	说 明
表面粗糙度要求的注写方向	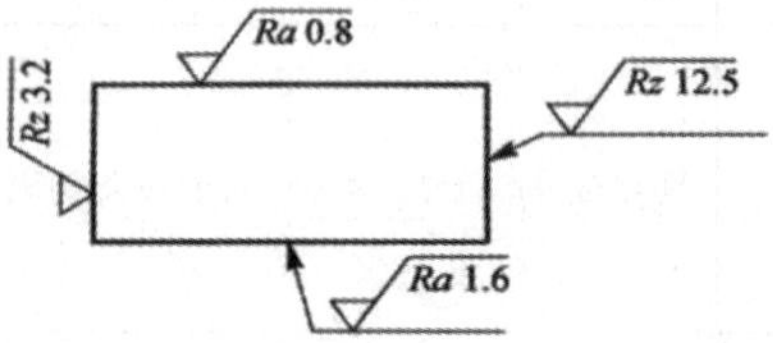	表面粗糙度的注写和读取方向与尺寸的注写和读取方向一致
表面粗糙度要求标注在轮廓线上或指引线上	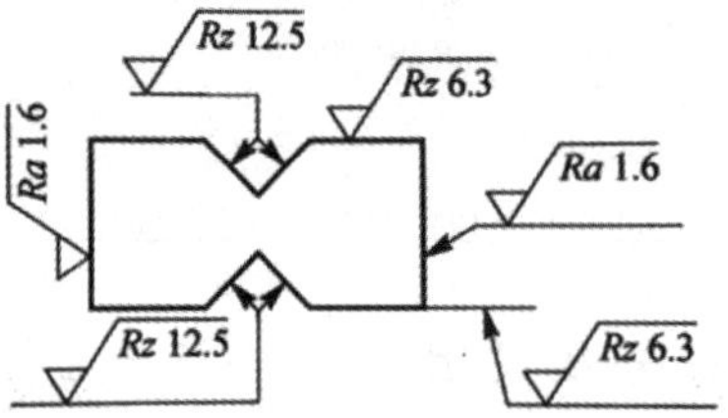	表面粗糙度要求可标注在轮廓线上，其符号应沿材料指向并接触表面
	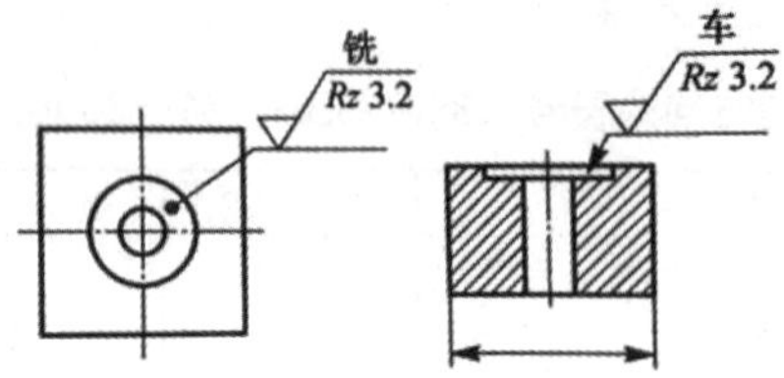	必要时，表面粗糙度符号也可用带箭头和黑点的指引线引出标注
表面粗糙度要求在特征尺寸线上的标注	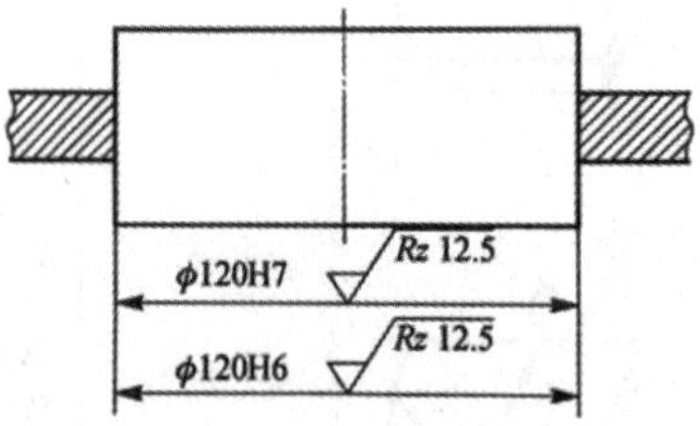	在考虑不引起误解的情况下，表面粗糙度要求可以标注在给定的尺寸线上
表面粗糙度要求在几何公差框格上的标注	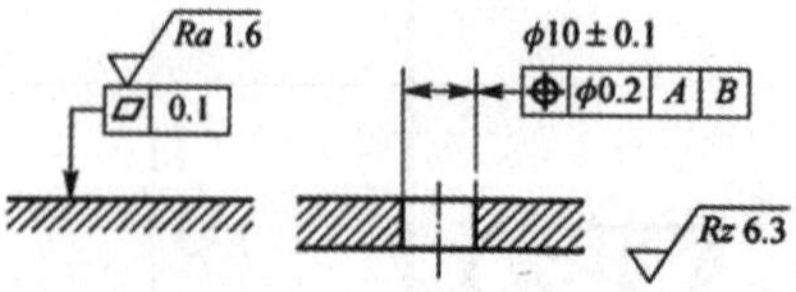	表面粗糙度可以在几何公差框格的上方
表面粗糙度要求在延长线上的标注	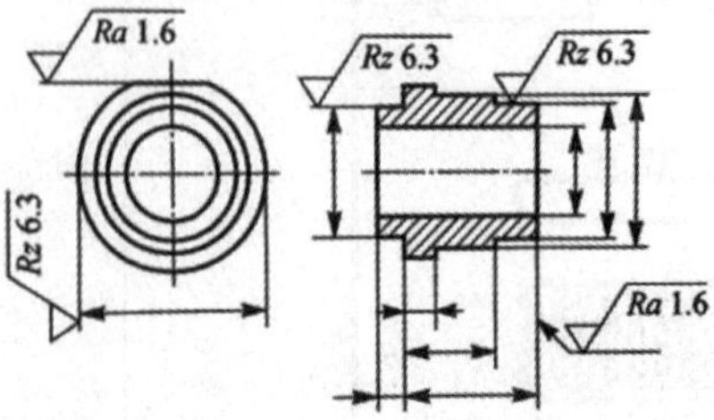	表面粗糙度可以直接标注在延长线上，或用带箭头的指引线引出标注；圆柱和棱柱表面的表面粗糙度要求只标一次

（续表）

要　　求	图　　例	说　　明
		如果棱柱的每个表面有不同的表面粗糙度要求，则应分别单独标注
大多数表面（包括全部）有表面粗糙度要求的简化标注		如果零件的多数表面有相同的表面粗糙度要求，则其要求可统一标注在标题栏附近。此时，表面粗糙度要求的符号要加上圆括号，并在圆括号内给出基本符号
		如果零件的全部表面有相同的表面粗糙度要求，则其要求可统一标注在标题栏附近
多个表面有相同的表面粗糙度要求或图纸空间有限时的简化标注	 在图纸空间有限时的简化标注	可用带字母的完整符号以等式的形式，在图形或标题附近，对有相同表面粗糙度要求的表面进行简化标注
	（a）未指定工艺方法的有多个表面结构要求的简化注法 （b）要求去除材料的有多个表面结构要求的简化注法 （c）不允许去除材料的有多个表面结构要求的简化注法 	可用表面粗糙度基本符号（a）和扩展图形符号（b）、（c），以等式的形式给出多个表面有相同的表面粗糙度要求

（续表）

要 求	图 例	说 明
键槽表面的表面粗糙度要求的注法	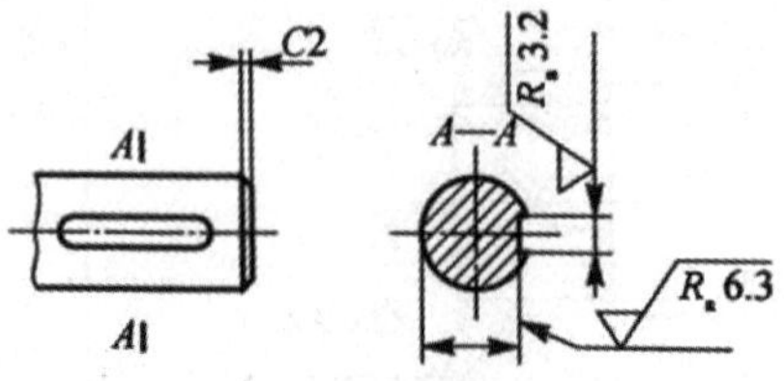	键槽宽度两侧面的表面粗糙度要求标注在键槽宽度的尺寸线上；单向上限值 $R_a = 3.2\mu m$，键槽底面的表面粗糙度要求标注在带箭头的指引线上；单向上限制 $R_a = 6.3\mu m$（其他要求：极限值的判断原则、评定长度和传输带等均为默认）
倒角、倒圆表面的表面粗糙度要求的注法	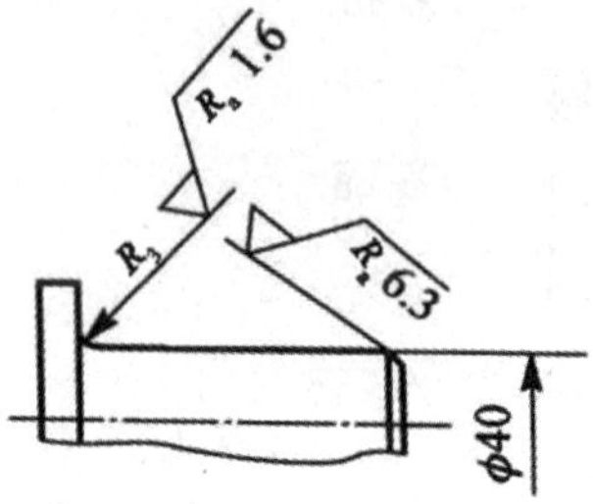	倒圆表面的表面粗糙度要求标注在带箭头的指引线上；单向上限值为 $R_a = 1.6\mu m$；倒角表面的表面粗糙度要求标注在其轮廓延长线上；单向上限值为 $R_a = 6.3\mu m$
两种或多种工艺获得的同一表面的注法	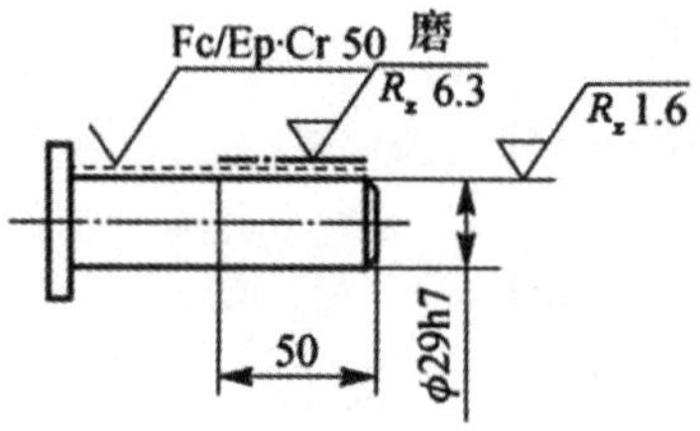	由几种不同的工艺方法获得的同一表面，当需要明确每种工艺方法的表面粗糙度要求时，可按照左图进行标注

任务实施

$\sqrt{0.8-25/W_z\,3\,10}$ 的含义如下：

（1） "$\sqrt{}$" 表示去除材料；

（2） 单向上限值；

（3） 传输带 0.8～25 mm；

（4） W_z 轮廓；

（5） 波纹度最大高度 10 μm；

（6） 评定长度包含 3 个取样长度；

（7） 16%规则（默认）。

任务四　表面粗糙度的检测

学习目标

了解粗糙度的检测方法

任务呈现

当某个零件图纸中有表面粗糙度符号出现，加工人员会按照其进行加工。但加工后如何验证其是否合格，即达到下面符号的要求呢？

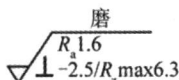

$$\sqrt{\underset{-2.5/R_z max6.3}{\overset{磨}{R_a 1.6}}}$$

任务分析

由任务描述可知，只有掌握表面粗糙度的检测方法，才能解决此问题。

知识链接

一、表面粗糙度的测量方法

测量表面粗糙度数值的方法有很多，下面仅介绍几种常用的检查测量方法及程序，见表 4-13。

表 4-13　表面粗糙度数值检验的简化程序（摘自 GB/T 10610—2009）

序　号	方　法	步　骤
1	目测法	对于那些明显没有必要用更精确的方法来检验的工作表面，选择目测法检测。例如，表面质量比规定的表面质量明显好或明显不好，或者存在明显的影响表面功能的表面缺陷
2	比较法	如果目视检查不能做出判定，可采用与表面粗糙度样块比较进行触觉和视觉比较的方法
3	测量法	如果用比较法检查不能做出判定，应对目视检查的表面上最有可能出现极值的部位进行测量 （1）在所标出参数符号后面没有注明"max"（最大值）的要求时，若出现下述情况，零件是合格的，停止检测，否则，零件应作废 第 1 个测得值不超过图样上规定的 70%；最初的 3 个测得值不超过规定值；最初的 6 个测得值中只有 1 个值超过规定值；对最初的 12 个测得值中只有两个值超过规定值；对重要零件判废前，有时可做多于 12 次的测量 （2）在标注的参数符号后面标有"max"时，一般在表面可能出现最大值处（如有明显可见的深槽处）至少应进行三次测量，如果表面呈均匀痕迹，则可在均匀分布的三个部位进行测量 （3）利用测量仪器能获得可靠的粗糙度检验结果。因此，对于要求严格的零件，开始就应直接使用测量仪器进行检验

二、常用表面粗糙度值测量方法的特点

高技能人员应做到对零件的表面缺陷与粗糙度、几何误差进行全面准确的区分与检测，常用的表面粗糙度值的测量方法有以下几种。

（一）目测法

目测法常用于加工人员技能强、加工设备精度良好且稳定、零件材质可靠的状况，但应用的前提条件为保证工序过程中定时、定量抽检合格。

（二）比较法

比较法就是将被测零件表面与表面粗糙度样块（见图 4-9）通过视觉、触感或其他方法进行比较后，对被检表面的粗糙度做出基本准确评定的方法。

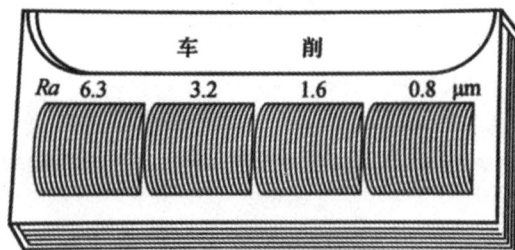

图 4-9　粗糙度比较样块

用比较法评定表面粗糙度虽然不能精确得出被检表面的粗糙度数值，但由于其器具简单，使用方便且能满足一般的生产要求，故常用于生产现场，经常使用包括车、磨、镗、铣、刨等机械加工用的表面粗糙度比较样块。表 4-14 为表面粗糙度比较样块规格。

表 4-14　表面粗糙度比较样块规格

加工方法	规格	$Ra/\mu m$	块数	国标
车外圆	八组式	0.8、1.6、3.2、6.3	32 块	GB/T 6060.2—2006
刨		0.8、1.6、3.2、6.3		
端铣		0.8、1.6、3.2、6.3		
平铣		0.8、1.6、3.2、6.3		
平磨		0.1、0.2、0.4、0.8		
外磨		0.1、0.2、0.4、0.8		
研磨		0.1、0.05、0.025、0.012		
镗内孔		0.8、1.6、3.2、6.3		
车削	七组式	0.8、1.6、3.2、6.3	27 块	GB/T 6060.2—2006
刨削		0.8、1.6、3.2、6.3		
立铣		0.8、1.6、3.2、6.3		
平铣		0.8、1.6、3.2、6.3		

（续表）

加工方法	规　格	Ra/μm	块　数	国　标
平磨		0.1、0.2、0.4、0.8		
外磨		0.1、0.2、0.4、0.8		
研磨		0.1、0.05、0.025		
车削	六组式	0.8、1.6、3.2、6.3	24 块	GB/T 6060.2—2006
刨削		0.8、1.6、3.2、6.3		
立铣		0.8、1.6、3.2、6.3		
平铣		0.8、1.6、3.2、6.3		
平磨		0.1、0.2、0.4、0.8		
外磨		0.1、0.2、0.4、0.8		
车床	笔记本式	0.4、0.8、1.6、3.2、6.3、12.5	30 块	GB/T 6060.2—2006
立铣		0.4、0.8、1.6、3.2、6.3、12.5		
平铣		0.4、0.8、1.6、3.2、6.3、12.5		
平磨		0.05、0.1、0.2、0.4、0.8、1.6		
外磨		0.2、0.4、0.8、1.6		
研磨		0.1、0.05		
抛喷丸	单组式	0.2、0.4、0.8、1.6、3.2、6.3、12.5、25、50、100	10 块	GB/T 6060.3—2008
抛光	单组式	0.8、0.4、0.2、0.1、0.05、0.025、0.012	7 块	GB/T 6060.3—2008
铸造钢铁砂型	单组式	3.2、6.3、12.5、25、50、100、800、1600	8 块	GB/T 6060.1—1997
电火花线切割	单组式	1.6、2.5、3.2、5.0、6.3	5 块	GB/T 6060.3—2008
电火花线切割	单组式	0.63、1.25、2.5、5.0、0.10	5 块	GB/T 6060.3—2008
电火花	单组式	0.4、0.8、1.6、3.2、6.3、12.5	6 块	GB/T 6060.3—2008

（三）针描法

针描法又称接触法，利用金刚石针尖与被测表面相接触，当针尖以一定速度沿着被测表面移动时，被测表面的微观不平将使触针在垂直于表面轮廓的方向上产生上下移动，将这种上下移动转换为电量并加以处理，人们可对记录装置记录得到的实际轮廓图进行分析计算，或直接从仪器的指示表中获得参数值。

采用针描法测量表面粗糙度值的仪器称为电动轮廓表面仪（见图 4-10），它可以直接指示 Ra 值，也可以经放大器记录图形，作为 Rz 等多种参数的评定依据。该类仪器的优点是不受零件大小制约，可在大型零件上测取数据，可避免因取样而破坏零件的麻烦，因此应优先选用。此方法测得的 Ra 值一般在 0.01~6.3 μm，有时为 20 μm。

图 4-10　电动轮廓表面仪

任务实施

通过知识链接，本任务可以通过样块比较法来进行实际检测，判断零件是否合格，此法采用的比较样块除研磨样块采用 GCr15 材料外，其余样块采用 45#优质碳素结构钢制成。样块规格见表 4-14。

任务拓展

表面粗糙度的仪器检验方法

目前，除了用目测法、比较法、针描法测量表面粗糙度以外，还常用以下测量方法。

1. 光切法

光切法是利用光切原理测量表面粗糙度的方法，常采用的仪器是光切显微镜（双管显微镜）。该仪器适宜于测量用车、铣、刨等加工方法所加工的金属零件的平面或外圆表面。光切法主要用来测量粗糙度参数 Rz 的值，其测量范围为 $0.8 \sim 80\ \mu m$。图 4-11 为光切显微镜的外形，由底座、立柱、支臂、目镜、物镜组及工作台等部分组成。

图 4-11　光切显微镜

2. 干涉法

干涉法利用光波干涉原理将被测表面的形状误差以干涉条纹图形显示出来，并利用放大倍数高（可达 500 倍）的显微镜见图 4-12，将这些干涉条纹的微观部分放大后进行测量，以得出被测表面的表面粗糙度。应用此法的表面粗糙度测量工具称为干涉显微镜。这种方法适用于测量 Rz 为 $0.025 \sim 0.8\ \mu m$ 的表面粗糙度。

图 4-12　干涉显微镜

3. 印模法

印模法是利用一些无流动性和弹性的塑料材料贴合在被测表面上，将被测表面的轮廓复制成模，然后测量印模，评定被测表面的粗糙度的方法。该方法适用于某些既不能使用仪器直接测量，也不便用样板相对比的表面，如深孔、盲孔、凹槽、内螺纹等。

4. 激光反射法

激光反射法的基本原理是用激光束以一定的角度照射到被测表面，除了一部分光被吸收以外，大部分光被反射和散射。反射光与散射光的强度及其分布与被照射表面的微观不平度状况有关。通常，反射光较为集中形成明亮的光斑，散射光则分布在光斑周围形成较弱的光带。较为光洁的表面，光斑较强，光带较弱且宽度较小；较为粗糙的表面，光斑较弱，光带较强且宽度较大。

项 目 评 测

一、填空题

1. 几何形状误差按波距小于 1 mm 的属于＿＿＿＿＿＿；波距在 1～2mm 的属于＿＿＿＿＿＿；波距大于 10 mm 的属于＿＿＿＿＿＿。

2. 同一表面上，工作表面的粗糙度参数值＿＿＿＿非工作表面的粗糙度参数值。

3. 表面粗糙度的选用，应在满足表面功能要求情况下，尽量选用＿＿＿＿＿的表面粗糙度数值。

4. 测量表面粗糙度时，规定取样长度的目的在于＿＿＿＿＿＿＿＿＿＿＿。

5. 轮廓的算术平均偏差是指在＿＿＿＿＿＿＿＿内纵坐标值的＿＿＿＿＿＿＿＿＿。

二、判断题

1. 表面粗糙度与表面宏观几何误差和表面波纹度的波距相同。　　　　　（　）

2. 表面粗糙度会影响零件的配合性质。 （　　）

3. 规定和选择评定长度目的是为限制和削弱其他几何形状误差。 （　　）

4. 表面粗糙度参数值的选择首先考虑加工可能性和经济性，进而满足零件表面功能要求。 （　　）

5. 配合性质要求低的结合表面，表面粗糙度数值可以大一些。 （　　）

三、选择题

1. 表面粗糙度反映的是零件表面的（　　）。

   A. 宏观几何形状误差　　　　　　　　B. 中间几何形状误差

   C. 微观几何形状误差　　　　　　　　D. 微观相对位置误差

2. 测量方便，能充分反映表面微观几何形状的特性的表面粗糙度参数是（　　）。

   A. Rz B. RS_m C. Ra D. $R_{mr}(c)$

3. 标准规定，当图样上标注表面粗糙度高度参数的上限值或（和）下限值时，表示参数的实测值中允许少于总数的（　　）的实测值超过规定值。

   A. 26%　　　　　　B. 20%　　　　　　C. 16%　　　　　　D. 10%

4. 表面粗糙度标注的总原则为使表面粗糙度的注写和读取方向与尺寸的注写和读取方向（　　）。

   A. 不同　　　　　B. 相反　　　　　C. 相同　　　　　D. 无所谓

5. 一般在同一零件上非工作表面的粗糙度数值（　　）工作表面的粗糙度数值。

   A. 小于　　　　　B. 大于　　　　　C. 等于　　　　　D. 等于或小于

四、简答题

1. 表面粗糙度对零件的使用性能有什么影响？

2. 评定表面粗糙度的主要轮廓参数有哪些？分别论述其含义和代号。

3. 表面粗糙度的选择原则是什么？如何选用？

4. 检测表面粗糙度常用哪几种方法？各用于什么情况？

测量角度、锥度

项目描述

角度和圆锥广泛应用于各种机床与工具中，在加工带有角度和锥度的零件时，正确测量和检验是保证产品质量的必要手段。测量角度和锥度的方法常用的有比较测量法、直接测量法和间接测量法三种。

任务一　角度的检测

学习目标

1. 理解角度的检测；
2. 学会用角度检测器具检测角度。

任务呈现

角度检测根据 GB/T 157—2001、GB/T 4096—2001、GB/T 1804—2000 进行。角度测量有很多方法和检测器具，角度检测常用的器具有角度样板、直角尺和圆柱角尺、游标万能角度尺、正弦规和圆柱。

任务分析

在机械制造中，角度测量是非常重要的，角度测量主要是检测零部件的尺寸精度、几何精度等。主要用角度样板、直角尺和圆柱角尺、游标万能角度尺、正弦规、圆柱对角度进行检测。

知识链接

一、用角度样板检测直角

在大量生产或成批生产时，可用角度样板检测零件的角度。检测时，将角度样板的工作面与零件的被测面接触，根据间隙大小来判断角度，如图 5-1 所示。

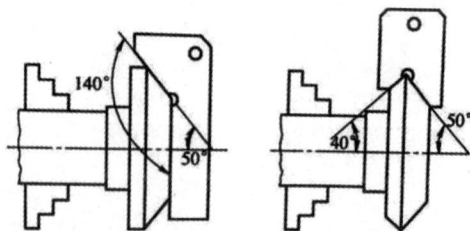

图 5-1　用角度样板检测锥度齿轮

二、用直角尺或圆柱角尺检测直角

如图 5-2 所示，将零件的基面放置在平板上，使零件的被测面与直角或圆柱角尺的工作面轻轻接触，根据间隙大小来判断直角。

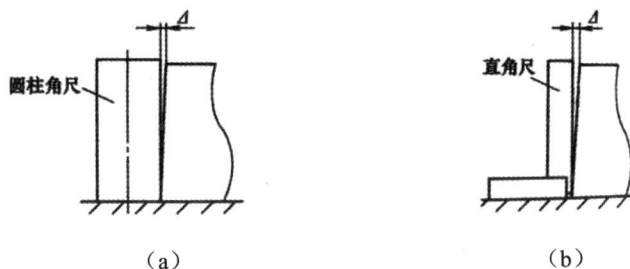

图 5-2　用圆柱角尺或直角尺检测直角

（a）圆柱角尺检测直角；（b）直角尺检测直角

三、用游标万能角度尺检测角度

如图 5-3（a）所示，游标万能角度尺由尺身、角尺、游标、锁紧器、基尺、直尺及夹块等组成。检测时，可转动背面的捏手，通过小齿轮转动扇形齿轮，使基尺改变角度。转到所需角度时，可用锁紧器锁紧。夹块可将角尺和直尺固定在所需的位置上。

游标万能角度尺按游标原理读数，如图 5-3（b）所示。尺身每格为 1°，游标上每格的分度值为 2′。

游标万能角度尺的检测范围为 0°～320°，按不同方式组合可检测不同的角度。如图 5-4（a）所示，检测范围是 0°～50°；如图 5-4（b）所示，检测范围是 50°～140°；如图 5-4（c）所示，检测范围是 140°～230°；如图 5-4（d）所示，检测范围是 230°～320°。

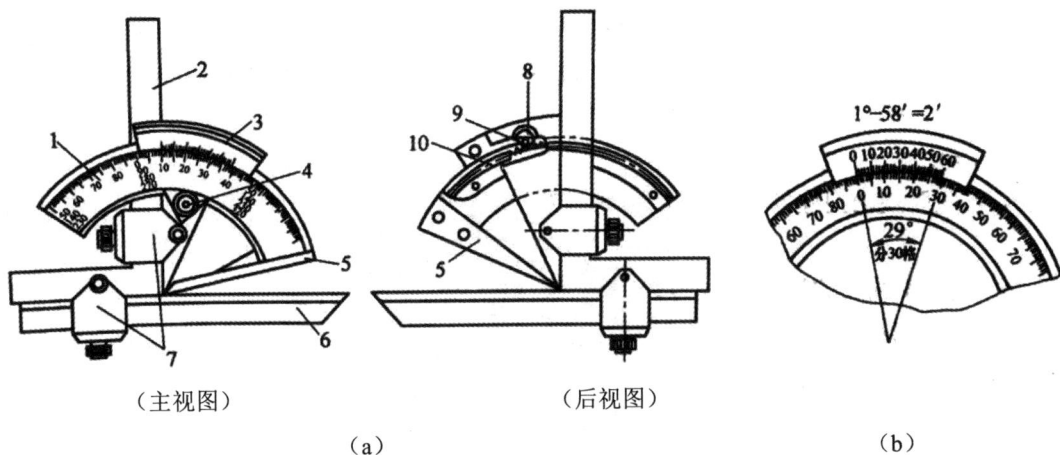

（主视图）　　　　　　　　　　　　（后视图）

（a）　　　　　　　　　　　　　　　　　　（b）

图 5-3　游标万能角度尺

（a）结构图；（b）游标读数

1-尺身；2-角尺；3-游标；4-锁紧器；5-基尺；6-直尺；

7-夹块；8-捏手；9-小齿轮；10-扇形齿轮

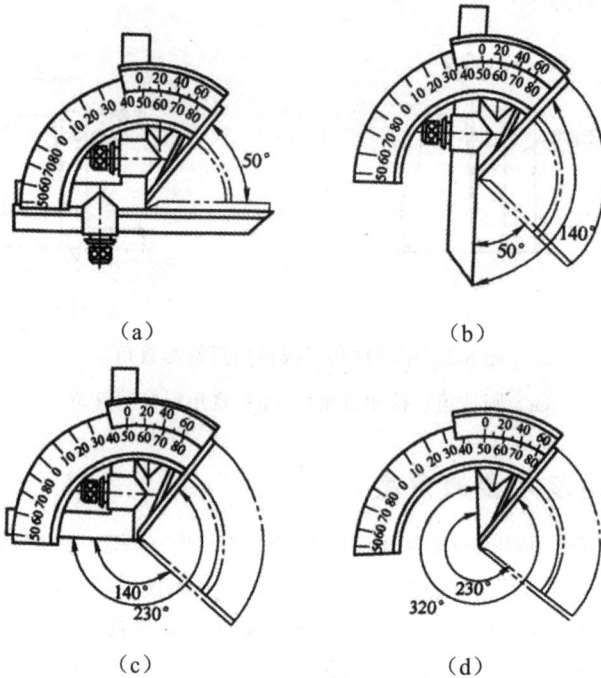

图 5-4　游标万能角度尺的检验范围

（a）0°～50°；（b）50°～140°；（c）140°～230°；（d）230°～320°

四、用正弦规检测角度

如图 5-5 所示，正弦规主要由平台和直径相同且相互平行的两个圆柱以及紧固在平台侧面的侧挡板和紧固在平台前面的前挡板组成。正弦规用于检测小于40°的角度。精度可达±3°～±1°。

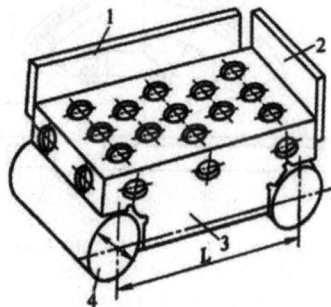

图 5-5　正弦规

1-侧挡板；2-前挡板；3-平台；4-圆柱

正弦规检测角度的方法是：

（1）　设正弦规两圆柱的中心距为 L，先按被测角度理论值 α 算出量块尺寸 H，即

$$H=L\sin\alpha \tag{5-1}$$

式中：α——被测角度的理论值（°）；

　　　H——量块尺寸（mm）；

　　　L——正弦规两圆柱的中心距（mm）。

（2）将组合好的高度为 H 的量块垫在一端圆柱下，一同放置于平台上；再将被测件 [见图 5-6（a）] 放置在正弦规的平台上，[见图 5-6（b）]。若被测件的被测实际角度等于理论值 a 时，则被测面与平板是平行的。用指示器可检测被测面与平板是否平行。

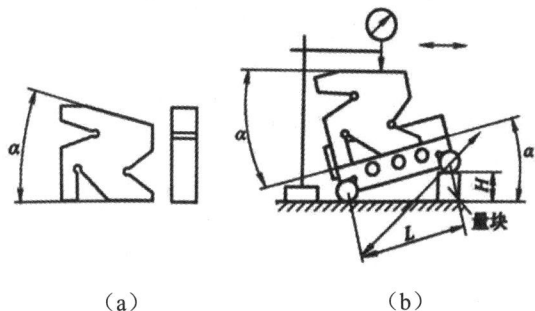

（a）　　　　　　　　　　　（b）

图 5-6　用正弦规检测角度

（a）被测件；（b）检测示例

五、用圆柱检测角度

利用圆柱检测角度常用的方法有：用三个直径相同的圆柱和深度千分尺检测；用三个直径相同的圆柱、量块和塞尺检测；用大小两个圆柱、量块和塞尺检测；用两个直径相同的圆柱、量块与塞尺检测。

（一）用三个直径相同的圆柱和深度千分尺检测内角

如图 5-7 所示，将直径均为 d 的三个圆柱放置在被测内角中，用深度千分尺测得距离 M，然后按以下公式计算出角度 $α$ 为

$$\cos\frac{α}{2}=\frac{M}{d}$$

则　　　　　　　　　　　　　　$α=2\arccos\frac{M}{d}$　　　　　　　　　　（5-2）

式中：α——被测角度（°）；

　　　d——圆柱直径（mm）；

　　　M——检测值（mm）。

【例 5-1】图 5-7 中，已知三个圆柱的直径 $d=10$ mm，用深度千分尺测得距离 $M=5.15$ mm，求该零件的内角 $α$。

解：根据 $α=2\arccos\dfrac{M}{d}$，所测零件的内角 $α$ 为

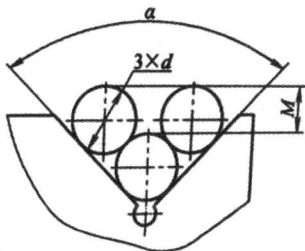

图 5-7　用三个直径相同的圆柱和深度千分尺检测内角

$$\alpha = 2\arccos\frac{M}{d} = 2\arccos\frac{5.15}{10}\ (°) = 2\arccos 0.515\ (°) = 118\ (°)$$

（二）用三个直径相同的圆柱、量块和塞尺检测内角

如图 5-8 所示，将直径均为 d 的三个圆柱放置在被测内角中，用量块与塞尺测得距离 M，然后按以下公式计算出角度 α 为

$$\sin\frac{\alpha}{2} = \frac{M+d}{2d}$$

则

$$\alpha = 2\arcsin\frac{M+d}{2d} \tag{5-3}$$

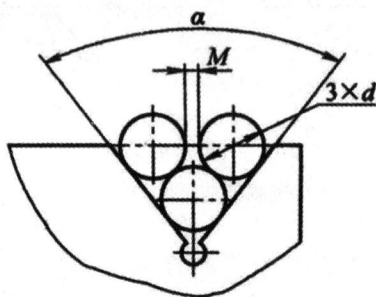

图 5-8　用三个直径相同的圆柱、量块和塞尺检测内角

式中：α——测角度（°）；

　　　d——圆柱直径（mm）；

　　　M——检测值（mm）。

【例 5-2】 图 5-8 中，已知三个圆柱的直径 $d=8$ mm，用量块与塞尺测得距离 $M=1.74$ mm，求该零件的内角 α。

解： 根据 $\alpha = 2\arcsin\dfrac{M+d}{2d}$，所测零件的内角 α 为

$$\alpha = 2\arcsin\frac{M+d}{2d} = 2\times\arcsin\frac{1.74+8}{2\times8}\ (°) = 2\times\arcsin 0.60875\ (°) = 75\ (°)$$

（三）用大小两圆柱、量块和塞尺检测内角

如图 5-9 所示，将直径分别为 D 和 d 的大小两个圆柱放置在被测内角中，用量块与塞尺测得距离 M，然后按以下公式计算出角度 α 为

$$\sin\frac{\alpha}{2} = \frac{D-d}{2M+D+d}$$

则

$$\alpha = 2\arcsin\frac{D-d}{2M+D+d} \tag{5-4}$$

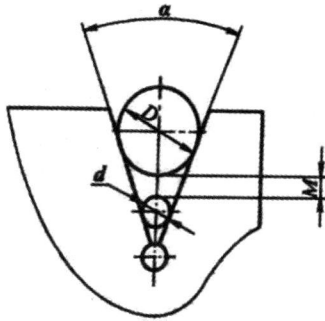

图 5-9　用大小两圆柱、量块和塞尺检测内角

式中：α——测角度（°）；

　　　D、d——圆柱直径（mm）；

　　　M——检测值（mm）。

【例 5-3】图 5-9 中，已知三个圆柱的直径 D=10 mm，d=4 mm，用量块与塞尺测得距离 M=1.77 mm，求该零件的内角 α。

解：根据 $\alpha=2\arcsin\dfrac{D-d}{2M+D+d}$，所测零件的内角 α 为

$$\alpha = 2\arcsin\frac{D-d}{2M+D+d} = 2\arcsin\frac{10-6}{2\times1.77+10+4}（°）=2\times\arcsin0.4321（°）=40（°）$$

（四）用两个直径相同的圆柱、量块和塞尺检测内角

如图 5-10 所示，将直径分别为 d 的两个圆柱放置在被测内角中，用量块与塞尺测得距离 M，然后按以下公式计算出角度 α 为

$$\alpha=\arcsin\frac{M}{d} \tag{5-5}$$

式中：α——测角度（°）；

　　　d——圆柱直径（mm）；

　　　M——检测值（mm）。

【例 5-4】图 5-10 中，已知两个圆柱的直径 d=8 mm，用量块和塞尺测得距离 M=5.66 mm，求该零件的内角 α。

解：根据 $\alpha=\arcsin\dfrac{M}{d}$，所测零件的内角 α 为

$$\alpha = \arcsin\frac{M}{d} = 2\arcsin\frac{5.66}{8}（°）$$

$$= 2\times\arcsin0.7075（°）=45.2（°）$$

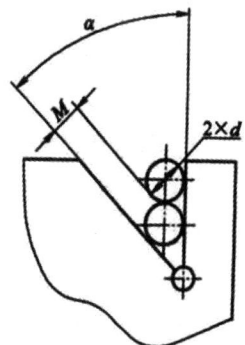

图 5-10　用两个直径相同的圆柱、量块与塞尺检测内角

任务实施

本任务可以通过角度样板、直角尺、圆柱角尺、游标万能角度尺、正弦规、圆柱等量具来测量角度。

任务二 锥度的测量

○ 学习目标

1. 理解用正弦规测量锥度的原理、注意事项、测量步骤；
2. 懂得使用游标万能角度尺测量锥度；
3. 理解并学会使用圆锥量规测量锥度的操作方法，
4. 了解操作的注意事项。

○ 任务呈现

零件带锥度，大多是为了便于拆卸和定位，机械加工过程中，零件的锥度要求和内外圆锥的配合要求是零件加工的重点。为了使加工出的圆锥零件合格，保证其使用要求，就必须在加工过程中对工作件的锥度进行测量。

○ 任务分析

本次任务采用正弦规、游标万能角度尺、圆锥量规来完成锥度测量。

○ 知识链接

一、用正弦规测量锥度

（一）正弦规测量原理

如图 5-11 所示，正弦规两个圆柱的直径相等，两圆柱中心线相互平行，又与工作面平行。两圆柱之间的中心距通常做成 100 mm、200 mm 和 300 mm 三种，在测量或加工零件的角度或锥度时，只要用量块垫起其中一个圆柱，就组成一个直角三角形，锥角 α 等于正弦规工作面与平板（假如正弦规放在平板上测量零件）之间的夹角。

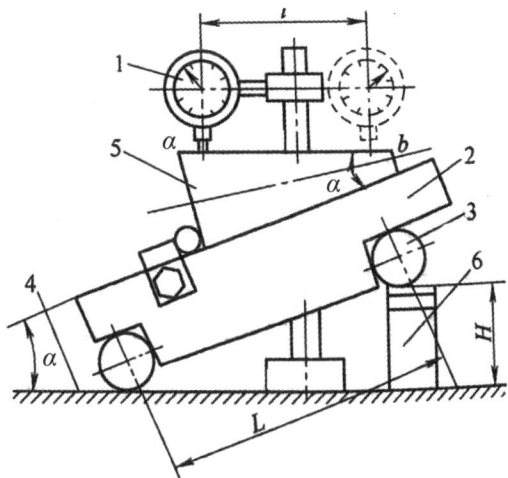

图 5-11　正弦规测量原理

1-指示表；2-正弦尺；3-圆柱；4-平板；5-角度快；6-量块

锥角 α 的对边是由量块组成的高度 H，斜边是正弦规两圆柱的中心距 L，这样利用直角三角形的正弦函数关系便可求出 α 值：$\sin\alpha=H/L$。

若被测角度 α 与其公称值一致，则角度块上表面与正弦规平板工作面平行；若被测角度有偏差，则角度块上表面与正弦规平板工作面不平行。可用在平台上移动的测微计，在被测角上表面两端进行测量。测微计在两位置上的示值差与这两端点之间距离的比值，即为被测角的偏差值（用弧度来表示）。测微计在测角度块的小端和大端测量的示值分别为 n_1 和 n_2，两点之间的距离为 l，则角度块偏差为

$$\Delta_\alpha = (n_1 - n_2)/l \tag{5-6}$$

如果测量示值 n_1、n_2 的单位是 μm，测点间距 l 的单位为 mm，而 Δ_α 的单位为 "″" 时，则式（5-6）变为

$$\Delta_\alpha = 206(n_1 - n_2)/l \tag{5-7}$$

（$1\text{rad} = 206\,265''$，式中取了前三位数字。）

（二）测量步骤

（1）将正弦规、量块用不带酸性的无色航空汽油进行清洗。

（2）检查测量平板、被测零件表面是否有毛刺、损伤和油污，并进行清除。

（3）将正弦规放在平板上，把被测零件按要求放在正弦规上。

（4）根据被测零件尺寸，选用相应高度尺寸的量块组，垫起其中的一个圆柱。

（5）调整磁性表架，装入千分表（或百分表），将表头调整到相应高度，压缩千分表表头 0.1～0.2 mm（百分表表头压缩 0.2～0.5 mm）。紧固磁性表架各部分螺钉（装入表头的紧固螺钉不能过紧，以免影响表头的灵活性）。

（6）提升表头测杆 2～3 次，检查示值稳定性。

（7）　求出被测角的偏差值 $\Delta\alpha$。

（8）　填写锥度测量与误差分析报告，见表 5-1。

表 5-1　锥度测量与误差分析报告

测量目标：

测量零件简图：

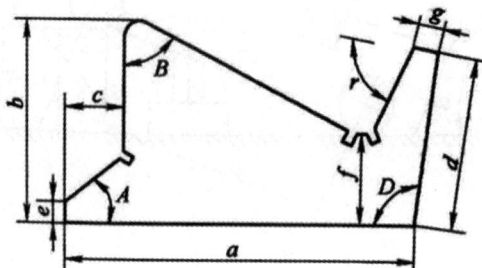

允许测量误差：b，$g\pm0.02$ mm

　　　　　　　a，c，d，e，$g\pm0.02$ mm

　　　　　　　A，B，C，$D\pm2'r\pm4'$

测量工具：＿＿＿＿＿＿＿＿＿＿＿＿＿＿＿＿＿＿＿＿＿＿＿＿

＿＿＿＿＿＿＿＿＿＿＿＿＿＿＿＿＿＿＿＿＿＿＿＿＿＿＿＿＿

测量方法及要求：＿＿＿＿＿＿＿＿＿＿＿＿＿＿＿＿＿＿＿＿＿

＿＿＿＿＿＿＿＿＿＿＿＿＿＿＿＿＿＿＿＿＿＿＿＿＿＿＿＿＿

测量结果

内容测量位置								
测量（1）								
测量（2）								
合格								
不合格								
加工后仍可用								

分析：＿＿＿＿＿＿＿＿＿＿＿＿＿＿＿＿＿＿＿＿＿＿＿＿＿＿＿

＿＿＿＿＿＿＿＿＿＿＿＿＿＿＿＿＿＿＿＿＿＿＿＿＿＿＿＿＿

＿＿＿＿＿＿＿＿＿＿＿＿＿＿＿＿＿＿＿＿＿＿＿＿＿＿＿＿＿

（三）注意事项

（1）　不要用正弦规检测粗糙零件。被测零件的表面不要带毛刺、研磨剂、灰屑等脏物，也要避免带磁性。

（2）　使用正弦规时，应防止在平板或工作台上来回拖动，以免磨损圆柱而降低测量精度。

（3）　应用正弦规的前挡板或侧挡板定位被测零件，以保证被测零件的角度截面在正弦规圆柱轴线的垂直平面内，避免测量误差。

二、用游标万能角度尺测量锥度

游标万能角度尺，如图 5-12 和图 5-13 所示，是另一种可以测量角度的量具。它是一种用接触法测量斜面、燕尾槽和圆锥面角度的游标量具。

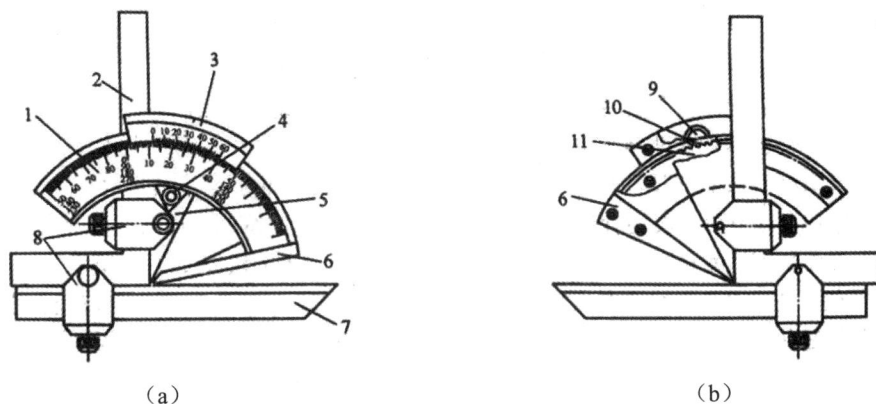

（a）　　　　　　　　　　　　　　　（b）

图 5-12　游标万能角度尺

（a）正面；（b）背面

1-尺身；2-角尺；3-游标；4-制动头；5-扇形板；6-基尺；

7-直尺；8-夹块；9-捏手；10-小齿轮；11-扇形齿轮

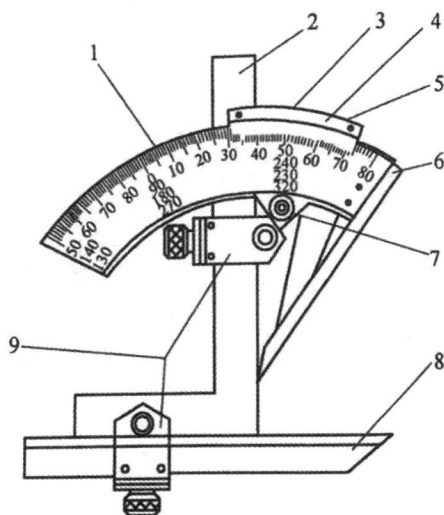

图 5-13　游标万能角度尺结构

1-尺身；2-直角尺；3-尺座；4-游标；5-齿轮转钮；

6-基尺；7-制动器；8-活动直尺；9-紧固装置

三、用圆锥量规测量锥度

（一）圆锥量规的操作方法

圆锥量规是另一种可用于测量角度的量具。锥度测量时可用涂色法进行检验，如图 5-14 所示。使用圆锥量规，应先在圆锥体或锥度塞规的外表面，顺着索线，用显示剂均匀地涂上三条线（线与线相隔约 120°）。然后再把环规或塞规，在圆锥体或圆锥孔上转动约半周，观察显示剂的擦去情况，以此来判断零件锥度的正确性。

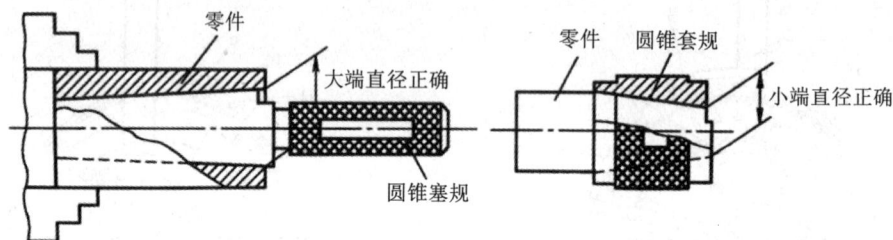

图 5-14　圆锥量规的操作方法

（二）注意事项

使用圆锥量规检验时应注意以下几点：

（1）圆柱量规的转动量若超过半周，则显示剂会相互粘结，使操作无法正确分辨，易造成误判。

（2）锥度测量以后，切不可用敲击量规的方法取下量规，否则敲击后零件容易松动，产生锥度误差。

（3）零件锥面没擦净不能测量，否则易造成误判，用时也容易破坏量规的锥面，影响量规的测量精度。

（4）用涂色法测量锥度时，显示剂要涂均匀，否则会造成检验时的误判，给判断带来困难。

任务实施

本任务可以通过正弦规、游标万能角度尺、圆锥量规对锥度进行实际测量，判断零件是否合格。

任务拓展

了解机床常用锥度

一、莫氏锥度

（一）莫氏度的发明

19 世纪美国机械师莫氏（Stephen A. Morse）为了解决麻花钻的夹持问题而发明了莫氏度。莫氏度一经发明，马上就被推广为美国标准，并且发展为全球标准。莫氏同时也是世界最早将麻花钻商业化的发明者。

（二）莫氏锥度

莫氏锥度是锥度的一个国际标准，应用于车床和钻床中，如车床顶尖、车床尾座座孔、麻花钻锥柄等。莫氏锥度杆与带锥度的内孔配合，是利用摩擦来传递转矩的，同时方便拆卸。在同一锥度的一定范围内，零件可以自由拆装，并且在工作时不会影响使用效果，如钻孔的锥柄钻。如果在使用中需要拆卸钻头磨削，那么拆卸后再重新装上并不会影响钻头的中心位置。

常用的莫氏锥度共有 7 种型号，分别为莫氏 0 号、莫氏 1 号、莫氏 2 号、莫氏 3 号、莫氏 4 号、莫氏 5 号和莫氏 6 号。使用时，只有相同号数的莫氏内、外锥才能配合。

二、锥度 7∶24

锥度 7∶24 用于铣镗和加工中心主轴的选择，可实现定位、块换刀具和自动换刀。7∶24 不属于莫氏锥度。如图 5-15 所示为铣床上所使用的 ER32 刀杆。7∶24 相对于莫氏锥度，自锁性不高，自动换刀方便，因此铣床主轴孔与刀杆广泛采用 7:24 的锥度。

图 5-15　铣床上所使用的 ER32 刀杆

项 目 评 测

一、填空题

1. 角度检测的量具有_____、_____、_____、_____、_____和_____。

2. 锥度测量的测量器具是_____。

3. 用涂色法测量锥度时，显示剂要_____，否则会造成_____，给判断带来困难。

4. 莫氏锥度棒与带有锥度的内孔配合，是利用摩擦来_____，同时也方便拆卸。

5. 锥度 7∶24 用于铣镗和加工中心主轴的选择，可实现_____、_____和_____。

6. 游标万能角度尺是一种可以测量角度的量具。是采用接触法测量_____、_____和_____的游标量具。

二、判断题

1. 7∶24 锥度是莫氏锥度的一种。 （　　）

2. 正弦规一般用于测量小于 45°的角。 （　　）

3. 圆柱量规的转动量若超过一周，则显示剂会相互黏结，使操作无法正确分辨，不会造成误判。 （　　）

4. 使用正弦规时，应防止在平板或工作台上来回拖动，以免磨损圆柱而降低测量精度。 （　　）

5. 零件锥面没擦净不能测量，否则易造成误判，用时也容易破坏量规的锥面，影响量规的测量精度。 （　　）

6. 游标万能角度尺的检测范围为 0°～320°，按不同方式组合可检测不同的角度。 （　　）

7. 利用圆柱检测角度常用的方法有：用三个直径相同的圆柱和深度千分尺检测；用三个直径相同的圆柱、量块和塞尺检测；用大小相同的两个圆柱、量块和塞尺检测；用两个直径相同的圆柱、量块与塞尺检测。 （　　）

三、简答题

1. 使用正弦规时，注意事项有哪些？
2. 使用圆锥量规测量角度时，注意事项有哪些？
3. 简述正弦规的工作原理。

典型零件的测量

项目描述

　　键连接在机械上应用非常广泛，既可实现周向固定传递转矩，也可进行轴向导向，是常见的连接方式；螺纹在机械行业中应用很广，其互换性也很高；齿轮传动是机械传动的基本形式之一，广泛应用于传递回转运动、传递动力和精密分度；滚动轴承具有摩擦力小，消耗功率小，起动容易，更换简便等优点，应用广泛。

任务一 键的公差及检测

◯ 学习目标

1. 掌握平键连接的公差与配合。能够根据轴颈和使用要求，选用平键连接的规格参数和连接类型，确定键槽尺寸公差、形位公差和表面粗糙度，并能够在图样上正确标注；

2. 熟悉矩形花键连接采用小径定心的优点；

3. 掌握花键连接的公差与配合。能够根据标准规定选用花键连接的配合形式，确定配合精度和配合种类，熟悉花键副和内、外花键在图样上的标注。

◯ 任务呈现

键连接和花键连接是一种可拆连接，广泛用于轴和轴上传动件（如齿轮、带轮、链轮、联轴器等）之间的连接。那么，平键连接的特点是什么，主要几何参数又有哪些，花键连接检测分为哪两种，都用于什么场合呢？

◯ 任务分析

键又称单键，单键是一种连接零件，常用来连接轴与轴上的零件，如齿轮、带轮、凸轮等。单键是用来传递转矩和运动，有时还起导向作用。

花键连接的两个连接件分别叫作花键轴（外花键）和花键孔（内花键），其作用是传递转矩和导向。与单键连接相比，花键连接具有很多优点，如定心精度高，导向性能好，承载能力强，连接可靠。花键可分为矩形花键、渐开线花键、端齿花键。其中，矩形花键应用最广。花键齿形有矩形和渐开线形之分，键齿在端面的花键有直齿和弧齿两种。

◯ 知识链接

一、平键连接的公差与配合及检测

单键按其结构形式不同，分为平键、半圆键、切向键和楔键四种。其中以平键应用范围最广，半圆键次之。平键分为普通型平键和导向型平键，普通型平键用于固定连接，导向型平键用于移动连接。本任务主要讨论平键连接。

（一）平键连接的公差

平键连接是由键、轴、轮毂三个零件结合，通过键的侧面分别与轴槽、轮毂槽的侧面接触来传递运动和转矩的，键的上表面和轮毂槽底面留有一定的间隙。因此，键和轴槽的侧面应有足够大的有效面积来承受负荷，且键嵌入轴槽要牢固可靠，以防止松动脱落。所以，键宽和键槽宽 b 是决定配合性质和配合精度的主要参数，为主要配合尺寸，应规定较严的公差；而键长 L、键高 h、轴槽深 t_1 和轮毂槽深 t_2 为非配合尺寸，其精度要求较低。平键连接方式及主要参数，如图 6-1 所示。

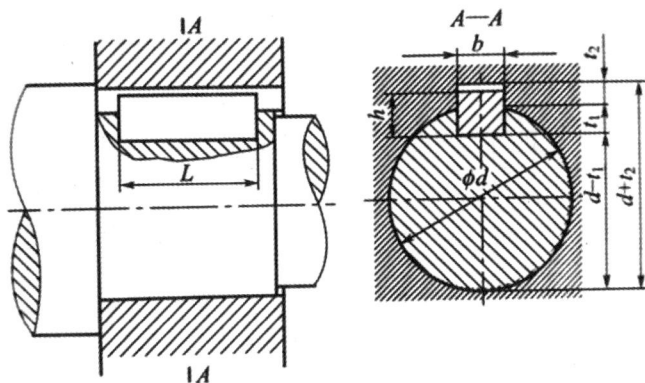

图 6-1 平键连接的几何参数

1. 平键连接的公差与配合

平键是标准件，平键连接是键与轴及轮毂 3 个零件的配合。考虑工艺上的特点，为使不同的配合所用键的规格统一，利于采用精拔型钢来制作，国家标准规定键连接采用基轴制配合。平键常用精拔型钢制造，标记为键 $b×L$ GB/T 1095—2003，其参数值见表 6-1。

表 6-1 平键的公称尺寸和槽深的尺寸极限偏差（摘自 GB/T 1095—2003）

单位：mm

轴 颈	键	轴键槽				轮毂键槽		
基本尺寸	公称尺寸	t_1		$d-t_1$		t_2		$d+t_2$
d	$b×h$	公称尺寸	极限尺寸			公称尺寸	极限尺寸	
6~8	2×2	1.2	+0.1	0		1	+0.1	+0.1
>8~10	3×3	1.8	0	-0.1		1.4	0	0
>10~12	4×4	2.5				1.8		
>12~17	5×5	3.0				2.3		
>17~22	6×6	3.5				2.8		
>22~30	8×7	4.0	+0.2	0		3.3	+0.2	+0.2
>30~38	10×8	5.0	0	-0.2		3.3	0	0
>38~44	12×8	5.0				3.3		
>44~50	14×9	5.5				3.8		
>50~58	16×10	6.0				4.3		

为保证键在轴槽上紧固，同时又便于拆装，轴槽和轮毂槽可以采用不同的公差带，使其配合的松紧不同，国家标准 GB/T 1095—2003《平键 键槽的剖面尺寸》对平键与键槽和轮毂槽的宽度规定了三种连接类型，即正常连接、紧密连接和松连接，对轴和轮毂的键槽宽各规定了三种公差带。而国家标准 GB/T 1096—2003《普通型 平键》对键宽规定了一种公差

带 h8，这样就构成了三组配合。其配合尺寸（键与键槽宽）的公差带均从 GB/T 1801—1999 标准中选取。键宽与键槽宽 b 的公差带，如图 6-2 所示。平键连接的剖面尺寸及公差，见表 6-2。

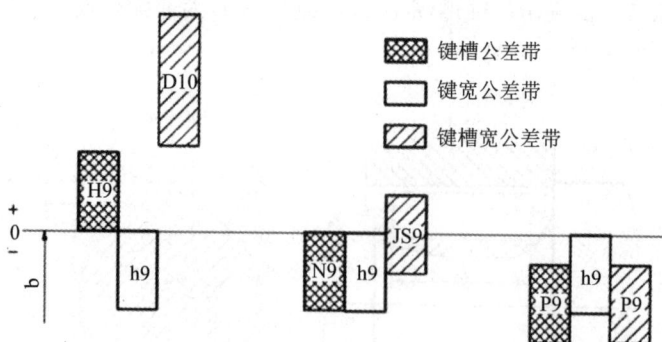

图 6-2　键宽与键槽宽 b 的公差带

表 6-2　普通型平键键槽的尺寸及公差（摘自 GB/T 1095—2003）

单位：mm

轴	键	键 槽											
		宽度 b						深　度				半径 r	
公称直径 d	键尺寸 $b \times h$	基本尺寸	极限偏差					轴 t_1		毂 t_2			
			松连接		正常连接		紧密连接						
			轴 H9	毂 D10	轴 N9	毂 JS9	轴和毂 P9	基本尺寸	极限偏差	基本尺寸	极限偏差	最大	最小
≤6～8	2×2	12	+0.025 0	+0.060 +0.020	-0.004 -0.029	±0.0125	-0.006 -0.031	1.2	+0.1 0	1.0	+0.1 0	0.08	0.16
>8～10	3×3	33						1.8		1.4			
>10～12	4×4	44	+0.030 0	+0.078 +0.030	0 -0.030	±0.015	-0.012 -0.042	2.5		1.8			
>12～17	5×5	55						3.0		2.3		0.16	0.25
>17～22	6×6	66						3.5		2.8			
>22～30	8×7	88	+0.036 0	+0.098 +0.040	0 -0.036	±0.018	-0.015 -0.051	4.0		3.3			
>30～38	10×8	110						5.0		3.3			
>38～44	12×8	112	+0.043 0	+0.120 +0.050	0 -0.043	±0.0215	-0.018 -0.061	5.0	+0.2 0	3.3	+0.2 0	0.25	0.40
>44～50	14×9	114						5.5		3.8			
>50～58	16×10	116						6.0		4.3			
>58～65	18×11	118						7.0		4.4			
>65～75	20×12	220	+0.052 0	+0.149 +0.065	0 -0.052	±0.026	-0.022 -0.074	7.5		4.9		0.40	0.60
>75～85	22×14	222						9.0		5.4			

注：1.（$d-t_1$）和（$d+t_2$）两组合尺寸的极限偏差按相应的 t_1 和 t_2 的极限偏差选取，但（$d-t_1$）的极限偏差应取负号（-）。

　　2. GB/T 1096—2003 中没有给出相应轴径的公称直径，此表为根据一般受力情况推荐的轴的公称直径值。

平键连接的三种配合及应用范围，见表 6-3。

表 6-3 平键连接的三种配合及应用范围

配合种类	尺寸 b 的公差带			配合性质及应用场合
	键	轴键槽	轮毂键槽	
松连接		H9	D10	用于导向平键，轮毂可在轴上移动
正常连接	h8	N9	JS9	键在轴键槽中和轮毂键槽中均固定，用于载荷不大的场合
紧密连接		P9	P9	键在轴键槽中和轮毂键槽中均牢固地固定，用于载荷较大、有冲击和双向扭矩的场合

2. 平键连接的形位公差及表面粗糙度

为保证键与键槽的侧面具有足够的接触面积和避免装配困难，应分别规定轴槽对轴线和轮毂槽对孔的轴线的对称度公差。对称度公差等级按 GB/T 1184—1996 规定，一般取 7～9 级。

轴槽与轮毂槽的两个工作侧面为配合表面，表面粗糙度 Ra 值取 1.6～3.2 μm。槽底面等为非配合表面，表面粗糙度 Ra 值取 6.3 μm。键槽尺寸和公差的图样标注，如图 6-3 所示。

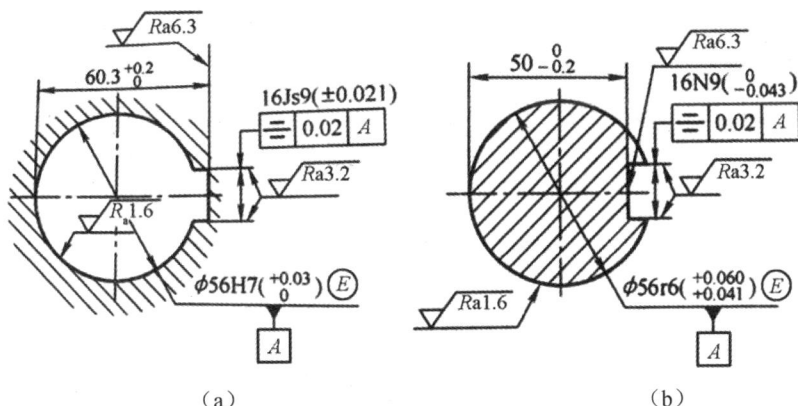

图 6-3 键槽尺寸和公差的图样标注

（a）轮毂键槽；（b）轴键槽

3. 平键连接的公差与配合的选用

（1）参见表 6-2，根据轴径确定平键的规格参数。

（2）参见表 6-3，根据平键的使用要求和应用场合来选择键连接的松紧类型。

（3）参见表 6-2，确定键槽、轮毂槽的宽度、深度尺寸和公差。

（4）根据国标推荐，确定键槽的形位公差和各表面的粗糙度要求。

（二）平键的检测

对于平键连接，需要检测的项目有键宽，键槽和键槽的宽度、深度及键槽的对称度。

1. 键和键宽

在单件小批量生产时，一般采用通用计量器具（如千分尺、游标卡尺等）测量；在大批量生产时，用极限量规控制，如图6-4（a）所示。

2. 轴槽和轮毂槽深度

在单件小批量生产时，一般用游标卡尺或外径千分尺测量轴尺寸（$d-t_1$），用游标卡尺或内径千分尺测量轮毂尺寸（$d+t_2$）。在大批量生产时，用专用量规，如轮毂槽深度极限量规和轴槽深极限量规，如图6-4（b）和（c）所示。

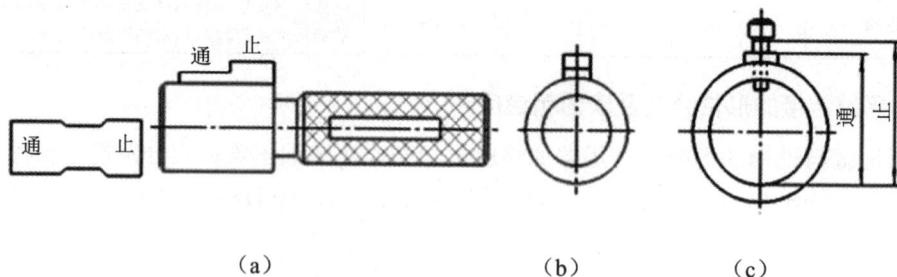

图6-4 键槽尺寸检测的极限量规

（a）键槽宽度极限量规；（b）轮毂槽深极限量规；（c）轴槽深极限量规

3. 键槽对称度

在单件小批量生产时，可用分度头、V形块和百分表测量，如图6-5所示。

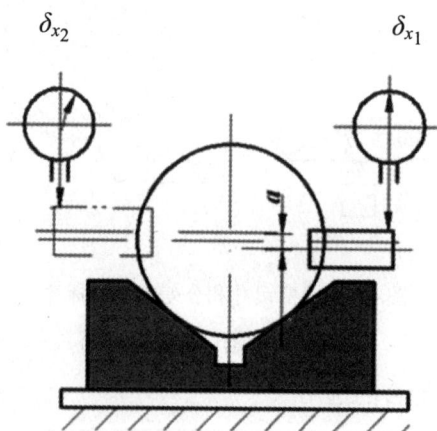

图6-5 轴槽对称度误差测量

在大批量生产时一般用综合量规检测，如对称度极限量规，只要量规通过即为合格。如图6-6所示。

（a）

（b）

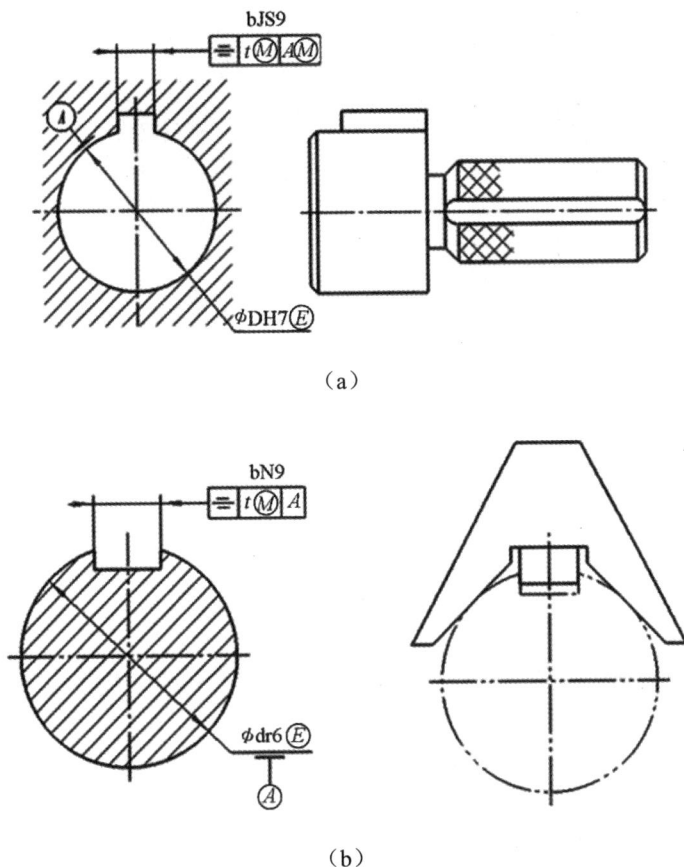

图 6-6　轮毂槽和轴槽对称度量规

（a）轮毂槽对称度量规；　（b）轴槽对称度量规

二、花键连接的公差与配合及检测

当传递较大的转矩，定心精度又要求较高时，单键连接满足不了要求，须采用花键连接。花键连接是花键轴、花键孔两个零件的结合。花键可用作固定连接，也可用作滑动连接。

花键连接与平键连接相比具有明显的优势：孔、轴的轴线对准精度（定心精度）高，导向性好，轴和轮毂上承受的负荷分布比较均匀，因而可以传递较大的转矩，而且强度高，连接更可靠。

花键按其键齿形状不同，分为矩形花键和渐开线花键两种，本任务讨论应用最广的矩形花键。

矩形花键连接由内花键（花键孔）与外花键（花键轴）构成，如图 6-7 所示。用于传递转矩和运动。其连接应保证内花键与外花键的同轴度、连接强度和传递强度的可靠性，对要求轴向滑动的连接，还应保证导向精度。

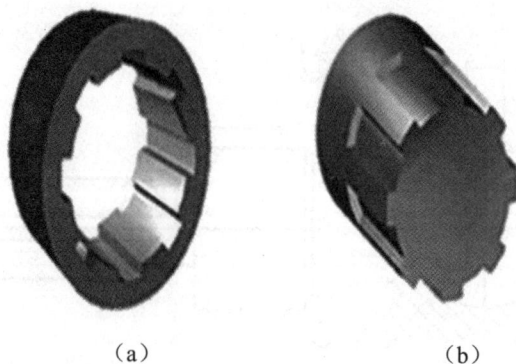

（a） （b）

图 6-7 花键连接

（a）内花键；（b）外花键

（一）花键连接的公差与配合

1. 矩形花键的配合尺寸及定心方式

为了便于加工和检测，键数 N 规定为偶数（有 6、8、10），键齿均布于全圆周。按承载能力不同，矩形花键分为中、轻两个系列。对同一小径，两个系列的键数相同，键（槽）宽相同，仅大径不相同。中系列矩形花键的承载能力强，多用于汽车、拖拉机等制造业；轻系列矩形花键的承载能力相对低，多用于机床制造业。矩形花键的尺寸系列，见表 6-4。

表 6-4 矩形花键基本尺寸系列（摘自 GB/T1144—2001）

单位：mm

小径 d	轻系列				中系列			
	规格 $N×d×D×B$	键数 N	大径 D	键宽 B	规格 $N×d×D×B$	键数 N	大径 D	键宽 B
23	6×23×26×6	6	26	6	6×23×28×6	6	28	6
26	6×26×30×6	6	30	6	6×26×32×6	6	32	6
28	6×28×32×7	6	32	7	6×28×34×7	6	34	7
32	8×32×36×6	8	36	6	8×32×38×6	8	38	6
36	8×36×40×7	8	40	7	8×36×42×7	8	42	7
42	8×42×46×8	8	46	8	8×42×48×8	8	48	8
46	8×46×50×9	8	50	9	8×46×54×9	8	54	9
52	6×52×58×10	8	58	10	8×52×60×10	8	60	10
56	8×56×62×10	8	62	10	8×56×65×10	8	65	10
62	8×62×68×12	8	68	12	8×62×72×12	8	72	12
72	10×72×78×12	10	78	12	10×72×82×12	10	82	12

矩形花键主要尺寸有小径 d、大径 D、键（槽）宽 B，如图 6-8 所示。

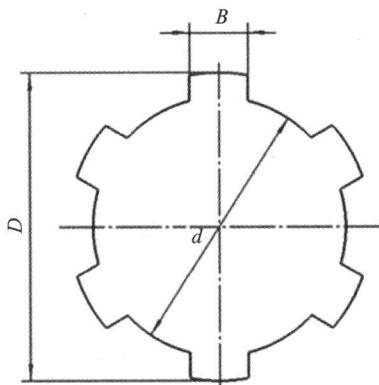

图 6-8　矩形花键的主要尺寸

矩形花键连接的结合面有三个，即大径结合面、小径结合面和键侧结合面。要保证三个结合面同时达到高精度的定心作用很困难，也没有必要。实际应用中，只须以其中之一为主要结合面，确定内、外花键的配合性质。确定配合性质的结合面称为定心表面。每个结合面都可作为定心表面，所以花键连接有三种定心方式，即小径定心、大径定心和键侧定心，如图 6-9 所示。

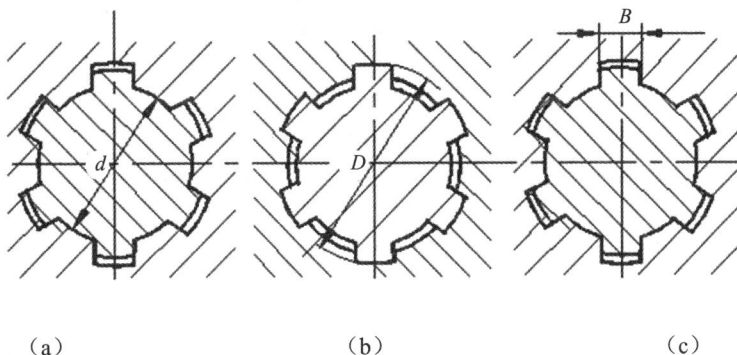

（a）　　　　　　　　　　（b）　　　　　　　　　　（c）

图 6-9　矩形花键连接定心方式

（a）小径定心；（b）大径定心；（c）键侧定心

GB/T1144—2001 规定矩形花键以小径结合面作为定心表面，即采用小径定心。定心直径 d 的公差等级较高，非定心直径 D 的公差等级较低，并且非定心直径 D 表面之间有相当大的间隙，以保证它们不接触。键齿侧面是传递转矩及导向的主要表面，故键（槽）宽 B 应具有足够的精度，一般要求比非定心直径 D 要严格。

2. 矩形花键的公差与配合

为了减少制造内花键用的拉刀和量具的品种规格，利于拉刀和量具的专业化生产，矩形花键配合应采用基孔制，即内花键 d、D 和 B 的基本偏差不变，依靠改变外花键 d、D 和 B 的基本偏差，获得不同松紧的配合。

矩形花键配合精度的选择，主要考虑定心精度要求和传递转矩的大小。精密传动用花键连接定心精度高，传递转矩大而且平稳，多用于精密机床主轴变速箱与齿轮孔的连接。

一般花键则常用于定心精度要求不高的卧式车床变速箱及各种减速器中轴与齿轮的连接。

配合种类的选择，首先应根据内、外花键之间是否有轴向移动，确定是固定连接还是非固定连接。对于内、外花键之间要求有相对移动，且移动距离长、移动频率高的情况，应选择配合间隙较大的滑动连接，使配合面间有足够的润滑油层，以保证运动灵活，如汽车、拖拉机等变速箱中的齿轮与轴的连接。对于内、外花键之间有相对移动、定心精度要求高、传递转矩大，或经常有反向转动的情况，则应选择配合间隙较小的紧滑动连接。对于内、外花键之间相对固定，无轴向滑动要求时，则选择固定连接。

表 6-5 列出了矩形花键小径 d、大径 D 和键宽 B 的配合，其公差带均选自 GB/T 1144—2001。尽管三类配合都是间隙配合，但由于形位误差的影响，其结合面配合普遍比预定的紧些。

表 6-5　内、外花键的尺寸公差带（摘自 GB／T1144—2001）

内花键				外花键			装配形式
d	D	B		d	D	B	
		拉削后不做热处理	拉削后热处理				
一般传动用							
H7	H10	H9	H11	f7	a11	d10	滑动
				g7		f9	紧滑动
				h7		h10	固定
精密传动用							
H5	H10	H7、H9		f5	a11	d8	滑动
				g5		f7	紧滑动
				h5		h8	固定
H6				f6		d8	滑动
				g6		f7	紧滑动
				h6		h8	固定

注：1. 精密传动用的内花键，当需要控制键侧配合间隙时，槽宽可选 H7，一般情况下可选 H9。

2. d 为 H6、H7 的内花键，允许与高一级的外花键配合。

由表 6-5 可以看出，内、外花键小径 d 的公差等级相同，且比相应的大径 D 和键宽 B 的公差等级都高；大径只有一种配合即 H10/a11。

3. 矩形花键连接公差与配合的选用

选择配合种类时，首先要根据内、外花键之间是否有轴向移动，确定是固定连接还是非固定连接。对于内、外花键之间要求有相对移动，而且移动距离长、移动频率高的情况，应选用配合间隙较大的滑动连接，以保证运动灵活性及配合面间有足够的润滑层。对于内、外花键之间定心精度要求高，传递扭矩大或经常有反向转动的情况，则选用配合间隙较小的紧滑动连接。对于内、外花键间无须轴向移动，只用来传递扭矩的情况，则选用固定连接。

4. 矩形花键的形位公差和表面粗糙度

为保证定心表面的配合性质，应对矩形花键规定如下要求：

（1） 内、外花键定心直径 d 的尺寸公差与形位公差的关系必须采用包容要求。

（2） 内（外）花键应规定键槽（键）侧面对定心轴线的位置度公差，如图 6-10 所示，并采用最大实体要求，用综合量规检验。矩形花键的位置度公差，见表 6-6。

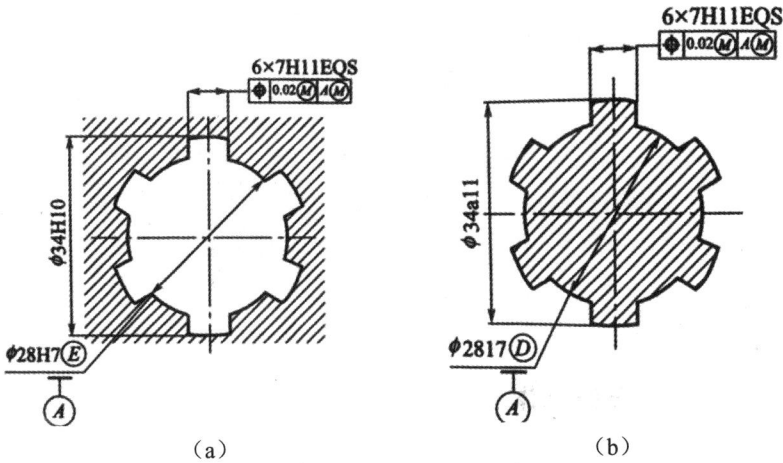

图 6-10 花键位置度公差标注

（a）内花键； （b）外花键

表 6-6 矩形花键的位置度公差（摘自 GB/T 1144—2001）

单位：mm

键槽宽或键宽 B		3	3.5～6	7～10	12～18
键槽宽		0.010	0.015	0.020	0.025
键宽	滑动、固定	0.010	0.015	0.020	0.025
	紧滑动	0.006	0.010	0.013	0.016

（3） 单件小批量生产，采用单项测量时，应规定键槽（键）的中心平面对定心轴线的对称度和等分度，并采用独立原则。矩形花键的对称度公差，见表 6-7，矩形花键的对称度公差标注，如图 6-11 所示。

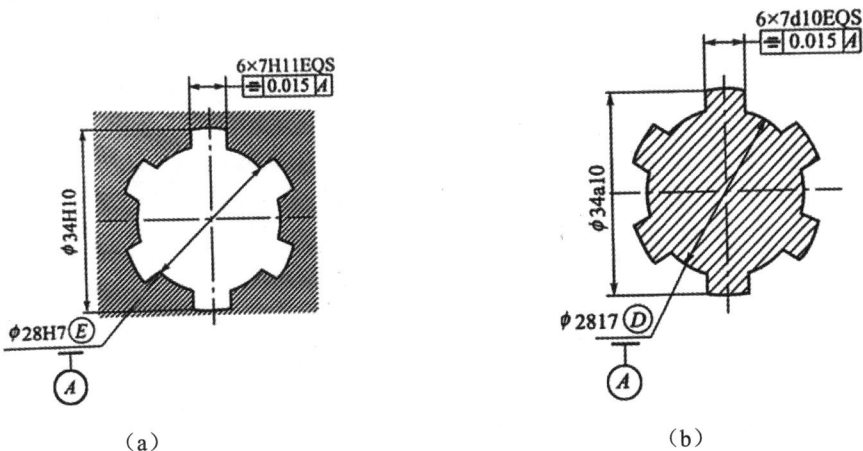

图 6-11 花键对称度公差标注

（a）内花键； （b）外花键

表 6-7　矩形花键对称度公差（摘自 GB/T 1144—2001）

单位：mm

键槽宽或键宽 B	3	3.5～6	7～10	12～18
一般用	0.010	0.012	0.015	0.018
精密传动用	0.006	0.008	0.009	0.011

注：矩形花键的等分度公差与键宽的对称公差相同。

（4）　对较长的花键可根据性能自行规定键侧对轴线的平行度公差。

（5）　矩形花键的表面粗糙度 R_a 推荐值：

对于内花键，小径表面≤1.6 μm，大径表面为 6.3 μm，键槽侧面为 3.2 μm。

对于外花键，小径表面≤0.8 μm，大径表面为 3.2 μm，键槽侧面为 1.6 μm。

5.　矩形花键的图样标注

矩形花键规格按 $N×d×D×B$ 的方法表示，如 8×52×58×10 依次表示键数为 8，小径为 52 mm，大径为 58mm，键（键槽）宽为 10 mm。矩形花键的标记按花键规格所规定的顺序书写，另需加上配合或公差带代号。其在图样上的标注，如图 6-12 所示。图 6-12（a）为一花键副，表示花键数为 6，小径配合为 23H7/f7，大径配合为 28H10/a11，键宽配合为 6H11/d10。在零件图上，花键公差带可仍按花键规格顺序注出，如图 6-12（b）和（c）所示。

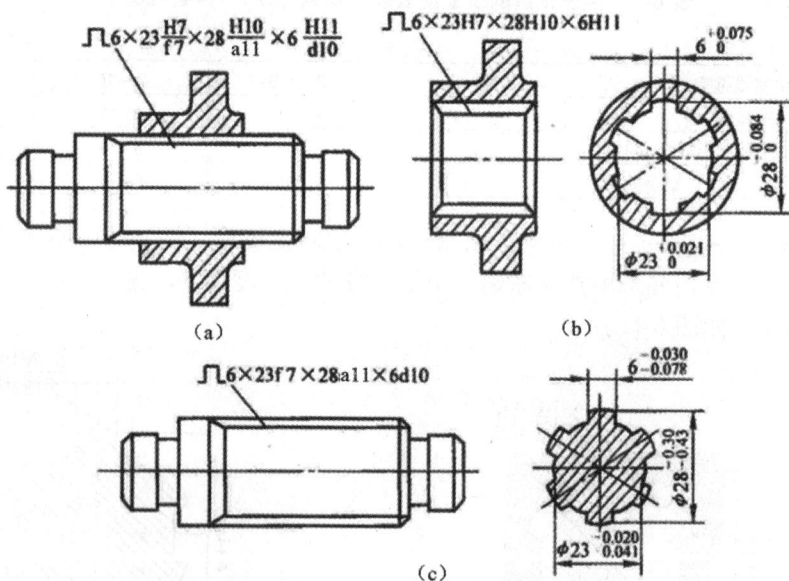

图 6-12　矩形花键的图样标注

（a）在装配图样上的标注；　（b）内花键的标注；　（c）外花键的标注

（二）花键的检测

花键的检测分为单项检测和综合检测两种。

1. 单项检测

单项检验主要用于单件、小批量生产，可用通用量具分别对各尺寸（d、D 和 B）、大径对小径的同轴度误差及键齿（槽）位置误差进行测量。在大批量生产中，可采用专用极限量规检测。若需对位置误差进行单项测量，可在光学分度头或万能工具显微镜上进行。花键等分累积误差与齿轮周节累积误差的测量方法相同。如图 6-13 所示，为花键的极限塞规和卡规。

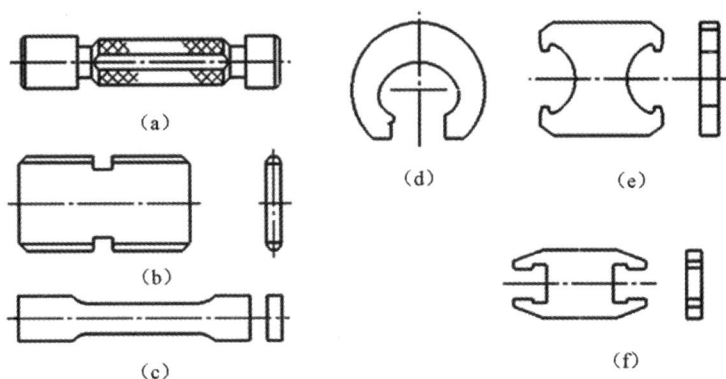

图 6-13　花键的极限塞规和卡规

（a）内花键小径的光滑极限量规；（b）内花键大径的板式塞规；（c）内花键槽宽的塞规

（d）外花键大径的卡规；（e）外花键小径的卡规；（f）外花键键宽的卡规

2. 综合检验

综合检验适用于大批量生产，可用综合量规检验。综合量规用于控制被测花键的最大实体边界，即先综合检验小径、大径及键（槽）宽的关联作用尺寸，使其控制在最大实体边界内。然后用单项止端量规分别检验尺寸 d、D 和 B 的最小实体尺寸。检验时，综合量规应能通过零件，单项止规不能通过零件，则零件合格。综合量规的形状与被检测花键相对应，检验花键孔用花键塞规，检验花键轴用花键环规，如图 6-14 所示。

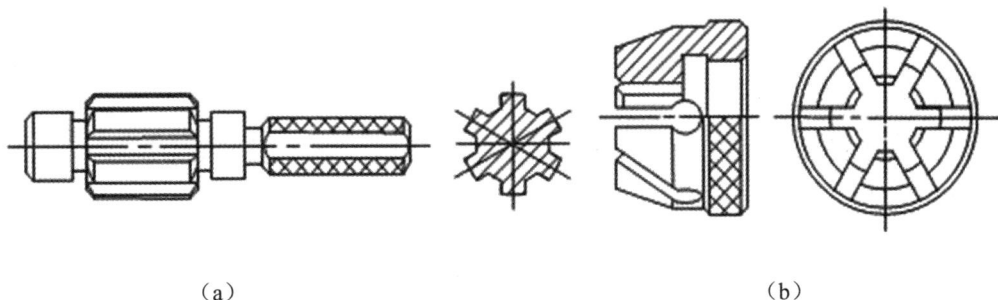

图 6-14　矩形花键位置量规

（a）花键塞规；（b）花键环规

任务实施

轴和轴上传动件的可拆卸连接往往要借助键连接或花键连接作周向固定，以传递转矩和运动，有时也作轴向滑动的导向。平键连接是通过键的侧面分别与轴槽、轮毂槽的侧面接触来传递运动和转矩的，键的上表面和轮毂槽底面留有一定的间隙。键宽和键槽宽 b 是决定配合性质和配合精度的主要参数。平键是标准件，所以键连接采用基轴制配合。键宽只规定一种公差带，而键槽宽采用不同的公差带，形成松、正常和紧密三种连接类型。

花键连接具有对中性好、导向性好，传递扭矩大，连接更可靠等优点。矩形花键连接由内花键和外花键构成。矩形花键主要尺寸有小径 d、大径 D、键（槽）宽 B。GB/T 1144—2001 规定矩形花键以小径结合面作为定心表面，即采用小径定心。矩形花键配合应采用基孔制。配合精度的选择，主要考虑定心精度的要求和传递转矩的大小。矩形花键规格按 $N×d×D×B$ 的方法表示，标记按花键规格所规定的顺序书写，另需加上配合或公差带代号。

任务二　螺纹公差配合及检测

学习目标

1. 了解螺纹的作用、分类和使用要求，以及普通螺纹的主要几何参数；
2. 了解普通螺纹的几何参数误差对螺纹互换性的影响，了解保证螺纹互换性的条件；
3. 掌握普通螺纹的公差与配合以及螺纹标记的技术含义；
4. 掌握普通螺纹的检测方法。

任务呈现

有一外螺纹 M24-6h，在工具显微镜上测量结果：实际中径为 21.935 mm，实际螺距为 3.040 mm，左侧牙侧角误差为-70′，右侧牙侧角误差为-30′。该外螺纹是否合格？

任务分析

要完成此任务，需要在学习螺纹连接设计的基础上，掌握螺纹的基本知识，以及螺纹公差与配合及螺纹检测等的相关知识。

知识链接

一、普通螺纹基本知识

螺纹连接是指利用螺纹零件构成的可拆连接，主要用于紧固连接、密封、传递动力和运动等场合。螺纹的结构复杂，几何参数较多，国家标准对螺纹的牙型、几何参数和公差与配合都做了规定，以保证其几何精度。要实现普通螺纹的互换性，必须保证良好的旋合性和足够的连接强度。旋合性是指公称直径和螺距基本值分别相等的内、外螺纹能够自由旋合并获得所需要的配合性质。足够的连接强度指内、外螺纹的牙侧能够均匀接触，具有足够的承载能力。

（一）螺纹的分类及使用要求

根据用途不同，螺纹通常可分为连接螺纹和传动螺纹。

1.　连接螺纹

连接螺纹代号为 M，连接螺纹主要用于紧固和连接零件，因此又称紧固螺纹，如米制普通（粗、细牙）螺纹是使用最广泛的一种螺纹，要求其有良好的旋入性和连接的可靠性，其牙型为三角形。

2.　传动螺纹

传动螺纹代号为 Tr，它主要用于传递动力或精确位移，要求具有足够的强度并能保证精确的位移。传动螺纹牙型有梯形和矩形，常用牙型为梯形。机床中的丝杠螺纹副常采用梯形牙型，而数控机床中采用的滚动螺旋副（滚珠丝杠副）则采用单、双圆弧滚道。

（二）普通螺纹的牙型及基本参数

1.　牙型

螺纹的基本牙型有三角形、梯形、锯齿形和矩形等形状。普通螺纹的基本牙型是在原始等边三角形的基础上，削去顶部和底部形成的，如图 6-15 所示。图中，$H = 0.866P$；$d_2 = d - 0.649P$；$d_1 = d - 1.0825P$。

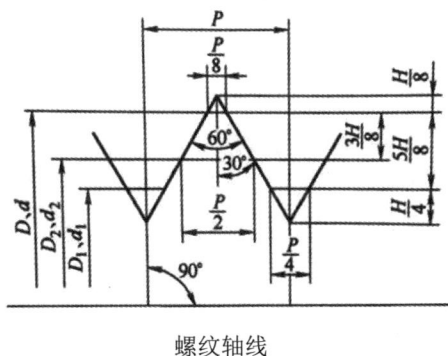

图 6-15　普通螺纹的基本牙型

D-内螺纹大径；d-外螺纹大径；D_2-内螺纹中径；d_2-外螺纹中径；

D_1-内螺纹小径；d_1-外螺纹小径；P-螺距；H-原始三角形高度

螺纹的种类、牙型及应用，见表 6-8。

表 6-8　螺纹的种类、牙型及应用

种　　类	代　号	特　　点	应　　用
普通螺纹	M	牙型为△，牙型角为 60°	一般连接用粗牙螺纹。细牙用于细小、薄壁或粗牙对强度有较大削弱的零件，也常用于受冲击和变载荷的连接中，另外也用于精密微调机构中
非螺纹密封的管螺纹	G	牙型为△，牙型角为 55°，公称直径近似为管子内径	用于压力在 1.568MPa 以下的水、煤气管路、润滑和电线管路系统
用于螺纹密封的管螺纹	Rc Rp R	牙型为△，牙型角为 55°，公称直径近似为管子内径，锥度 1∶16	锥/锥配合（内螺纹 Rc，外螺纹 R）用于中压、高温、高压系统；柱/锥配合（内螺纹 Rp）用于低压系统，且需用填料密封
米制密封螺纹	ZM	牙型角为 60°	用于管子、阀门、管接头、施塞等产品上的一般密封螺纹连接
梯形螺纹	Tr	牙型为等腰梯形，牙型角为 30°，强度高、对中性好、易加工	为传动螺纹的主要形式，应用较广。常用于丝杆、刀架丝杆等
锯齿型螺纹	B	牙型为锯齿形，常用牙型角为 33°，其工作的牙型斜角为 30°，非工作面的牙型斜角为 30°	用于单向受力的传力螺纹

2. 螺纹大径（D、d）

大径是指与外螺纹牙顶或与内螺纹牙底重合的假想圆柱面或圆锥面的直径。国家标准规定，普通螺纹大径的基本尺寸为螺纹的公称直径。相结合的内、外螺纹的大径基本尺寸相等，即 $D = d$。螺纹大径的公称位置在原始三角形上部 $H/8$ 削平处。

3. 螺纹小径（D_1、d_1）

小径是指与内螺纹牙顶或外螺纹牙底相重合的假想圆柱体直径。相结合的内、外螺纹的小径基本尺寸相等，即 $D_1=d_1$。螺纹小径的公称位置在原始三角形下部 $H/4$ 削平处。

4. 螺纹中径（D_2、d_2）

螺纹中径是指一个假想圆柱的直径。该假想圆柱的母线通过螺纹牙型上沟槽和凸起宽度相等的地方，此假想圆柱称为中径圆柱。螺纹中径的公称位置在原始三角形下部 $H/2$ 处，相结合的内、外螺纹中径的基本尺寸相等，即 $D_2=d_2$，如图 6-16 所示。

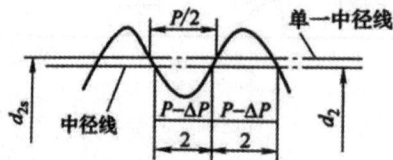

图 6-16　外螺纹的单一中径与中径

5. 单一中径（D_{2s}、d_{2s}）

单一中径是指一个假想圆柱的直径，该圆柱的母线通过牙型上沟槽宽度等于螺距基本尺寸一半的地方，用以表示螺纹中径的实际尺寸。当螺距无误差时，单一中径就是中径；

当螺距有偏差时，则二者不相等。如图 6-16 所示，图中 ΔP 为螺距误差。

$$对普通外螺纹：\alpha/2 = 30°，\quad d_{2s} = d_2 - 0.866\Delta P \tag{6-1}$$

$$对普通内螺纹：\alpha/2 = 30°，\quad D_{2s} = D_2 + 0.866\Delta P \tag{6-2}$$

6. 螺距（P）和导程（P_h）

螺距是指相邻两牙在中径母线上对应两点间的轴向距离；导程是指同一条螺旋线上对应两点间的轴向距离。对于单线螺纹，导程就等于螺距；对于多线螺纹，导程等于螺距和螺纹线数的乘积，即 $P_h = nP$（n 为螺纹的线数，常用 2～4 线）。

7. 牙型角（α）和牙型半角（$\alpha/2$）

牙型角是指在螺纹牙型上相邻两牙侧间的夹角，对米制普通螺纹，$\alpha = 60°$。牙型半角是指牙侧与螺纹轴线垂线间的夹角。米制普通螺纹 $\alpha/2 = 30°$。

牙型角正确（$\alpha = 60°$）时，其牙型半角可能会有误差。例如，半角分别为 29.5° 和 30.5° 即属此类。所以对加工的螺纹还应测量半角，防止出现螺纹牙型"倒牙"的现象。

8. 原始三角形高度（H）和牙型高度（h）

原始三角形高度是指原始等边三角形顶点到底边的垂直距离，$H = \sqrt{3}P/2$。
牙型高度是指螺纹牙顶与牙底间的垂直距离，$h = 5H/8$。

9. 螺纹旋合长度（L）

螺纹旋合长度是指两配合螺纹沿螺纹轴线方向相互旋合部分的长度。
为查阅方便，表 6-9 给出了螺纹的部分公称尺寸。

表 6-9　普通螺纹的基本尺寸（摘自 GB/T 196—2003）

公称直径（大径）D、d	螺距 P	中径 D_2、d_2	小径 D_1、d_1	公称直径（大径）D、d	螺距 P	中径 D_2、d_2	小径 D_1、d_1
5	0.8	4.480	4.134	17	1.5	16.026	15.376
	0.5	4.675	4.459		1	16.350	15.917
5.5	0.5	5.175	4.959	18	2.5	16.376	15.294
6	1	5.350	4.917		2	16.701	15.835
	0.75	5.513	5.188		1.5	17.026	16.376
7	1	6.350	5.517		1	17.350	16.917
	0.75	6.513	6.188	20	2.5	18.376	17.294
					2	18.701	17.835
8	1.25	7.188	6.647		1.5	19.026	18.376
	1	7.350	6.917		1	19.350	18.917
	0.75	7.513	7.188				

（续表）

公称直径（大径）D、d	螺距 P	中径 D2、d2	小径 D1、d1	公称直径（大径）D、d	螺距 P	中径 D2、d2	小径 D1、d1
9	1.25	8.188	7.647	22	2.5	20.376	19.294
	1	8.350	7.917		2	20.701	19.835
	0.75	8.513	8.188		1.5	21.026	20.376
10	1.5	9.026	8.376		1	21.350	20.917
	1.25	9.188	8.647	24	3	22.051	20.752
	1	9.350	8.917		2	22.701	21.835
	0.75	9.513	9.188		1.5	23.026	22.376
11	1.5	10.026	9.376		1	23.350	22.917
	1	10.350	9.917	25	2	23.701	22.835
		10.513	10.188		1.5	24.026	23.376
12	1.75	10.863	10.106		1	24.350	23.917
	1.5	11.026	10.376	26	1.5	25.026	24.376
	1.25	11.188	10.647	27	3	25.051	23.752
	1	11.350	10.917		2	25.701	24.835
14	2	12.701	11.835		1.5	26.026	25.376
	1.5	13.026	12.376		1	26.350	25.917
	1.25	13.188	12.647	28	2	26.701	25.835
	1	13.350	12.917		1.5	27.026	26.376
15	1.5	14.026	13.376		1	27.350	26.917
	1	14.350	13.917	30	3.5	27.727	26.211
					3	28.051	26.752
					2	28.701	27.835
					1.5	29.026	28.376
16	2	14.701	13.835		1	29.350	28.917
	1.5	15.026	14.376	32	2	30.701	29.835
	1	15.350	14.917		1.5	31.026	30.376

（三）普通螺纹几何参数对互换性的影响

影响螺纹互换性的几何参数有五个，即大径、中径、小径、螺距和牙型半角，其主要因素是螺距误差、牙型半角误差和中径误差。因普通螺纹主要保证旋合性和连接的可靠性要求，标准只规定了中径公差，而不分别制定三项公差。

1. 螺距误差的影响

螺距误差包括局部误差，如单个螺距误差和累积误差，后者与旋合长度有关，是主要影响因素。

由于螺距有误差，故在旋合长度上产生螺距累积误差 ΔP_Σ，使内、外螺纹无法旋合，如图 6-17 所示。

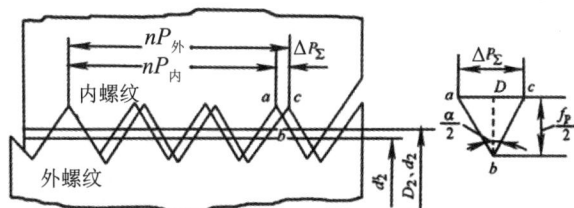

图 6-17　螺距误差对互换性的影响

为讨论方便，设内、外螺纹的中径和牙型半角均无误差，内螺纹无螺距误差，仅外螺纹有螺距误差。此误差 ΔP_Σ 相当于使外螺纹中径增大一个 f_p 值，此 f_p 值称为螺距误差的中径当量或补偿值。从图 6-17 中的 $\triangle abc$ 中可知：

$$f_p = 1.732 \left| \Delta P_\Sigma \right| \tag{6-3}$$

若内螺纹具有螺距误差，为保证旋合性，应把内螺纹的中径加上一个 f_p 值。

2. 牙型半角误差的影响

牙型半角误差可能是由于牙型角 α 本身不准确，或由于它与轴线的相对位置不正确而造成的，也可能是两者综合误差的结果。牙型半角误差对螺纹的可旋合性和连接强度有影响。因此，必须限制牙型半角误差。

一对内、外螺纹，实际制造与结合时通常是左、右半角不相等，产生牙型歪斜。$\Delta\dfrac{\alpha}{2}$ 可能为正，也可能为负，也会同时产生上述两种干涉。因此，$f_{\alpha/2}$ 可按下述式的平均值计算，即

$$f_{\alpha/2} = 0.37 P \left| \Delta\frac{\alpha}{2} \right| (\mu m) \tag{6-4}$$

内、外螺纹当左、右牙型半角误差不相等时，$\Delta\dfrac{\alpha}{2}$ 可按下式计算

$$\Delta\frac{\alpha}{2} = \left(\left| \Delta\frac{\alpha}{2}_{左} \right| + \left| \Delta\frac{\alpha}{2}_{右} \right| \right) / 2 \tag{6-5}$$

生产中应根据产品精度、用途及技术要求，决定该项目检测与否。对高精度的连接螺纹和传动螺纹的牙型半角误差，应用工具显微镜测量。对一般精度的螺纹，其牙型半角误差在生产时只作为首件加工对刀具或生产过程中的抽查检测。在国家标准中，对普通螺纹

牙型半角误差不做具体规定，而采用减小外螺纹中径或加大内螺纹中径的办法来达到螺纹的配合要求。

3. 单一中径误差的影响

生产制造中，螺纹的中径误差 ΔD_{2s} 或 Δd_{2s} 将直接影响螺纹的旋合性和结合强度。若 $D_{2s} > d_{2s}$，则结合过松、结合强度不足；若 $D_{2s} < d_{2s}$，则因配合过紧而无法自由旋合。Δd_{2s}（或 ΔD_{2s}）的大小随螺纹的实际中径大小而变化。

一个具有螺纹误差和牙型半角误差的外螺纹，并不能与实际中径相同的内螺纹旋合，而只能与一个中径较大的理想内螺纹旋合。一个具有螺纹误差和牙型半角误差的内螺纹，只能与一个中径较小的理想外螺纹旋合。所以，螺纹的大、小径误差是不影响螺纹配合性质的，而螺距和牙型半角误差可用螺纹中径当量来处理，所以螺纹中径是影响互换性的主要参数。

4. 作用中径及螺纹中径合格性的判断原则

由于螺距误差和牙型半角误差均用中径补偿，对内螺纹来讲，相当于螺纹中径变小；对外螺纹来讲，相当于螺纹中径变大，此变化后的中径被称为作用中径，即螺纹配合中实际起作用的中径。

$$D_{2作用} = D_{2s} - (f_p + f_{\alpha/2}) \tag{6-6}$$

$$d_{2作用} = d_{2s} + (f_p + f_{\alpha/2}) \tag{6-7}$$

作用中径把螺距误差 ΔP_{Σ}、牙型半角误差 $\Delta \dfrac{\alpha}{2}$ 及单一中径误差（ΔD_{2s} 或 Δd_{2s}）三者联系在一起，是保证螺纹互换性的最主要参数。米制普通螺纹仅用中径公差 T_{D2} 或 T_{d2} 即可综合控制三项误差。

可根据螺纹的极限尺寸判断原则（泰勒原则），判断螺纹中径合格性，如图 6-18 所示，即实际螺纹的作用中径（$D_{2作用}$、$d_{2作用}$）不允许超出最大实体牙型的中径；实际螺纹任何部位的实际中径（单一中径）不允许超出最小实体牙型的中径。

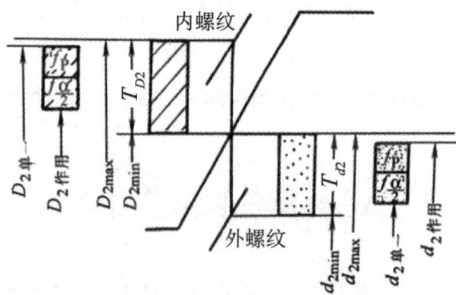

图 6-18　实际中径、螺距误差、牙型半角误差和中径公差的关系

内、外螺纹能正确旋合且合格的螺纹中径，应满足以下关系式

$$内螺纹：D_{2作用} \geq D_{2min}, \quad D_{2s} \leq D_{2max} \quad\quad (6-8)$$

$$外螺纹：d_{2作用} \leq d_{2max}, \quad d_{2s} \geq d_{2min} \quad\quad (6-9)$$

二、普通螺纹的公差与配合

国家标准 GB/T 197—2003《普通螺纹 公差》对普通螺纹的公差进行了有关规定。螺纹公差带由构成公差带大小的公差等级和确定公差带位置的基本偏差组成，同时结合内、外螺纹的旋合长度，共同形成各种不同的螺纹精度。

（一）普通螺纹的公差等级

螺纹的公差等级，见表 6-10。其中 6 级是基本级；3 级公差值最小，精度最高；9 级精度最低。各级公差值分别见表 6-11 和表 6-12。由于内螺纹的加工比较困难，同一公差等级内螺纹中径公差比外螺纹中径公差大 32%左右。

表 6-10　螺纹的公差等级

螺纹直径	公差等级	螺纹直径	公差等级
外螺纹中径公差 d_2	3、4、5、6、7、8、9	内螺纹中径公差 D_2	4、5、6、7、8
外螺纹大径公差 d	4、6、8	内螺纹小径公差 D_1	4、5、6、7、8

表 6-11　普通螺纹的部分内外螺纹基本偏差和顶径公差（摘自 GB/T 197—2003）

单位：μm

螺距 P/mm	内螺纹的基本偏差 EI		外螺纹的基本偏差 es				内螺纹的小径公差 T_{D1}					外螺纹大径公差 T_d 公差等级		
	G	H	e	f	g	h	4	5	6	7	8	4	6	8
1	+26	0	−60	−40	−26	0	150	190	236	300	375	112	180	280
1.25	+28	0	−63	−42	−28	0	170	212	265	335	425	132	212	335
1.5	+32	0	−67	−45	−32	0	190	236	300	375	475	150	236	375
1.75	+34	0	−71	−48	−34	0	212	265	335	425	530	170	265	425
2	+38	0	−71	−52	−38	0	236	300	375	475	600	180	280	450
2.5	+42	0	−80	−58	−42	0	280	355	450	560	710	212	335	530
3	+48	0	−85	−63	−48	0	315	400	500	630	800	236	375	600
3.5	+53	0	−90	−70	−53	0	355	450	560	710	900	265	425	670
4	+60	0	−95	−75	−60	0	375	475	600	750	950	300	475	750

表 6-12　普通螺纹中径公差（摘自 GB/T 197—2003）

单位：μm

公称直径 D/mm		螺距 P/mm	内螺纹中径公差 T_{D2} 公差等级					外螺纹中径公差 T_{d2} 公差等级						
>	≤		4	5	6	7	8	3	4	5	6	7	8	9
5.6	11.2	0.75	85	106	132	170	—	50	63	80	100	125	—	—
		1	95	118	150	190	236	56	71	90	112	140	180	224

（续表）

公称直径 D/mm		螺距	内螺纹中径公差 T_{D2}					外螺纹中径公差 T_{d2}						
>	≤	P/mm	公差等级					公差等级						
			4	5	6	7	8	3	4	5	6	7	8	9
		1.25	100	125	160	200	250	60	75	95	118	150	190	236
		1.5	112	140	180	224	280	67	85	106	132	170	212	295
11.2	22.4	1	100	125	160	200	250	60	75	95	118	150	190	236
		1.25	112	140	180	224	280	67	85	106	132	170	212	265
		1.5	118	150	190	236	300	71	90	112	140	180	224	280
		1.75	125	160	200	250	315	75	95	118	150	190	236	300
		2	132	170	212	265	335	80	100	125	160	200	250	315
		2.5	140	180	224	280	355	85	106	132	170	212	265	335
22.4	45	1	106	132	170	212	—	63	80	100	125	160	200	250
		1.5	125	160	200	250	315	75	95	118	150	190	236	300
		2	140	180	224	280	355	85	106	132	170	212	265	335
		3	170	212	265	335	425	100	125	160	200	250	315	400
		3.5	180	224	280	355	450	106	132	170	212	265	335	425
		4	190	236	300	375	475	112	140	180	224	280	355	450
		4.5	200	250	315	400	500	118	150	190	236	300	375	475

由于外螺纹的小径 d_1 与中径 d_2，内螺纹的大径 D_1 和中径 D_2 都是同时由刀具切出的，其尺寸在加工过程中自然形成，由刀具保证，因此国家标准对内螺纹的大径和外螺纹的小径均不规定具体的公差值，只规定内、外螺纹牙底实际轮廓的任何点均不能超过基本偏差和确定的最大实体牙型。

（二）普通螺纹的公差带位置和基本偏差

螺纹公差带是牙型公差带，以基本牙型的轮廓为零线，沿着螺纹牙型的牙侧、牙顶和牙底分布，并在垂直于螺纹的方向计量大、中、小径的偏差和公差。

螺纹的基本牙型是计算螺纹偏差的基准，内、外螺纹的公差带相对于基本牙型的位置与圆柱体的公差带位置一样，由基本偏差来确定。对于外螺纹，基本偏差是指上偏差（es）；对于内螺纹，基本偏差是指下偏差（EI）。

$$对于外螺纹下偏差，有 ei = es - T \qquad (6-10)$$

$$对于内螺纹上偏差，有 ES = EI + T \qquad (6-11)$$

式中：T——螺纹公差。

所谓"基本牙型"，是指在通过螺纹轴线的剖面内，作为螺纹设计依据的理想牙型。

在普通螺纹标准中，对内螺纹规定了两种公差带位置，其基本偏差分别为 G 和 H，基本偏差为下偏差 EI，如图 6-19（a）所示。对外螺纹规定了四种基本偏差，即 e、f、g 和 h，基本偏差为上偏差 es，如图 6-19（b）所示。H 和 h 的基本偏差为零，G 的基本偏差值为正，e、f、g 的基本偏差值为负，见表 6-11。

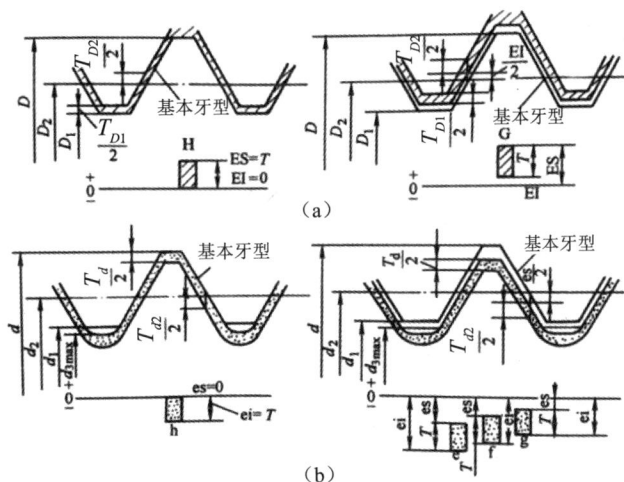

图 6-19 内、外螺纹的基本偏差

按螺纹的公差等级和基本偏差可以组成很多公差带，普通螺纹的公差带代号由表示公差等级的数字和基本偏差字母组成，见表 6-13。与一般的尺寸公差带符号不同，其公差等级符号在前，基本偏差代号在后。GB/T 197—2003 中规定螺纹的配合精度分精密、中等和粗糙三个等级。精密级螺纹主要用于要求配合性能稳定的螺纹；中等级用于一般用途的螺纹；粗糙级用于不重要或难以制造的螺纹，如长盲孔攻螺纹或热轧棒上的螺纹。一般以中等旋合长度下的 6 级公差等级为中等精度的基准。

表 6-13 普通螺纹选用公差带

配合精度	内螺纹选用公差带			外螺纹选用公差带		
	S	N	L	S	N	L
精密	4H	5H	6H	(3h4h)	4h*	(5h4h) (5g4g)
中等	5H* (5G)	6H* (6G)	7H* (7G)	(5h6h) (5g6g)	6H* 6g* 6f* 6e*	(7h6h) (7g6g) (7e6e)
粗糙	—	7H (7G)	8H 8G	—	8g (8e)	(9g8g) (9e8e)

注：带"＊"的公差带为优先选用，不带"＊"的公差带为其次选用。加括号的公差带应尽量不用，大量生产的精制紧固螺纹推荐采用带方框的公差带。

（三）普通螺纹的旋合长度

由于短件易加工和装配，长件难加工和装配，因此螺纹旋合长度影响螺纹连接件的配合精度和互换性。在同一精度中，对不同的旋合长度，其中径所采用的公差等级也不相同。这是考虑到不同旋合长度对螺纹的螺距积累误差有不同的影响，如图 6-20 所示。

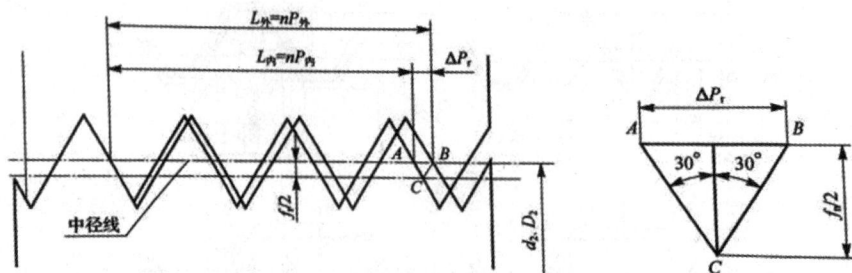

图 6-20　螺距累积误差

国家标准中对螺纹连接规定了短、中等和长三种旋合长度，分别用 S、N、L 表示，见表 6-14，一般优先选用中等旋合长度。

表 6-14　普通螺纹的旋合长度

单位：mm

公称直径 D、d		螺距 P	旋合长度			
			S		N		L
>	≤		≤	>	≤	>
5.6	11.2	0.75	2.4	2.4	7.1	7.1
		1	3	3	9	9
		1.25	4	4	12	12
		1.5	5	5	15	15
11.2	22.4	1	3.8	3.8	11	11
		1.25	4.5	4.5	13	13
		1.5	5.6	5.6	16	16
		1.75	6	6	18	18
		2	8	8	24	24
		2.5	10	10	30	30
22.4	45	1	4	4	12	12
		1.5	6.3	6.3	19	19
		2	8.5	8.5	25	25
		3	12	12	36	36
		3.5	15	15	45	45
		4	18	18	53	53
		4.5	21	21	63	63

（四）配合的选用

内、外螺纹配合的公差带可以任意组合成多种配合，在实际使用中主要根据使用要求选用螺纹的配合。为保证螺母、螺栓旋合后同轴度较好并有足够的连接强度，可选用最小间隙为零的配合（H/h）。为了装配方便和改善螺纹的疲劳强度，可选用小间隙配合（H/g 和 G/h）。需要涂镀保护层的螺纹，间隙大小取决于镀层厚度。如 5 μm 则选用 6H/6g；10

μm 则选用 6H/6e；内、外均涂则选用 6G/6e。

三、螺纹的标记

　　螺纹的完整标记由螺纹代号、螺纹公差带代号和旋合长度代号等组成。螺纹公差带代号包括中径公差带代号和顶径（外螺纹大径和内螺纹小径）公差带代号。公差带代号由表示其大小的公差等级数字和表示其位置的基本偏差代号组成。对细牙螺纹还需要标注出螺距。零件图上的普通螺纹标注，如图 6-21 所示。

　　在装配图上，内、外螺纹公差带代号用斜线分开，左内右外，如 $M10 \times 2 - 6H/5g6g$。必要时，在螺纹公差带代号之后加注旋合长度代号"S"或"L"（中等旋合长度代号"N"不标注），如 $M10 - 5g6g - S$。特殊需要时，可以标注旋合长度的数值，如 $M10 - 5g6g - 25$ 表示螺纹的旋合长度为 25 mm。

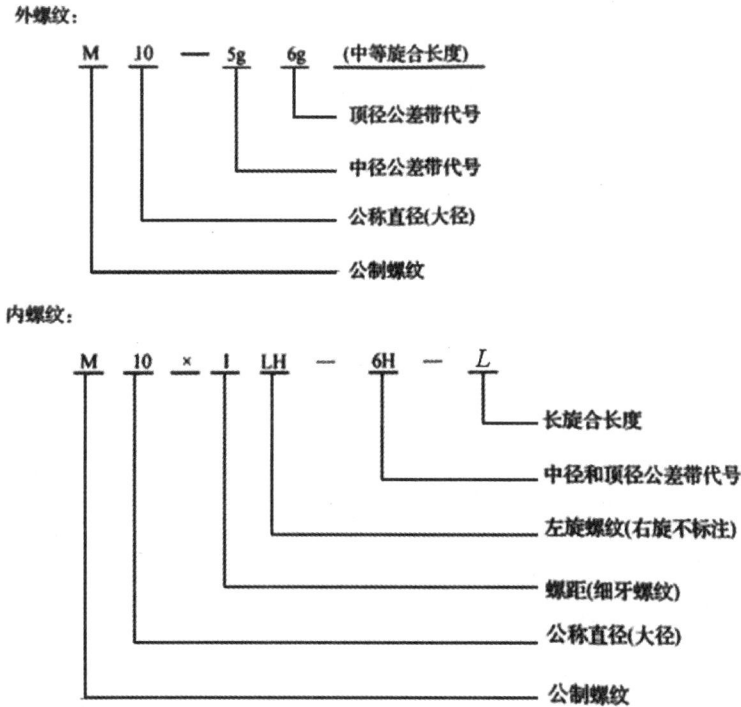

图 6-21　零件图上的普通螺纹标注

四、普通螺纹的测量

　　测量螺纹的方法有两类：单项测量和综合检验。单项测量是指用指示量仪测量螺纹的实际值，每次只测量螺纹的一项几何参数，并以所得的实际值来判断螺纹的合格性。单项测量有牙型量头法、量针法和影像法等。综合检验是指一次同时检验螺纹的几个参数，以几个参数的综合误差来判断螺纹的合格性。生产上广泛应用螺纹极限量规综合检验螺纹的合格性。

单项测量精度高，主要用于精度螺纹、螺纹刀具及螺纹量规的测量或生产中分析形成各参数误差的原因时使用。综合检验生产率高，适合成批生产中精度不太高的螺纹件。

（一）普通螺纹的综合检验

对螺纹进行综合检验时，使用的是螺纹量规和光滑极限量规，它们都是由通规（通端）和止规（止端）组成。光滑极限量规用于检验内、外螺纹顶径尺寸的合格性；螺纹量规的通规用于检验内、外螺纹的作用中径及底径的合格性，螺纹量规的止规用于检验内、外螺纹单一中径的合格性。检验内螺纹用的螺纹量规称为螺纹塞规；检验外螺纹用的螺纹量规称为螺纹环规。

螺纹量规按极限尺寸判断原则设计。它的通规体现的是最大实体牙型尺寸，具有完整的牙型，并且其长度等于被检螺纹的旋合长度。若被检螺纹的作用中径未超过螺纹的最大实体牙型中径，且被检螺纹的底径也合格，那么螺纹通规就会在旋合长度内与被检螺纹顺利旋合。

螺纹量规的止规用于检验被检螺纹的单一中径。为了避免牙型半角误差和螺距累计误差对检验结果的影响，止规的牙型常做成截短型牙型，以使止规只在单一中径处与被检螺纹的牙侧接触，并且止端的牙扣只做出几牙。

图 6-22 为检验外螺纹的示例。先用卡规检验外螺纹顶径的合格性，再用螺纹环规的通端检验。若外螺纹的作用中径合格，且底径（外螺纹小径）没有大于其最大极限尺寸，通端应能在旋合长度内与被检螺纹旋合。若被检螺纹的单一中径合格，螺纹环规的止端不应通过被检螺纹，但允许旋进 2～3 牙。

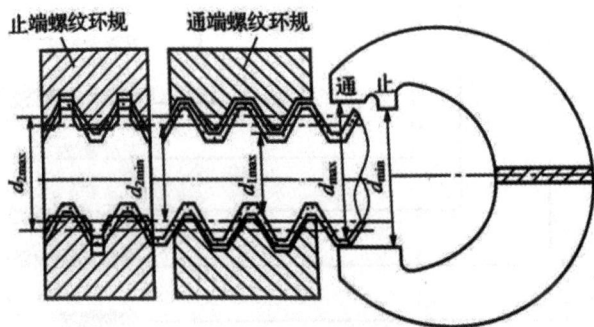

图 6-22　外螺纹的综合检验

图 6-23 为检验内螺纹的示例。先用光滑极限量规（塞规）检验内螺纹顶径的合格性，再用螺纹塞规的通端检验内螺纹的作用中径和底径，若作用中径合格且内螺纹的底径（内螺纹大径）不小于其最小极限尺寸，通规应能在旋合长度内与内螺纹旋合。若内螺纹的单一中径合格，螺纹塞规的止端就不能通过，但允许旋进 2～3 牙。

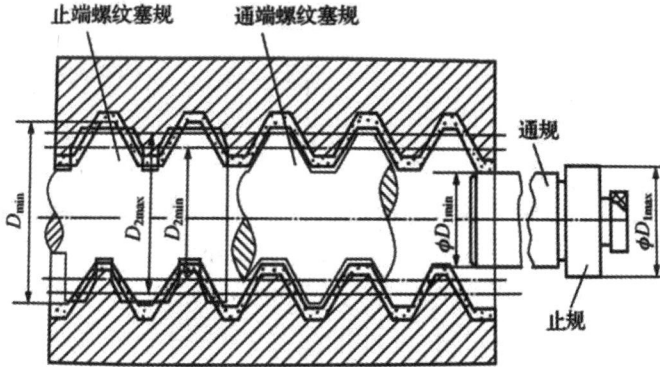

图 6-23   内螺纹的综合检验

（二）普通螺纹的单项测量

1. 用螺纹千分尺测量

螺纹千分尺是测量低精度外螺纹中径的常用量具。它的结构与一般外径千分尺相似，所不同的是测量头，其有成对配套的、适用于不同牙型和不同螺距的测头，如图 6-24 所示。

2. 用三针量法测量

三针量法具有精度高、测量简便的特点，可用来测量精密螺纹和螺纹量规。三针量法是一种间接量法。如图 6-25 所示，用三根直径相等的量针分别放在螺纹两边的牙槽中，用接触式量仪测出针矩尺寸 M。

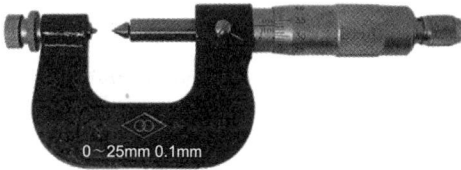

图 6-24   螺纹千分尺

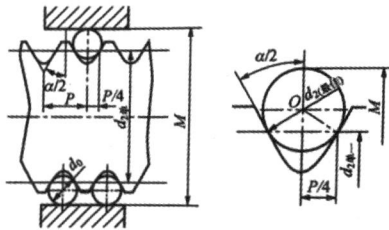

图 6-25   三针法测量螺纹中径

当螺纹升角不大时（≤3°），根据已知螺距 P、牙型半角 $\dfrac{\alpha}{2}$ 及量针直径 d，可用下面的公式计算螺纹的单一中径 $d_{2\text{单}-}$，有

$$d_{2\text{单}-} = M - d_0\left[1 + \frac{1}{\sin\dfrac{\alpha}{2}}\right] + \frac{P}{2}\cot\frac{\alpha}{2} \qquad (6\text{-}12)$$

普通螺纹 $\alpha = 60°$ ，最佳量针直径 $d_0 = \dfrac{P}{2\cos\dfrac{\alpha}{2}}$ ，故有

$$d_{2单-} = M - 3d_0 + 0.866P \qquad (6\text{-}13)$$

另外，在计量室里，常在工具显微镜上采用影像法测量精密螺纹的各几何参数，可供生产中作工艺分析用。

任务实施

根据知识链接可知，解决"任务呈现"中外螺纹是否合格的方法步骤如下：

查表 6-9 得，基本螺距 $P = 3\text{mm}$ ，

则螺距偏差 $\Delta P = (3.040 - 3)\text{mm} = 0.040\text{mm}$ 。

查表 6-14 得，旋合长度 $N = 12 \sim 16\text{mm}$ ，取 $N = 12\text{mm}$ ，则在旋合长度内有四个螺距工作，螺距的累积误差

$\Delta P_\Sigma = 4\Delta P = 4 \times 0.040\text{mm} = 0.160\text{mm}$ 。

查表 6-9 得，公称中径为 22.051mm 。

查表 6-12 得，中径公差 $T_{d2} = 0.200\text{mm}$ 。

查表 6-11 得，中径基本偏差 $\text{e}s = 0\text{mm}$ ，

则中径下偏差 $\text{e}i = -0.200\text{mm}$ 。

故螺纹中径的极限尺寸为 $d_{2\max} = 22.051\text{mm}$ ， $d_{2\min} = 21.851\text{mm}$ 。

$d_{2单-} = d_2 - 0.866\Delta P = (21.935 - 0.866 \times 0.040)\text{mm} = 21.9\text{mm}$ 。

外螺纹的作用中径公式为 $d_{2作用} = d_{2单-} + (f_p + f_{\frac{\alpha}{2}})$

而 $f_p = 1.732|\Delta P_\Sigma| = 1.732 \times 0.160\text{mm} = 0.277\text{mm}$

$f_{\frac{\alpha}{2}} = 0.732P\left(K_1\left|\Delta\dfrac{\alpha_1}{2}\right| + K_2\left|\Delta\dfrac{\alpha_2}{2}\right|\right) = 0.073 \times 3(3 \times |-70| + 3 \times |-30|)\text{mm} = 0.0657\text{mm}$ 因此，作用中径为

$d_{2作用} = d_{2单-} + (f_p + f_{\frac{\alpha}{2}}) = 21.9\text{mm} + (0.277 + 0.0657)\text{mm} = 22.243\text{mm}$

螺纹的合格条件为 $d_{2作用} \leqslant d_{2\max}$ ， $d_{2单-} \geqslant d_{2\min}$

因为被测螺纹的作用中径大于中径的最大极限尺寸，即不满足 $d_{2作用} \leqslant d_{2\max}$ ，所以该外螺纹不合格。

任务三　渐开线圆柱齿轮传动的公差与检测

学习目标

1. 了解齿轮传动偏差的主要原因，掌握不同用途齿轮相应的侧重要求；

2. 掌握影响齿轮传动四项使用要求及齿轮副精度、侧隙的各项偏差指标的代号、定义、作用及检测方法；

3. 重点掌握齿轮精度等级及其选择，能依据生产情况合理选择齿轮偏差的检验组，并能够将各项要求标注在齿轮零件图中。

任务呈现

对齿轮传动的基本要求是什么？评定齿轮传递运动的准确性、平稳性、载荷分布均匀性的指标有哪些？

任务分析

齿轮传动在机器和仪器仪表中应用极为广泛，是一种重要的机械传动形式，通常用来传递运动或动力。齿轮传动的质量与齿轮的制造精度和装配精度密切相关。因此，为了保证齿轮传动质量，就要规定相应的公差，并进行合理的检测。由于渐开线圆柱齿轮应用最广，本任务主要介绍渐开线圆柱齿轮的精度设计及检测方法。

知识链接

齿轮传动由齿轮副、轴、轴承和箱体等组成，齿轮传动的质量和效率主要取决于齿轮的制造精度和齿轮副的安装精度。所以，为了保证齿轮传动质量，就要规定相应的公差，并进行合理的检测，对齿轮的质量进行有效的监控。

一、概述

（一）对圆柱齿轮传动的基本要求

由于齿轮传动的类型很多，应用又极为广泛，因此对齿轮传动的使用要求也是多方面的，归纳起来主要有如下几方面。

1. 传递运动的准确性（运动精度）

传递运动的准确性就是要求齿轮在一转范围内，实际速比相对于理论速比的变动量应限制在允许的范围内，以保证从动齿轮与主动齿轮的运动准确、协调。

2. 传递运动的平稳性（平稳性精度）

传递运动的平稳性就是要求齿轮在一个齿距范围内的转角误差的最大值限制在一定范围内，使齿轮副瞬时传动比变化小，以保证传动的平稳性。

3. 载荷分布的均匀性（接触精度）

载荷分布的均匀性就是要求齿轮啮合时，齿面接触良好，使齿面上的载荷分布均匀，避免载荷集中于局部齿面，使齿面磨损加剧，影响齿轮的使用寿命。

4. 齿轮副侧隙的合理性

侧隙即齿侧间隙，齿轮副侧隙的合理性就是要求啮合轮齿的非工作齿面间应留有一定的侧隙，以提供正常润滑的储油间隙，以及补偿传动时的热变形和弹性变形，防止咬死。但是，侧隙也不宜过大，对于经常需要正反转的传动齿轮副，侧隙过大会引起换向冲击，产生空程。所以，应合理确定侧隙的数值。

上述四项要求，前三项是针对齿轮本身提出的，第四项是对齿轮副提出的要求。对于不同用途、不同工作条件的齿轮其侧重点也应有所不同。

对于分度机构或仪器仪表中读数机构的齿轮，齿轮一转中的转角误差不应超过 $1'\sim2'$，甚至是几秒，此时，传递运动准确性是主要的；当需要可逆传动时，应对齿侧间隙加以限制，以减少反转时的空程误差。

对于高速、大功率传动装置中用的齿轮，如汽轮机减速器上的齿轮，圆周速度高，传递功率大，其运动精度、工作平稳性精度及接触精度要求都很高，特别是瞬时传动比的变化要求小，以减少振动和噪声。

对于低速动力齿轮，如轧钢机、矿山机械、起重机、运输机、透平机等低速重载机械的齿轮，其特点是载荷大、传动功率大、转速低，主要要求啮合齿面接触良好、载荷分布均匀，而对传递运动的准确性和传动平稳性的要求，则相对可以低一些。

通常的汽车、拖拉机及机床的变速箱齿轮往往考虑运动平稳性精度，以降低噪声。

（二）齿轮的加工误差

在机械制造中，齿轮的加工方法按齿廓的形成原理可分成范成法和仿形法。范成法是指在滚齿机上用滚刀切割滚齿加工；仿形法是指在铣床上用成型铣刀加工。齿轮的加工误差产生的原因很多，但主要来源于加工工艺系统，即机床、刀具、齿坯本身缺陷或夹具的偏差以及安装调整偏差等。现以滚切直齿圆柱齿轮为例，介绍在切齿过程中所产生的主要加工误差。

1. 几何偏心

齿坯孔与机床心轴的安装偏心（e），也称几何偏心，是齿坯在机床上安装时，齿坯基准轴线 O_1O_1 与工作台回转轴线 OO 不重合形成的偏心 e，如图 6-26 所示。加工时，滚刀轴线与工作台回转轴线距离保持不变，但与齿坯基准轴线的距离不断变化（最大变化量为 $2e$）。使齿轮一边齿高增大（轮齿变得瘦尖），另一边齿高减小（轮齿变得粗肥），滚切成如图 6-27 所示的齿轮，使齿面位置相对于齿轮基准中心在径向发生了变化，故称为径向误差。工作时产生以一转为周期的转角误差，使传动比不断改变。

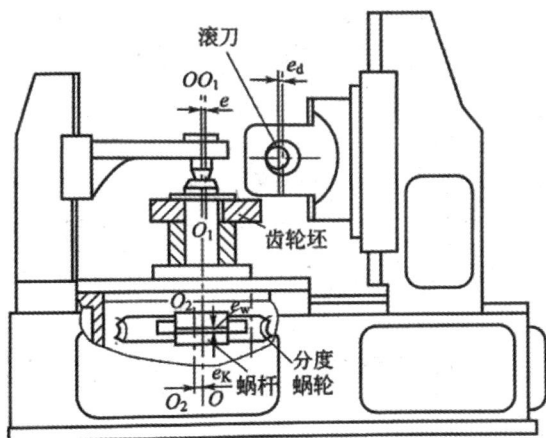

图 6-26　用滚齿机加工齿轮示意

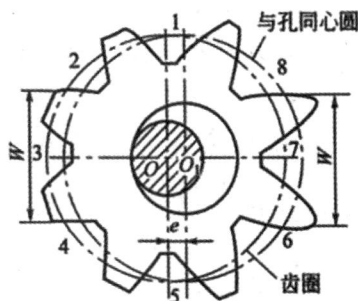

图 6-27　具有几何偏心的齿轮

2. 运动偏心

当分度蜗轮轴线与工作台中心线存在安装偏心（e_k）时，机床分度蜗轮的轴线与机床心轴的轴线不重合，形成安装偏心 e_k，如图 6-28 所示。这时尽管螺杆匀速旋转，蜗杆与蜗轮啮合节点的线速度相同，但由于蜗轮上的半径不断改变，从而使蜗轮和齿坯产生不均匀回转，角速度在（$\omega+\Delta\omega$）和（$\omega-\Delta\omega$）之间，以一转为周期变化。e_k 使工作台按正弦规律以一转为周期，时快时慢旋转，使齿轮产生的偏心误差称为运动偏心。运动偏心并不产生径向误差，而使齿轮产生切向误差。

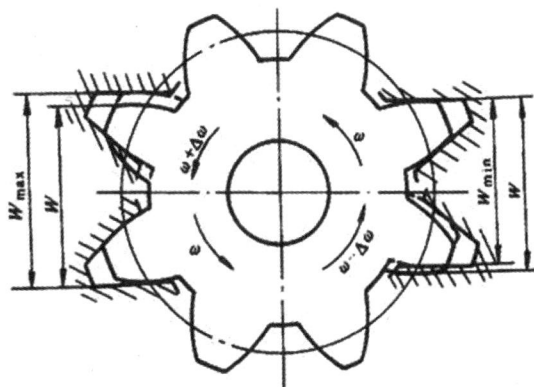

图 6-28　具有运动偏心的齿轮

以上两项误差均以齿坯一转为周期，是长周期误差，影响齿轮的运动均匀性。

3. 机床传动链的高频误差

机床分度蜗轮的安装偏心（e 蜗杆）和轴向窜动：此误差使蜗轮（齿坯）转速不均匀，加工出的齿轮有齿距偏差和齿形偏差，如蜗杆为单头，蜗轮为 n 牙，则在蜗轮（齿坯）一转中产生 n 次误差。这些都是机床传动链的高频误差。

4. 滚刀的制造误差及安装误差

滚刀偏心（e 刀）、轴线倾斜及轴向窜动：此误差使加工出的齿轮径向和轴向都产生误差，如滚刀单头，齿轮 z 牙，则在齿坯一转中产生 z 次误差。滚刀本身的基节、齿形等制造误差会复映到被加工齿轮的每一齿上，使之产生基节偏差和齿形误差。

以上两项误差在齿坯一转中多次重复出现，为短周期误差或高频误差。此误差会引起齿轮瞬时传动比的急剧变化，影响齿轮的工作平稳性，在高速传动中，将产生振动和噪声。

二、圆柱齿轮误差项目及检测

为了保证齿轮传动工作质量，必须控制单个齿轮的误差。从齿轮各项参数误差对齿轮传动使用性能的主要影响方面考虑，可将齿轮加工误差分为三组：

第Ⅰ组为影响传递运动准确性的误差。

第Ⅱ组为影响传动平稳性的误差。

第Ⅲ组为影响载荷分布均匀性的误差。

为了控制这些误差及保证齿轮副传动所需的侧隙，分别建立了相应的评定指标。

（一）影响传递运动准确性的误差与检测

1. 切向综合总偏差 F_i'

切向综合总偏差 F_i' 是指被测齿轮与理想精确齿轮（精度比被测齿轮高 2 级）做单面啮合传动时，在被测齿轮一转内，齿轮分度圆上实际圆周位移与理论圆周位移的最大差值，如图 6-29 所示。

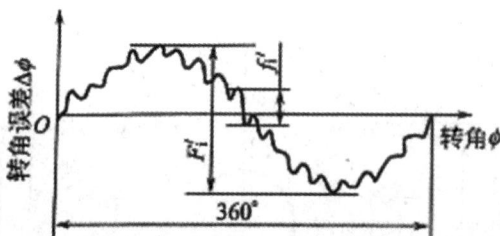

图 6-29　切向综合偏差

F_i' 反映了几何偏心、运动偏心以及基节偏差、齿廓形状偏差等影响的综合结果，而且是在近似于齿轮工作状态下测得的，所以它是评定传递运动准确性较为完善的综合指标。

F_i' 的测量用单面啮合综合测量仪（简称单啮仪）进行。由于单啮仪的制造精度要求很高，价格昂贵，目前生产中尚未广泛使用，因此常用其他指标来评定传递运动的准确性。

2. K 个齿距累积偏差 $\pm F_{pk}$ 与齿距累积总偏差 F_p

$\pm F_{pk}$ 是指在端平面上，在接近齿高中部的一个与齿轮轴线同心的圆上，任意 K 个齿距的实际弧长与理论弧长的最大差值。

如图 6-30 所示，除另有规定，$\pm F_{pk}$ 值被限定在不大于 1/8 的圆周上评定。因此，$\pm F_{pk}$ 允许适用于齿距数 K 为 2 到小于 $z/2$ 的弧段内。通常，$\pm F_{pk}$ 取 $K=z/8$ 就足够了。

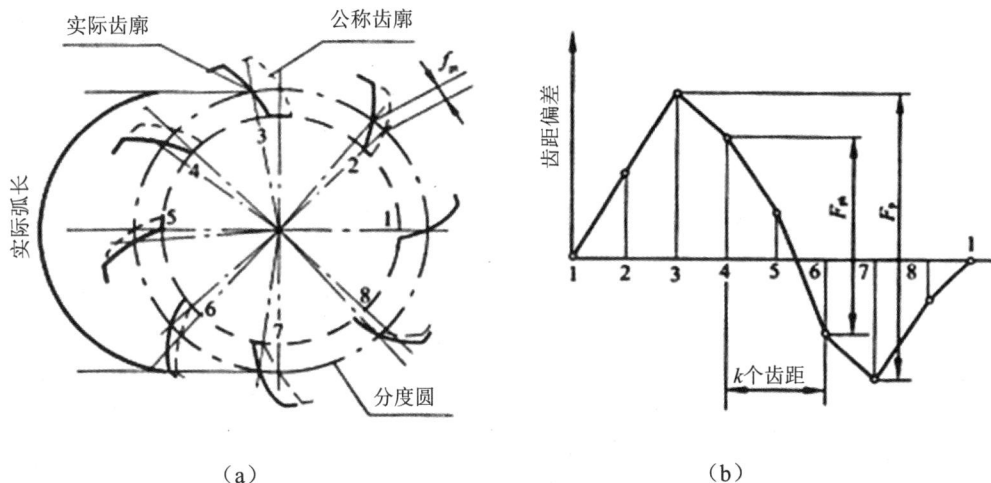

（a）　　　　　　　　　　　　　　（b）

图 6-30　齿距偏差与齿距累积偏差

（a）截面误差图；（b）齿距累积偏差曲线

齿距累积总偏差 F_p 是指齿轮同侧齿面任意弧段（ $K=1$ 至 $K=z$ ）内的最大齿距累积偏差，表现为齿距累积偏差曲线的总幅值。

齿距累积偏差主要是由滚切齿形过程中几何偏心和运动偏心造成的。它能反映齿轮一转中偏心误差引起的转角误差，因此 F_p （ F_{pk} ）可代替作为评定齿轮运动准确性的指标。但 F_p 是逐齿测得的，每齿只测一个点，而 F_i' 是在连续运转中测得的，因此更全面。由于 F_p 的测量可用较普及的齿距仪、万能测齿仪等仪器，因此是目前工厂中常用的一种齿轮运动精度的评定指标。

测量齿距累积误差通常用相对法，可用万能测齿仪或齿距仪进行测量。图 6-31 为万能测齿仪测齿距简图。首先以被测齿轮上任一实际齿距作为基准，将仪器指示表调零，然后沿整个齿圈依次测出其他实际齿距与作为基准的齿距的差值（称为相对齿距偏差），经过数据处理求出 F_p，（同时也可求得单个齿距偏差 f_{pt} ）。

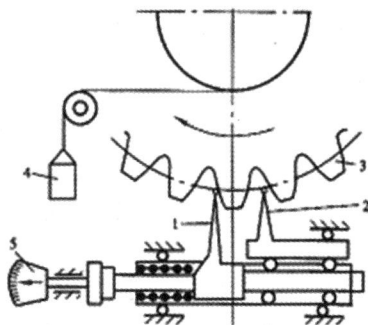

图 6-31　万能测齿仪测齿距简图

1-活动测头；2-固定测头；3-被测齿轮；4-重锤；5-指示表

3. 径向跳动 F_r

齿轮径向跳动 F_r 是指齿轮一转范围内，测头（球形、圆柱形、砧形）相继置于每个齿槽内时，从其到齿轮轴线的最大和最小径向距离之差。检查中，测头在近似齿高中部与左右齿面接触，如图 6-32 所示。F_r 主要是由几何偏心引起的，不能反映运动偏心，它以齿轮一转为周期，属长周期径向误差，所以必须与能揭示切向误差的单项指标组合，才能全面评定传递运动的准确性。径向跳动 F_r 可在齿轮跳动检查仪上进行检测。

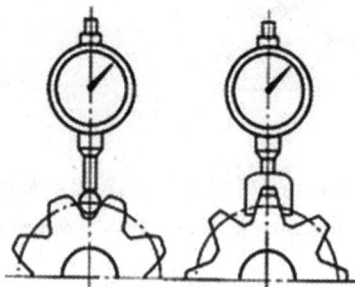

图 6-32 径向跳动

4. 径向综合总偏差 F_i''

径向综合总偏差 F_i'' 是指在径向（双面）综合检验时，产品齿轮的左右齿面同时与测量齿轮接触，并转过一整圈时出现的中心距最大值和最小值之差。

F_i'' 的测量用双面啮合综合检查仪（简称双啮仪）进行，如图 6-33 所示。

若齿轮存在径向误差（如几何偏心）及短周期误差（如齿形误差、基节偏差等），则齿轮与测量齿轮双面啮合的中心距会发生变化。

F_i'' 主要反映径向误差，由于 F_i'' 的测量操作简便，效率高，仪器结构比较简单，因此在成批生产时普遍应用。但其也有缺点，由于测量时被测齿轮齿面是与理想精确测量齿轮啮合，与工作状态不完全符合，F_i'' 只能反映齿轮的径向误差，而不能反映切向误差，所以 F_i'' 并不能确切和充分地用来评定齿轮传递运动的准确性。

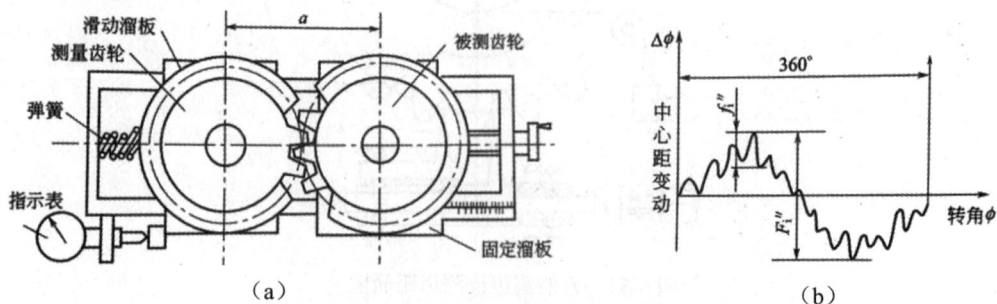

图 6-33 用双啮仪测径向综合总偏差

（a）双啮仪工作原理；（b）指示表记录

5. 公法线长度变动 ΔF_W

公法线长度变动 ΔF_W 是指在齿轮一周范围内，实际公法线长度最大值与最小值之差，用公式表示为

$$\Delta F_W = W_{max} - W_{min} \tag{6-14}$$

对于一般精度齿轮的公法线长度测量，可用公法线千分尺，如图 6-34 所示。对于精度较高的齿轮，应采用公法线指示千分尺或万能测齿仪测量。

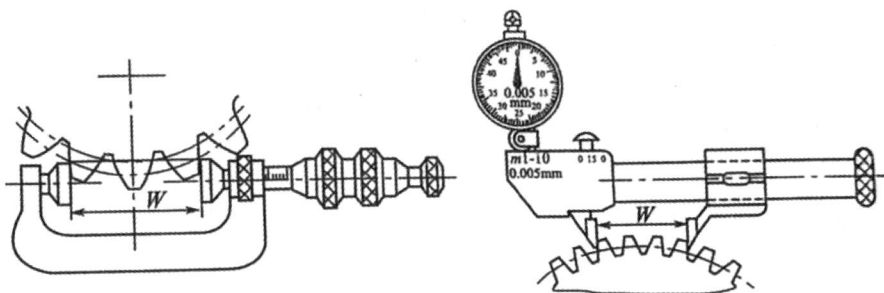

图 6-34　用公法线千分尺、指示常规测量齿轮的公法线

齿轮的公法线就是基圆上的切线，它的长度 W 是指跨 k 个齿的异侧齿形平行线间的距离或在基圆切线上所截取的长度。对标准直齿圆柱齿轮，跨齿数 k 及公法线长度 W 可查阅相关手册或按下列公式计算。

齿轮公法线公称值按下式计算

$$W_k = m\cos\alpha\left[\pi(k-0.5) + z\,inv\,\alpha\right] + 2x\,m\sin a \tag{6-15}$$

式中：　x ——径向变位系数；

　　　　m ——齿轮的模数；

　　　　z ——齿轮的齿数；

　　　　W_k ——公法线长度，对标准直齿取整数；

　　　　$inv\,\alpha$ —— α 的渐开线函数，$inv20°=0.014904$；

　　　　k ——测量时跨齿数，取整数，$\alpha=20°$ 的标准齿轮 $k=\dfrac{z}{9}+0.5$（计算后用四舍五入法取整数）。

当 $\alpha=20°$、$x=0$ 时，有

$$W_k = m[1.476(2k-1) + 0.014z] \tag{6-16}$$

在齿轮新标准中没有 ΔF_W 此项参数，但从我国的齿轮实际生产情况看，经常用 F_r 和 ΔF_W 组合代替 F_p 或 F_i'，这样检验成本不高且行之有效，故在此保留供参考。

ΔF_W 是由运动偏心引起的，使各轮齿在齿圈上分布不均匀，使公法线长度在齿轮转一圈中，呈周期性变化。它反映齿轮加工时的切向误差，因此，可作为影响传递运动准确性指标中属于切向性质的单项性指标。

（二）影响传动平稳性的误差与检测

1. 一齿切向综合偏差 f_i'

f_i' 是指齿轮在一齿距内的切向综合。在一个齿距角内，过偏差曲线的最高、最低点，作与横坐标平行的两条直线，此平行线间的距离即为 f_i'，如图 6-29 所示。f_i' 反映齿轮一齿内的转角误差，在齿轮一转中多次重复出现，是评定齿轮传动平稳性精度的一项指标。

显然，一齿切向综合偏差越大，频率越高，则传动越不平稳。因此，必须根据齿轮传动的使用要求，用一齿切向综合公差 f_i' 加以限制。f_i' 与切向综合总偏差一样，用单啮仪进行测量。

2. 一齿径向综合偏差 f_i''

f_i'' 是指当被测齿轮与测量齿轮啮合一整圈时，对应一个齿距（$360°/z$）的径向综合偏差值。如图 6-33（b）所示。

f_i'' 也反映齿轮的短周期误差，但与 f_i' 是有差别的。f_i'' 只能反映刀具制造和安装误差引起的径向误差，而不能反映机床传动链短周期误差引起的周期切向误差。因此，用 f_i'' 评定齿轮传动的平稳性不如用 f_i' 评定完善。但由于仪器结构简单，操作方便，在成批生产中仍广泛采用，所以一般用 f_i'' 作为评定齿轮传动平稳性的代用综合指标。

为了保证传动平稳性的要求，防止测不出切向误差部分的影响，应将标准规定的一齿径向综合公差乘以 0.8 加以缩小。故其合格条件为：一齿径向综合偏差 $f_i'' \leqslant$ 一齿径向综合公差 f_i'' 的 4 / 5。f_i'' 是在双面啮合综合检查仪上进行测量的。

3. 齿廓总偏差 F_a

在 GB/T 10095.1—2001 中，齿形误差 Δf_f 由齿廓总偏差 F_a 表示，同时还规定有齿廓形状偏差 f_{fa} 和齿廓倾斜偏差 f_{Ha}，标准中规定 f_{fa}、f_{Ha} 不是必检项目。

齿廓总偏差 F_a 是指在端截面上齿形工作部分内（齿顶倒棱部分除外）包容实际齿形且距离为最小的两条设计齿形之间的法向距离，如图 6-35（a）所示。

设计齿形可以是修正的理论渐开线，同时采用以理论渐开线齿形为基础修正齿形，如修缘齿形、凸齿形等，如图 6-35（b）所示。

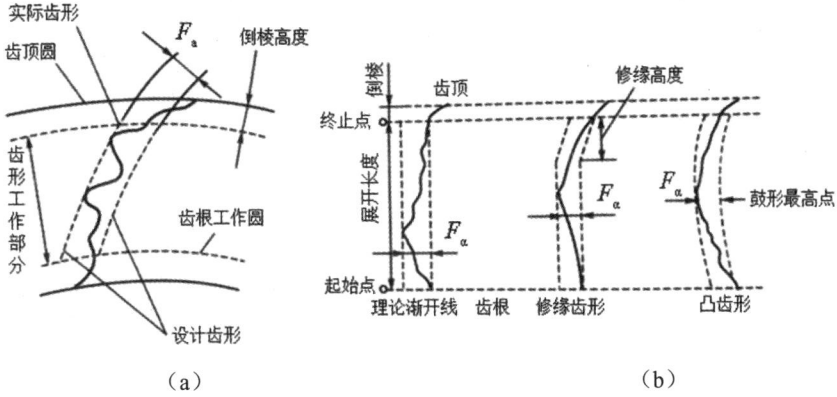

图 6-35 齿廓总偏差

（a）齿廓总偏差；（b）设计齿形

齿廓总偏差 F_a 可用渐开线检查仪测量，渐开线检查仪分为基圆可调的万能渐开线检查仪或基圆不可调的单圆盘渐开线检查仪。万能式不需要专用基圆盘，但价格较贵，结构复杂。单圆盘式对不同规格的被测齿轮都需要一个专用的基圆盘。但适合于批量齿轮生产的检测。单圆盘渐开线检查仪的工作原理如图 6-36 所示。仪器通过直尺和基圆盘的纯滚动产生精确的渐开线，被测齿轮与基圆盘同轴安装，并使基圆盘与装在滑座上的直尺相切。当滑座移动时，直尺带动基圆盘和齿轮无滑动地转动，测量头与被测齿轮的相对运动轨迹是理想渐开线，如果齿形有误差，指示表读数的最大差值就是齿廓总偏差 F_a。如果将指示表换成传感器，这一运动过程经传感器等测量系统记录在记录纸上，得出一条不规则的曲线即齿形偏差曲线。

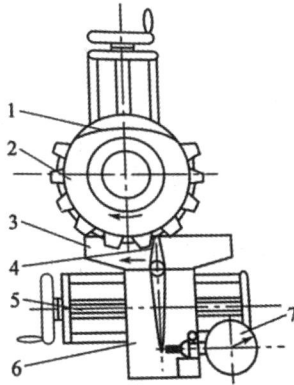

图 6-36 单圆盘渐开线检查仪

1-基圆盘；2-被测齿轮；3-直尺；4-杠杆；5-四杠；6-托板；7-指示表

产生齿廓总偏差 F_a 的原因，主要是刀具制造偏差，如刀具齿形角偏差。刀具的安装偏差，如滚刀安装偏心或倾斜。机床传动链偏差由机床分度蜗杆的径向及轴向跳动等原因造成。

由于齿廓总偏差 F_a 的存在，使啮合传动中啮合点公法线不能始终通过节点，如图 6-37 所示。两啮合齿 A_1 和 A_2 理应在啮合线上 a 点接触，但由于齿 A_2 存在齿廓总偏差，使接触点偏离啮合线在啮合线外 a' 点啮合，导致一对齿轮在啮合过程中瞬时传动比也就不断变化，破坏了传动的平稳性。

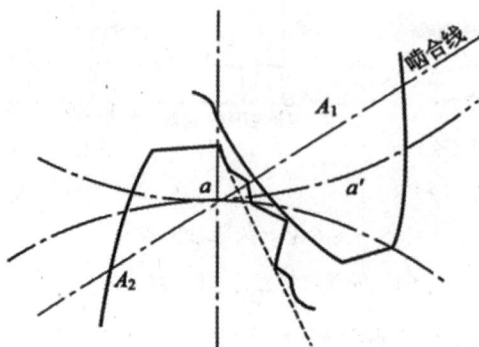

图 6-37 齿廓总偏差对传动平稳性的影响

4. 单个齿距偏差 f_{pt} 与单个齿距极限偏差 $\pm f_{pt}$

f_{pt} 是指在端平面上，在接近齿高中部的一个与齿轮轴线同心的圆上，实际齿距与理论齿距的代数差，如图 6-30 所示，图中为第 1 个齿距的齿距偏差。理论齿距是指所有实际齿距的平均值。$\pm f_{pt}$ 是允许单个齿距偏差 f_{pt} 的两个极限值。当齿轮存在齿距偏差时，不管是正值还是负值都会在一对齿啮合完了而另一对齿进入啮合时，主动齿与被动齿发生冲撞，影响齿轮传动平稳性。单个齿距偏差可用齿距仪、万能测齿仪进行测量。

5. 基节偏差 $\pm f_{pb}$

在 GB/T 10095—1988 中规定基节偏差为 $\pm f_{pb}$。

基节偏差是指实际基节与公法线基节之差，实际基节是指基圆柱切平面所截两相邻同侧齿面的交线之间的法向距离。

$\pm f_{pb}$ 使齿轮传动在两对轮齿交替啮合的瞬间发生撞击，当主动轮基节大于从动轮基节时，前对轮齿啮合完成而后对轮齿尚未进入，发生瞬间脱离，引起换齿撞击。当主动轮基节小于从动轮基节时，前对轮齿啮合尚未完成，后对轮齿啮合就已开始，从动轮转速加快，同样引起换齿撞击、振动及噪声，这主要是当两齿轮的基节不相等时，轮齿在进入或退出啮合时所造成的，影响了传动平稳性。如果这两种冲击在齿轮一转中重复多次出现，同时偏差的频率等于齿数，则称为齿频偏差。

基节一般用基节仪、万能测齿仪或万能工具显微镜等测量。

基节偏差与机床传动链偏差无关，由于在滚齿过程中，基节的两端点全由刀具相邻齿同时切出，所以基节偏差是由刀具的基节偏差和齿形角偏差造成的，这种偏差的实质是齿形的位置偏差。

（三）影响载荷分布均匀性的误差与检测

1. 螺旋线偏差

在端面基圆切线方向上测得的实际螺旋线偏离设计螺旋线的量称为螺旋线偏差，设计螺旋线为符合设计规定的螺旋线。螺旋线曲线图包括实际螺旋线迹线、设计螺旋线迹线和平均螺旋线迹线。螺旋线计值范围 L_β 等于迹线长度两端各减去 5% 的迹线长度，但减去量不超过一个模数。

螺旋线偏差包括螺旋线总偏差、螺旋线形状偏差和螺旋线倾斜偏差，它影响齿轮啮合过程中的接触状况，影响齿面载荷分布的均匀性。螺旋线偏差用于评定轴向重合度 ε_β >1.25 的宽斜齿轮及人字齿轮，它适用于大功率、高速高精度宽斜齿轮传动。

2. 螺旋线总偏差 F_β

在 GB/ T10095.1—2001 中，齿向误差 ΔF_β 由螺旋线总偏差 F_β 表示。同时还规定有螺旋线形状偏差 $f_{f\beta}$ 和螺旋线倾斜偏差 $f_{H\beta}$。标准中规定螺旋线形状偏差和螺旋线倾斜偏差不是必检项目。

螺旋线总偏差 F_β 是指在分度圆柱面上，齿宽有效部分范围内（端部倒角部分除外），包容实际齿线且距离为最小的两条设计齿线之间的端面距离，如图 6-38（a）所示。理论上直齿轮的齿向线是与齿轮轴线平行的直线，而对于斜齿轮的设计齿线则是圆柱螺旋线，如图 6-38（b）所示。为了改善齿轮接触状况，提高承载能力，设计齿向线也可采用修正齿线，如鼓形齿线，图 6-38（c）所示。轮齿两端修薄，如图 6-38（d）所示。

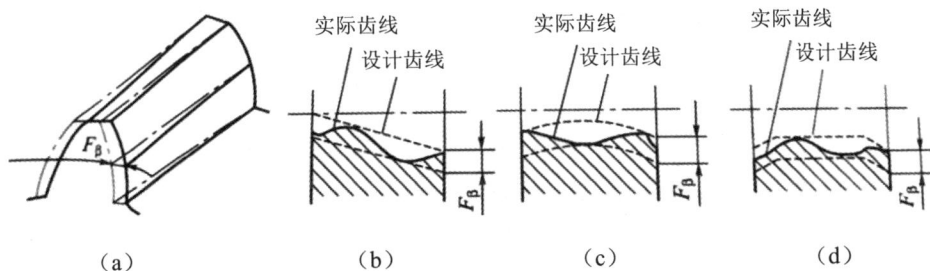

图 6-38　螺旋线总偏差

（a）螺旋线总偏差 F_β 示意图；　（b）斜齿轮的设计齿线；　（c）鼓形齿线；　（d）齿轮两端修薄

直齿圆柱齿轮的螺旋线总偏差 F_β 可在径跳仪上测量，如图 6-39 所示。被测齿轮装在心轴上，心轴装在两顶尖座或等高的 V 形架上，在齿槽内放入精密小圆柱，圆柱直径 $d = 1.68\text{mm}$，使圆柱与两侧齿廓在分度圆附近接触，移动指示表，测出圆棒两端 A、B 处的高度差 Δh。若被测齿宽为 b，测量距离即 A 点至 B 点为 l，则螺旋线总偏差 F_β 为

$$F_\beta = \frac{b}{l}\Delta h \qquad\qquad (6\text{-}17)$$

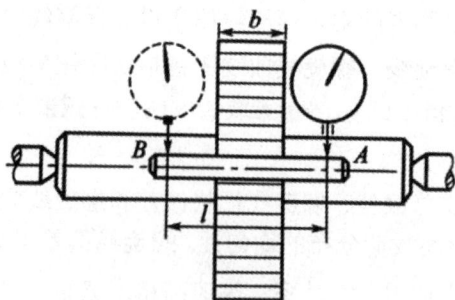

图 6-39   直齿圆柱齿轮螺旋线总偏差检测

通常在齿圈上每隔 90°或 120°各测一次，取最大误差值作齿轮的螺旋线总偏差 F_β。为了避免被测齿轮在顶尖上的安装偏差对测量结果的影响，可将圆棒放入相隔 180°的两齿槽中测量（齿轮的位置不变），取其平均值作为测量结果。

斜齿圆柱齿轮的螺旋线总偏差 F_β 可在导程仪、螺旋角检查仪、万能测齿仪上测量。

螺旋线总偏差 F_β 是由于机床刀架导轨偏差和齿坯的安装偏差引起的，它使轮齿的实际接触面积减小，影响载荷分布的均匀性，使齿面单位面积承受的负载增大，降低齿轮的使用寿命，所以螺旋线总偏差 F_β 是影响齿轮传动承载均匀性的重要指标之一。

（四）影响齿轮副侧隙的偏差与检测

侧隙是两个相啮合齿轮的工作齿面相接触时，在两个非工作齿面之间所形成的间隙。为了保证齿轮润滑，补偿齿轮的制造偏差、安装偏差以及热变形等造成的偏差，必须在非工作齿面留有侧隙。侧隙大小不是固定的，受齿轮加工偏差及工作状态等因素的影响，在不同的齿轮位置上是变动的，侧隙一般是用减薄齿厚的方法来获取。影响侧隙评定的参数主要有两个：一个是保证齿轮副侧隙，是齿轮传动正常工作的必要条件；另一个是在加工齿轮时，要适当地减薄齿厚。齿厚的检验项目共有两项。

1.   齿厚偏差 E_{sn}（齿厚上偏差 E_{sns}、齿厚下偏差 E_{sni}、齿厚公差 T_{sn}）

齿厚偏差 E_{sn} 是指在分度圆柱面上，齿厚的实际值与公称齿厚值之差。对于斜齿轮，指法向齿厚，如图 6-40 所示。

按定义，齿厚是以分度圆弧长（弧齿厚）计值，而测量时则以弦（弦齿厚）计值。为此，要计算与之对应的公称弦齿厚。

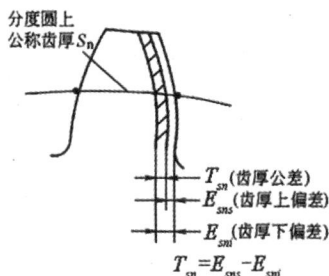

图 6-40 齿厚偏差 E_{sn}

对非变位的直齿轮，公称弦齿厚 $\overline{s}$ 为

$$\overline{s} = mz\sin\frac{90°}{z} \tag{6-18}$$

公称弦齿高 $\overline{h_a}$ 应为

$$\overline{h_a} = m[1 + \frac{Z}{2}(1 - \cos\frac{90°}{z})] \tag{6-19}$$

式中：m——齿轮的模数；

z——齿轮的齿数。

为方便起见，齿轮的 $\overline{s}$ 及 $\overline{h_a}$ 均可由手册查取。

测量齿厚是以齿顶圆为基准，测量结果受顶圆精度影响较大，此法仅适用于精度较低，模数较大的齿轮。因此，需提高齿顶圆精度或改用测量公法线平均长度偏差的办法。用齿厚游标卡尺测量 E_{sn}，如图 6-41 所示。

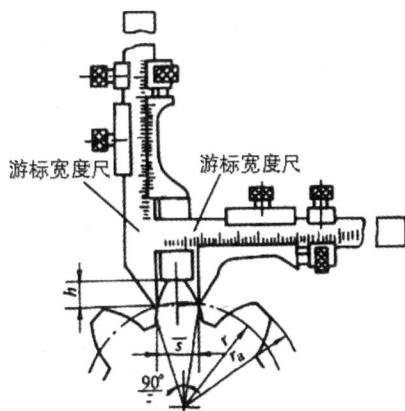

图 6-41 分度圆弦齿厚的测量

由于齿厚偏差 E_{sn} 在 GB/Z 18620.2—2008 未推荐数值，仍可用 GB/T 1005—1988 规定齿厚偏差 ΔE_s 的 14 个字母代号。

2. 公法线长度偏差 E_{bn}（上偏差 E_{bns}、下偏差 E_{bni}、公差 T_{bn}）

公法线长度偏差 E_{bn} 是指在齿轮一周内，实际公法线长度 W_{ka} 与公法线公称长 W_k 之差。

$$E_{bn} = (W_1 + W_2 + \cdots + W_z) / z - W_k \qquad (6\text{-}20)$$

式中：z —— 齿轮齿数。

公法线长度的上偏差 E_{bns} 与下偏差 E_{bni} 和齿厚偏差有如下关系。

对于外齿轮，其换算公式为：

$$E_{bns} = E_{sns} \cos a_n - 0.72 F_r \sin a_n \qquad (6\text{-}21)$$

$$E_{bni} = E_{sni} \cos a_n + 0.72 F_r \sin a_n \qquad (6\text{-}22)$$

对于内齿轮，其换算公式为：

$$E_{bns} = -E_{sni} \cos a_n - 0.72 F_r \sin a_n \qquad (6\text{-}23)$$

$$E_{bni} = -E_{sns} \cos a_n + 0.72 F_r \sin a_n \qquad (6\text{-}24)$$

公法线长度偏差用公法线千分尺或公法线指示卡规进行测量。由于公法线长度测量不像测量齿厚那样以齿轮顶圆作为测量基准，相对误差小，也不以齿轮基准轴线作为测量基准，因此相对测量较方便，精度也较高。但为了排除切向误差对齿轮公法线长度的影响，通常在齿轮一周内至少测量均布的六段公法线长度，取均值计算公法线长度偏差 E_{bn}。

需要指出，公法线长度偏差 E_{bn} 与公法线长度变动 ΔF_w 是不同的，公法线长度变动 ΔF_w 是指在齿轮一转范围内，实际公法线长度最大值 W_{max} 与最小值 W_{min} 之差。公法线长度偏差 E_{bn} 是指齿轮一圈内，实际公法线长度 W_{ka} 与公法线公称长度 W_k 之差。ΔF_w 只取 W_{max} 与 W_{min} 之差，不需要知道公法线公称长度，是由运动偏心导致切向偏差，影响传动准确性。E_{bn} 是实际公法线长度 W_{ka} 与公法线公称长度 W_k 的比较，反映齿厚减薄的情况，影响侧隙的大小。E_{bn} 与 ΔF_w 是完全不同的概念，具有完全不同的作用。

三、齿轮副和齿坯的精度及评定参数

（一）齿轮副精度的评定参数

在齿轮传动中，由两个相啮合的齿轮组成的基本机构称为齿轮副。齿轮副传动偏差是指一对齿轮在装配后的啮合传动条件下测定的综合性偏差。其产生原因是组成齿轮传动的齿轮副中单个齿轮加工、安装偏差与相关的各支承构件的加工和安装偏差的综合反映。虽然有时组成齿轮副的两个齿轮的误差在啮合传动时还可能出现互补，但为了保证齿轮传动的使用要求，国家标准对传动偏差规定了控制参数。

1. 齿轮接触斑点

齿轮接触斑点是指装配好的齿轮副在轻微制动下，运转后齿面分布的接触擦亮痕迹。接触痕迹的大小在齿面展开图上用百分数计算，如图 6-42 所示。

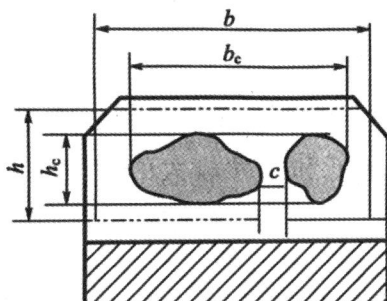

图 6-42 接触斑点

（1）沿齿长方向：接触痕迹的长度 b_c（扣除超过模数值的断开部分 c）与工作长度 b 之比的百分数，即

$$\frac{b_c - c}{b} \times 100\% \qquad (6\text{-}25)$$

沿齿长方向的接触痕迹主要影响齿轮副载荷分布均匀性。

（2）沿齿高方向：接触痕迹的平均高度 h_c 与工作高度 h 之比的百分数，沿齿高方向的触痕迹主要影响齿轮副的工作平稳性，即

$$\frac{h_c}{h} \times 100\% \qquad (6\text{-}26)$$

检验齿轮接触斑点时，经过一定时间的转动，使每个轮齿都经过啮合并留下擦痕，并对两个齿轮的所有轮齿加以观察，以接触点占有面积最小的轮齿作为齿轮副的检验结果。接触斑点是齿面接触精度的综合评定指标，是保证齿轮副的接触精度或承载能力而设计的一个检验项目。

齿轮接触斑点也综合反映了齿轮的加工误差和安装偏差，由于测量方法简单，应用也较广泛。直齿轮接触斑点的最低接触点见表 6-15。

表 6-15 直齿轮装配后的接触斑点（摘自 GB/Z 18620.4—2002）

精度等级（按 GB/T 10095—2001）	b_{c1} 占齿宽的百分比	h_{c1} 占有效齿面高度的百分比	b_{c2} 占齿宽的百分比	h_{c2} 占有效齿面高度的百分比
4 级及更高	50%	70%	40%	50%
5 级和 6 级	45%	50%	35%	30%
7 级和 8 级	35%	50%	35%	30%
9～12 级	25%	50%	25%	30%

2. 齿轮副的切向综合误差 $\Delta F_{ic}'$

齿轮副的切向综合误差 $\Delta F_{ic}'$ 是装配好的齿轮副，在经过足够转数的啮合后，一个齿轮相对于另一个齿轮的实际转角与公称转角之差的总幅度值，以分度圆弧长计值。如图 6-43 所示。

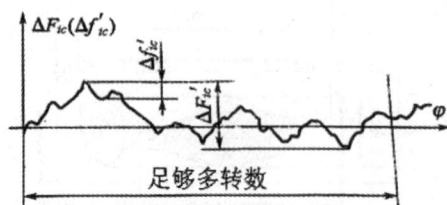

图 6-43　齿轮副切向综合误差曲线

这里，足够转数是使两齿轮的每一个齿都相互啮合，使误差在齿轮相对位置变化全周期中充分显示出来。齿轮副的切向综合误差 $\Delta F_{ic}'$ 是评定齿轮副传递运动准确性的综合指标。

3. 齿轮副一齿切向综合误差 $\Delta f_{ic}'$

齿轮副的一齿切向综合误差 $\Delta f_{ic}'$ 是指装配好的齿轮副，在啮合转动足够多的转数内，一个齿轮相对于另一个齿轮的一个齿距的实际转角与公称转角之差的最大幅度值，以分度圆弧长计值，如图 6-43 所示，$\Delta f_{ic}'$ 是评定齿轮副传递平稳性的最直接的指标。

$\Delta F_{ic}'$ 和 $\Delta f_{ic}'$ 可用传动链误差检测仪或单啮仪上安装两个相配的齿轮进行测量。或按两个齿轮分别在单啮仪上测得的 F_i' 之和、f_i' 之和进行考核。

4. 齿轮副的中心距极限偏差 $\pm f_a$

齿轮副的中心距极限偏差 $\pm f_a$ 是指在齿轮副齿宽中间平面内，实际中心距与公称中心距之差，如图 6-44 所示。

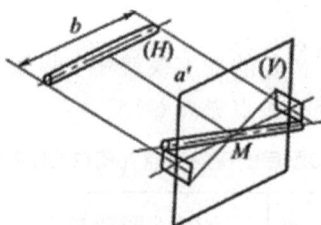

图 6-44　齿轮副的安装误差

齿轮副中心距的大小直接影响齿侧间隙的大小。齿轮副中心距的测量在实际生产中是以测量齿轮箱体支承孔中心距来替代。

表 6-16 为齿轮副中心距极限偏差数值，供参考。

表 6-16　中心距偏差 $\pm f_a$

中心距 a/mm 齿轮精度等级	5、6	7、8	中心距 a/mm 齿轮精度等级	5、6	7、8
≥6～10	7.5	11	>120～180	20	31.5
>10～18	9	13.5	>180～250	23	36
>18～30	10.5	16.5	>250～315	26	40.5
>30～50	12.5	19.5	>315～400	28.5	44.5
>50～80	15	23	>400～500	31.5	48.5
>80～120	17.5	27			

（二）齿轮副侧隙及齿厚极限偏差的选择及评定

齿轮副的侧隙是在装配后自然形成的，齿轮副的侧隙的精度受到基节偏差、螺旋线总偏差、齿轮副的安装偏差等因素的影响，但是影响侧隙大小的主要因素是中心距偏差与齿厚偏差。国标规定采用的是基中心距制，即在固定中心距极限偏差的条件下，通过改变齿厚偏差的大小来获得不同的最小侧隙，再通过计算确定两齿轮的齿厚极限偏差或公法线长度极限偏差。

1. 齿轮副侧隙

齿轮副的侧隙按测量方向分为圆周侧隙 j_{wt} 和法向侧隙 j_{bn}，如图 6-45 所示。

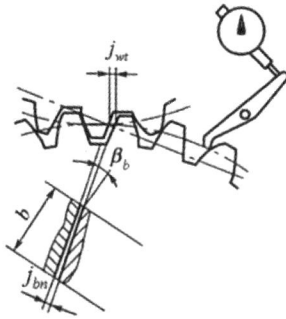

图 6-45　齿轮副侧隙

（1）圆周侧隙 j_{wt}

齿轮副的圆周侧隙 j_{wt}（圆周最大极限侧隙 $j_{t\max}$、圆周最小极限侧隙 $j_{t\min}$）是指装配好的齿轮副，当一个齿轮固定，另一个齿轮的圆周晃动量，以分度圆弧长计值，可用指示表测量。

（2）法向侧隙 j_{bn}

齿轮副的法向侧隙 j_{bn}（法向最大极限侧隙 $j_{bn\max}$、法向最小极限侧隙 $j_{bn\min}$）是指装配好的齿轮副，当工作齿接触时非工作齿面间的最短距离，法向侧隙可用塞尺或压铅丝法测量。

圆周侧隙 j_{wt} 和法向侧隙 j_{bn} 之间的关系为

$$j_{bn} = j_{wt} \cos \beta_b \cos a_{wt} \tag{6-27}$$

式中： β_b ——基圆螺旋角；

α_{wt} ——端面压力角。

圆周侧隙与法向侧隙是直接测量和评定齿侧间隙的两个综合检验参数，测量圆周侧隙和测量法向侧隙是等效的。

2. 最小极限侧隙 $j_{bn\min}$ 的确定

最小极限侧隙是依据齿轮传动时允许的工作温度、润滑方式及齿轮的圆周速度所确定的。首先要考虑补偿温度变化引起箱体及齿轮热变形所必需的最小法向侧隙 j_{bn1} 和保证正常润滑条件必需的最小法向侧隙 j_{bn2} 。

（1） 补偿热变形所必需的法向侧隙 j_{bn1}

$$j_{bn1} = a(a_1\Delta t_1 - a_2\Delta t_2)2\sin\alpha_n \qquad (6\text{-}28)$$

式中： a ——齿轮副的中心距；

a_1 、 a_2 ——齿轮和箱体材料的线胀系数，1/℃；

Δt_1 、 Δt_2 ——齿轮 t_1 和箱体 t_2 的工作温度与标准温度 20℃ 的偏差，即 $\Delta t_1 = t_1 - 20℃$ ， $\Delta t_2 = t_2 - 20℃$ ；

α_n ——齿轮的压力角，20°。

（2） 保证正常润滑条件所需的法向侧隙 j_{bn2} 取决于润滑方式和齿轮的圆周速度，可参考表 6-17。

表 6-17　j_{bn2} 的推荐值

润滑方式	圆周速度 υ /（m/s）			
	$\upsilon \leqslant 10$	$10 < \upsilon \leqslant 25$	$25 < \upsilon \leqslant 60$	$\upsilon > 60$
喷油润滑	$0.01\,m_n$	$0.02\,m_n$	$0.03\,m_n$	（0.03～0.05） m_n
油齿润滑	（0.005～0.01） m_n			

最小极限侧隙 $j_{bn\min}$ 应为 j_{bn1} 与 j_{bn2} 之和，即

$$j_{bn\min} = j_{bn1} + j_{bn2} \qquad (6\text{-}29)$$

在实际生产中，如果在不具备上述计算条件时，可参考机床行业所用的圆柱齿轮副侧隙的相关资料。

获得侧隙的方法有两种：一种是基齿厚制，即固定齿厚的极限偏差，通过改变中心距的基本偏差来获得不同的最小极限侧隙，此方法用于中心距可调的机构；另一种方法是基中心距制，即固定中心距的极限偏差，通过改变齿厚的上偏差来得到不同的最小极限侧隙，国标采用后一种。

3. 齿厚极限偏差的确定

在 GB/T 10095—1988 中将齿厚极限偏差的数值做了标准化，规定了 14 种齿厚极限

偏差，并用大写的英文字母 C、D、E、F、G、H、J、K、L、M、N、P、R、S 依次递增表示。每一种代号代表的齿厚极限偏差的数值均以齿距极限偏差（f_{pt}）的倍数表示。如图 6-46 所示的上偏差代号为 F，下偏差为 L 时，其齿厚上偏差为 $E_{sns} = -4f_{pt}$，齿厚下偏差为 $E_{sni} = -16f_{pt}$。

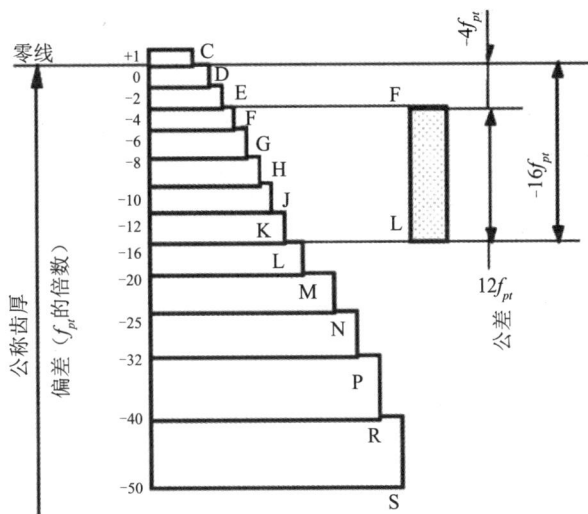

图 6-46　齿厚极限偏差

（1）齿厚上偏差 E_{sns}

齿厚上偏差 E_{sns} 不仅要保证齿轮副传动所需的最小极限侧隙，同时还要补偿由加工、安装偏差所引起的侧隙减小量，其计算公式为

$$E_{sns} = -\left(f_a \tan a_n + \frac{j_{bn\min} + k}{2\cos \alpha_n} \right) \tag{6-30}$$

式中：f_a——齿轮副中心距极限偏差；

　　　α_n——法向齿形角；

　　　k——齿轮加工和安装偏差所引起的法向侧隙减小量。

在 k 中齿轮加工偏差主要为基节偏差与螺旋线总偏差，安装偏差主要为轴线平面内的平行度偏差 $f_{\Sigma\delta}$、垂直平面上的平行度偏差 $f_{\Sigma\beta}$。上述偏差都是独立随机偏差，所以它们的合成可取各项平方之和，即

$$k = \sqrt{f_{pb1}^2 + f_{pb2}^2 + 2.104 F_\beta^2} \tag{6-31}$$

（2）齿厚下偏差

齿厚下偏差 E_{sni} 由齿厚的上偏差 E_{sns} 和齿厚公差 T_{sn} 求得，其计算公式为

$$E_{sni} = E_{sns} - T_{sn} \tag{6-32}$$

齿厚公差的大小与齿厚无关，主要取决于齿轮加工过程中进刀公差 b_r 及齿圈径向跳动公差 F_r 的影响，可按下式计算

$$T_{sn} = \sqrt{F_r^2 + b_r^2} \cdot 2\tan a_n \qquad (6\text{-}33)$$

式中：F_r——齿圈径向跳动公差；

$\quad\quad b_r$——切齿径向进刀公差，可按表 6-18 选取，其中 IT 值按齿轮分度圆直径查表。

表 6-18 切齿径向进刀公差 b_r 值

齿轮精度等级	4	5	6	7	8	9
b_r 值	1.26IT7	IT8	1.26IT8	IT9	1.26IT9	IT10

注：查 IT 值的主参数为分度圆直径尺寸。

（三）齿坯精度的确定

齿坯是指轮齿在加工前供制造齿轮的零件，齿坯的尺寸偏差和形位误差直接影响齿轮的加工和检验，影响齿轮副的接触和运行，因此必须加以控制。

1. 确定齿轮基准轴线

齿轮的工作基准是其基准轴线，而基准轴线通常都是由某些基准来确定的，齿轮内孔与轴径一般被作为加工、测量和安装基准，所以，对齿轮内孔、顶圆、齿轮轴的定位基准面及安装基准面的精度以及各工作面的粗糙度提出一定的精度要求。生产中确定基准轴线有以下几种方法：

（1）用两个"短的"圆柱或圆锥形基准面上设定的两个圆的圆心来确定基准轴线，如图 6-47 所示。

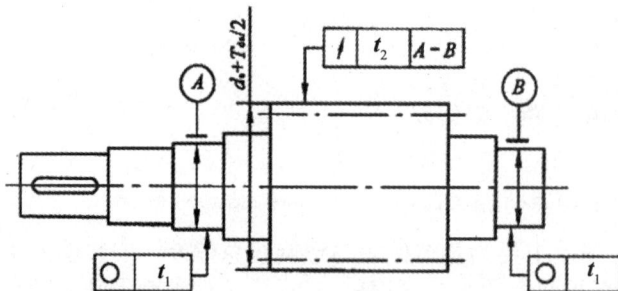

图 6-47 用两个"短的"基准面确定基准轴线

（2）用一个"长的"圆柱或圆锥形的面来同时确定轴线的位置和方向，孔的轴线可以用与之正确装配的零件心轴的轴线来表示，如图 6-48（a）所示。

（3）用一个"短的"圆柱形基准面上的一个圆的圆心来确定轴线的位置，轴线方向垂直于一个基准面，如图 6-48（b）所示。

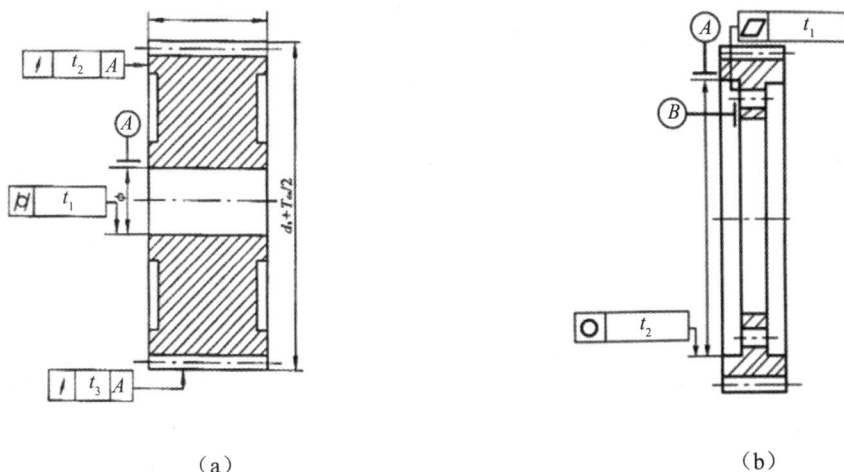

（a） （b）

图 6-48 齿轮结构形式

（a）用一个"长的"基准面确定基准轴线； （b）用一个"短的"圆柱形基准面和一个圆的圆心确定基准轴线

2. 齿坯公差的规定

对基准面精度要求在形状及位置公差中有相应控制，要求规定其基准面的形状公差不大于表 6-19 中的规定值。

表 6-19 基准面与安装面的形状公差（摘自 GB/Z 18620.3—2002）

确定轴线的基准面	公差项目		
	圆度	圆柱度	平面度
用两个"短的"圆柱或圆锥形基准面上设定的两个圆的圆心来确定轴线上的两个点	$0.04 F_\beta L/b$ 或 $0.1 F_p$，取两者中小值	—	—
用一个"长的"圆柱或圆锥形的面来同时确定轴线的位置和方向，孔的轴线可以用与之正确装配的零件心轴的轴线来表示	—	$0.04 F_\beta L/b$ 或 $0.1 F_p$，取两者中小值	—
用一个"短的"圆柱形基准面上一个圆的圆心来确定轴线的位置	$0.06 F_p$	—	$0.06 F_\beta D_d/b$

确定轴线的安装基准面的跳动公差见表 6-20。

表 6-20 安装面的跳动公差（摘自 GB/Z18620.3—2002）

确定轴线的基准面	跳动量（总的指示幅度）	
	径向	轴向
仅指圆柱或圆锥形基准面	$0.15 F_\beta L/b$ 或 $0.3 F_p$，取两者中大值	
一个圆柱基准面和一个端面基准面	$0.3 F_\beta$	$0.2 F_\beta D_d/b$

齿轮孔、轴颈和顶圆柱面的尺寸公差见表 6-21。

表 6-21　齿轮孔、轴颈和顶圆柱面尺寸公差

齿轮精度等级	6	7	8	9
孔	IT6	IT7	IT7	IT8
轴颈	IT5	IT6	IT6	IT7
顶圆柱面	IT8	IT8	IT8	IT9

齿面粗糙度见表 6-22。

表 6-22　齿面粗糙度推荐极限值（摘自 GB/Z 18620．4—2002）

单位：μm

齿轮精度等级	Ra		Rz	
	$m_n<6$	$6 \leqslant m_n \leqslant 25$	$m_n<6$	$6 \leqslant m_n \leqslant 25$
3	–	0.16	–	1.0
4	–	0.32	–	2.0
5	0.5	0.63	3.2	4.0
6	0.8	1.00	5.0	6.3
7	1.25	1.60	8.0	10
8	2.0	2.5	12.5	16
9	3.2	4.0	20	25
10	5.0	6.3	32	40

齿轮各基准面的表面粗糙度可参考表 6-23。

表 6-23　齿轮各基准面的表面粗糙度（Ra）推荐值

单位：μm

齿轮精度等级 / 各面粗糙度	5	6	7		8	9	
齿面加工方法	磨齿	磨或珩齿	剃或珩齿	精滚精插	插齿或滚齿	滚齿	铣齿
齿轮基准孔	0.32～0.63	1.25	1.25～2.5			5	
齿轮轴基准轴颈	0.32	0.63	1.25		2.5		
齿轮基准端面	1.25～2.5	2.5～5				3.2～5	
齿轮顶圆	1.25～1.5	3.2～5					

四、渐开线圆柱齿轮精度及标注

（一）齿轮的精度等级及选用

GB/T 10095.1—2001 和 GB/T 10095.2—2001 对齿轮规定了精度等级及各项偏差的允许值。标准对单个齿轮规定了 13 个精度等级，分别用阿拉伯数字 0、1、2、3、…、12 表示。其中，0 级精度最高，依次降低，12 级精度最低。其中 5 级精度为基本等级，是计算其他等级偏差允许值的基础；0～2 级目前加工工艺尚未达到标准要求，是为将来发展而规定的特别精密的齿轮；3～5 级为高精度齿轮；6～8 级为中等精度齿轮；9～12 级为低精度（粗糙）齿轮。

在确定齿轮精度等级时，主要依据齿轮的用途、使用要求和工作条件。选择齿轮精度等级的方法有计算法和类比法，多数采用类比法。类比法是根据以往产品设计、性能试验、使用过程中所积累的经验以及可靠的技术资料进行对比，从而确定齿轮精度等级的。

表 6-24 为各种机械采用的齿轮精度等级范围，表 6-25 为各种精度等级齿轮的适用范围及齿面的终加工方法。

表 6-24　各种机械采用的齿轮精度等级范围

测量齿轮	2～5	航空发动机	4～7
透平减速器	3～6	拖拉机	6～9
金属切削机床	3～8	通用减速器	6～8
内燃机车	6～7	轧钢机	5～10
电气机车	6～7	矿用绞车	8～10
轻型汽车	5～8	起重机械	6～10
载重汽车	6～9	农业机器	8～10

表 6-25　各种精度等级齿轮的适应范围及齿面的终加工方法

精度等级	5级（精密级）	6级（高精度级）	7级（比较高的精度级）	8级（中等精度级）	9级（低精度级）
加工方法	在周期性误差非常小的精密齿轮机床上范成加工	在高精度的齿轮机床上范成加工	在高精度的齿轮机床上范成加工	用范成法或仿型法加工	用任意的方法加工
齿面最终精加工	精密磨齿；大多数用精密滚刀加工，再研磨或剃齿	精密磨齿或剃齿	不淬火的齿轮推荐用高精度的刀具切削；淬火的齿轮需要精加工（磨齿、剃齿、研磨、衍齿）	不磨齿，必要时剃齿或研磨	不需要精加工
齿面粗糙度 Ra	0.8	0.8～1.6	1.6	1.6～3.2	3.2
齿根粗糙度 Rz	0.8～3.2	1.6～3.2	3.2	3.2	6.4
精度等级	5级（精密级）	6级（高精度级）	7级（比较高的精度级）	8级（中等精度级）	9级（低精度级）
使用范围	精密的分度机构用齿轮；用于高速，并对运转平稳性和噪声有比较高要求的齿轮，高速汽轮机用齿轮，8级或9级齿轮的标准齿轮	用于在高速下平稳地回转，并要求有最高效率和低噪声的齿轮，如分度机构用齿轮，特别重要的飞机齿轮	用于高速、载荷小或反转的齿轮，如机床的进给齿轮，需要运动有配合的齿轮，中速减速齿轮，飞机齿轮，人字轮，人字齿轮的中速齿轮	对精度没有特别要求的一般机械用齿轮；机床齿轮（分度机构除外），特别不重要的飞机，汽车，拖拉机齿轮，起重机，农业机械，普通减速器用齿轮	用于对精度要求不高，并且在低速下工作的齿轮
圆周速度（m/s） 直齿轮	20 以上	到 15	到 10	到 6	到 2
圆周速度（m/s） 斜齿轮	40 以上	到 30	到 20	到 12	到 4
效率（%）	99（98.5）以上	99（98.5）以上	98（97.5）以上	97（96.5）以上	96（95）以上

各级常用精度的各项偏差数值可查阅表 6-26～表 6-29。

表 6-26　$\pm F_{pt}$、F_p、F_a、f_{fa}、$\pm f_{Ha}$、F_r、f_i' /K、F_w 偏差允许值（摘自 GB/T10095.1～2—2001）

分度圆直径 mm	偏差项目 精度等级 模数	单个齿距极限偏差 $\pm F_{pt}$				齿距累计总公差 F_p				齿廓总公差 F_a				齿廓形状偏差 f_{fa}				齿廓倾斜极限偏差 $\pm f_{Ha}$				径向跳动公差 F_r				f_i' /K 值				公法线长度公差 F_w			
		5	6	7	8	5	6	7	8	5	6	7	8	5	6	7	8	5	6	7	8	5	6	7	8	5	6	7	8	5	6	7	8
≥5～22	≥0.5～2	4.7	6.5	9.5	13	11	16	23	32	4.6	6.5	9.0	13	3.5	5.0	7.0	10	2.9	4.2	6.0	8.5	9.0	13	18	25	14	19	27	38	10	14	20	29
	>2～3.5	5.0	7.5	10	15	12	17	23	33	6.5	9.5	13	19	5.0	7.0	10	14	4.2	6.0	8.5	12	9.5	13	19	27	16	23	32	45				
>20～50	≥0.5～2	5.0	7.0	10	14	14	20	29	41	5.0	7.5	10	15	4.0	5.5	8.0	11	3.3	4.6	6.5	9.5	11	16	23	32	14	20	29	41	12	16	23	32
	>2～3.5	5.5	7.5	11	15	15	21	30	42	7.0	10	14	20	5.5	8.0	11	16	4.5	6.5	9.0	13	12	17	24	34	17	24	34	48				
	>3.5～6	6.0	8.5	12	17	15	22	31	44	9.0	12	18	25	7.0	9.5	14	19	5.5	8.0	11	16	12	17	25	36	19	27	38	54				
>50～125	≥0.5～2	5.5	7.5	11	15	18	26	37	52	6.0	8.5	12	17	4.5	6.5	9.0	13	3.7	5.5	7.5	11	15	21	29	42	16	22	31	44	14	19	27	37
	>2～3.5	6.0	8.5	12	17	19	27	38	53	8.0	11	16	22	6.0	8.5	12	17	5.0	7.0	10	14	15	21	30	43	18	25	36	51				
	>3.5～6	6.5	9.0	13	18	19	28	39	55	9.5	13	19	27	7.5	10	15	21	6.0	8.5	12	17	16	22	31	44	20	29	40	57				
>125～280	≥0.5～2	6.0	8.5	12	17	24	35	49	69	7.0	10	14	20	5.5	7.5	11	15	4.4	6.0	9.0	12	20	28	39	55	17	24	34	49	16	22	31	44
	>2～3.5	6.5	9.0	13	18	25	35	50	70	9.0	13	18	25	7.0	9.5	14	19	5.5	8.0	11	16	20	28	40	56	20	28	39	56				
	>3.5～6	7.0	10	14	20	25	36	51	72	11	15	21	30	8.0	12	16	23	6.5	9.5	13	19	20	29	41	58	22	31	44	62				
>280～560	≥0.5～2	6.5	9.5	13	19	32	46	64	91	8.5	12	17	23	6.5	9.0	13	18	5.5	7.5	11	15	26	36	51	73	19	27	39	54	19	26	37	53
	>2～3.5	7.0	10	14	20	33	46	65	92	10	15	21	29	8.0	11	16	22	6.5	9.0	13	18	26	37	52	74	22	31	44	62				
	>3.5～6	8.0	11	16	22	33	47	66	94	12	17	24	34	9.0	13	18	26	7.5	11	15	21	27	38	53	75	24	34	48	68				

注：1. 本表中 F_w 为根据我国的生产实践提出的，供参考。

2. 将 f_i' /K 乘以 K 即得到 F_r；当 $\varepsilon_r < 4$ 时，$K = 0.2\dfrac{\varepsilon_r + 4}{\varepsilon_r}$；当 $\varepsilon_r \geqslant 4$ 时，$K = 0.4$。

表 6-27 F_β、$f_{f\beta}$、$\pm f_{H\beta}$ 偏差允许值（摘自 GB/T10095.1～2—2001）

单位：µm

分度圆直径 mm	精度等级 齿宽 b/mm	螺旋线总公差 F_β				螺旋线形状公差 $f_{f\beta}$ 和螺旋线倾斜极限偏差 $\pm f_{H\beta}$			
		5	6	7	8	5	6	7	8
≥5～20	≥4～10	6.0	8.5	12	17	4.4	6.0	8.5	12
	>10～20	7.0	9.5	14	19	4.9	7.0	10	14
>20～50	≥4～10	6.5	9.0	13	18	4.5	6.5	9.0	13
	>10～20	7.0	10	14	20	5.0	7.0	10	14
	>20～40	8.0	11	16	23	6.0	8.0	12	16
>50～125	≥4～10	6.5	9.5	13	19	4.8	6.5	9.5	13
	>10～20	7.5	11	15	21	5.5	7.5	11	15
	>20～40	8.5	12	17	24	6.0	8.5	12	17
	>40～80	10	14	20	28	7.0	10	14	20
>125～280	≥4～10	7.0	10	14	20	5.0	7.0	10	14
	>10～20	8.0	11	16	22	5.5	8.0	11	16
	>20～40	9.0	13	18	25	6.5	9.0	13	18
	>40～80	10	15	21	29	7.5	10	15	21
	>80～160	12	17	25	35	8.5	12	17	25
>280～560	≥10～20	8.5	12	17	24	6.0	8.5	12	17
	>20～40	9.5	13	19	27	7.0	9.5	14	19
	>40～80	11	15	22	33	8.0	11	16	22
	>80～160	13	18	26	36	9.0	13	18	26
	>160～250	15	21	30	43	11	15	22	30

表 6-28 F_i''、f_i'' 公差值（摘自 GB/T 10095.2—2001）

单位：µm

分度圆直径 mm	模数 m_n/mm 精度等级 偏差项目	径向综合总误差 F_i''				一齿径向综合总误差 f_i''			
		5	6	7	8	5	6	7	8
≥5～20	≥0.2～0.5	11	15	21	30	2.0	2.5	3.5	5.0
	>0.5～0.8	12	16	23	33	2.5	4.0	5.5	7.5
	>0.8～1.0	12	18	25	35	3.5	5.0	7.0	10
	>1.0～1.5	14	19	27	38	4.5	6.5	9.0	13
≥20～50	≥0.2～0.5	13	19	26	37	2.0	2.5	3.5	5.0
	>0.5～0.8	14	20	28	40	2.5	4.0	5.5	7.5
	>0.8～1.0	15	21	30	42	3.5	5.0	7.0	10
	>1.0～1.5	16	23	32	45	4.5	6.5	9.0	13
	>1.5～2.5	18	26	37	52	6.5	9.5	13	19

（续表）

分度圆直径 mm	模数 m_n/mm 精度等级 偏差项目	径向综合总误差 F_i''				一齿径向综合总误差 F_i''			
		5	6	7	8	5	6	7	8
≥50～125	≥1.0～1.5	19	27	39	55	4.5	6.5	9.0	13
	>1.5～2.5	22	31	43	61	6.5	9.5	13	19
	>2.5～4.0	25	36	51	72	10	14	20	29
	>4.0～6.0	31	44	62	88	15	22	31	44
	>6.0～10	40	57	80	114	24	34	48	67
≥125～280	≥1.0～1.5	24	34	48	68	4.5	6.5	9.0	13
	>1.5～2.5	26	37	53	75	6.5	9.5	13	19
	>2.5～4.0	30	43	61	85	10	15	21	29
	>4.0～6.0	36	51	72	102	15	22	31	44
	>6.0～10	45	54	90	127	24	34	48	67
≥280～560	≥1.0～1.5	30	43	51	86	4.5	6.5	9.0	13
	>1.5～2.5	33	16	65	92	6.5	9.5	13	19
	>2.5～4.0	37	52	73	104	10	15	21	29
	>4.0～6.0	42	60	84	119	15	22	31	44
	>6.0～10	51	73	103	145	24	24	48	68

表 6-29　基节极限偏差 $\pm f_{pb}$（摘自 GB/T 10095—1998）

单位：μm

分度圆直径/mm		法向模数/mm	精度等级			
大于	到		6	7	8	9
—	125	≥1～3.5	9	13	18	25
		>3.5～6.3	11	16	22	32
		>6.3～10	13	18	25	36
125	400	≥1～3.5	10	14	20	30
		>3.5～6.3	13	18	25	36
		>6.3～10	14	20	30	40
400	800	≥1～3.5	11	16	22	32
		>3.5～6.3	13	18	25	36
		>6.3～10	16	22	32	45

（二）齿轮精度在图样上的标注

1. 齿轮精度等级的标注方法示例

国家标准规定：在文件需要叙述齿轮精度要求时，应注明 GB/T 10095.1—2001 或 GB/T 10095.2—2001。

当齿轮的检验项目同为某一精度等级时，可标注精度等级和标准号。如齿轮检验项目同为 7 级，则标注为：

7GB/T 10095.1—2001 或 7GB/T 10095.2—2001

当齿轮检验项目的精度等级不同时，如齿廓总偏差 F_a 为 6 级，而齿距累计总偏差 F_p 和螺旋线总偏差 F_β 均为 7 级时，则标注为

$$6(F_a)7(F_p 、 F_\beta)\text{GB/T } 10095.1—2001$$

若偏差 F_i'' 、 f_i'' 均按 GB/T10095.2—2001 要求，精度均为 6 级，则标注为

$$6(F_i'' 、 f_i'')\text{GB/T } 10095.2—2001$$

2. 齿厚偏差常用标注方法

（1） $S_{nE_{sni}}^{E_{sns}}$ ，其中 S_n 为法向公称齿厚， E_{sns} 为齿厚上偏差， E_{sni} 为齿厚下偏差。

（2） $W_{kE_{bni}}^{E_{bns}}$ ，其中 W_k 为公称法线长度， E_{bns} 为公法线长度上偏差， E_{bni} 为公法线长度下偏差。

（三）综合应用举例

已知某机床主轴箱中的一对直齿圆柱齿轮，采用油齿润滑。 $z_1 =26$ ， $z_2 =56$ ， $m =3$ ， $a =20$ ， $b_1 =26$ ， $b_2 =24$ ， $n_1 =1650$r/min ，齿轮材料的线胀系数 $a_1 =11.5\times10^{-6}$ ，箱体材料的线胀系数 $a_2 =10.5\times10^{-6}$ 。齿轮工作温度 $t_1 =75℃$ ，箱体温度 $t_2 =57℃$ ，内孔直径为 $\phi45$ mm 。试对小齿轮进行精度设计，并将设计所确定的各项技术要求标注在齿轮工作图上。

解：1. 确定小齿轮的精度等级

小齿轮的传动速度高，主要要求其传递运动的平稳性，因此，按圆周速度选取小齿轮的精度等级。

$$\nu = \frac{\pi d n_1}{1000\times60} = \frac{\pi m z_1 n_1}{1000\times60} \quad \frac{3.14\times3\times26\times1650}{1000\times60} = 6.7\text{(m/s)}$$

查表 6-25，取平稳性精度等级为 7 级，由于传动准确性要求不高，可以降低一级取 8 级，而载荷分布均匀性一般不低于平稳性，也取 7 级，故齿轮的精度等级为 8—7—7。

2. 确定最小极限侧隙

由式（6-28）补偿热变形所需的法向侧隙为

$$j_{bn1} = a(a_1\Delta t_1 - a_2\Delta t_2)2\sin a_n$$

$$= \frac{m(z_1 + z_2)}{2}\left[a_1(t_1 - 20) - a_2(t_2 - 20)\right]2\sin a_n$$

$$= \frac{3\times(26 + 56)}{2}\times\left[11.5\times(75 - 20)\times10^{-6} - 10.5\times(57 - 20)\times10^{-6}\right]\times2\sin 20^o$$

$$= 0.0208\text{mm} = 20.8\mu\text{m}$$

查表 6-17，查得保证正常润滑条件所需的法向侧隙 $j_{bn2} = 0.01 m_n = 0.01\times3 = 30\mu\text{m}$

因此，最小侧隙 $j_{bnmin} = j_{bn1} + j_{bn2} = 20.8\mu m + 30\mu m = 50.8\mu m$

3. 确定齿厚极限偏差和公差

因为第 I 公差组精度等级为 8 级，所以 $b_r = 1.26IT9 = 1.26 \times 74\mu m \approx 93.2\mu m$

由表 6-26 查得 $F_r = 43\mu m$

由表 6-29 查得 $f_{pb1} = 13\mu m$，$f_{pb2} = 14\mu m$

由表 6-27 查得 $F_\beta = 17\mu m$

由表 6-16 得 $f_a = 31.5\mu m$

$$k = \sqrt{f_{pb1}^2 + f_{pb2}^2 + 2.104F_\beta^2} = \sqrt{13^2 + 14^2 + 2.104 \times 17^2} \approx 31.2\mu m$$

$$E_{sns} = -(f_a \tan a_n + \frac{j_{bnmin} + k}{2\cos a_n}) \approx -55\mu m$$

$$T_{sn} = 2\tan a_n \sqrt{F_r^2 + b_r^2} \approx 75\mu m$$

齿厚下偏差 $E_{sni} = E_{sns} - T_{sn} = -55 - 75 = -130\mu m$

由表 6-26 查得 $f_{pt} = 12\mu m$，$E_{sns} / f_{pt} = -55/12 = -4.5$，$E_{sni} / f_{pt} = -130/12 = -10.8$

由图 6-46 可知，齿厚上偏差代号为 F，下偏差代号为 J。

4. 齿轮公差组的检验组参数的确定

根据该齿轮的用途可知，该齿轮为批量生产。为提高检测的经济性，常用双啮仪测量，参见表 6-26～表 6-28。选取评定参数为：准确性用 $F_r"$ 与 F_w，平稳性用 $f_i"$，接触均匀性用 F_β，由于准确性已经用了 F_w，所以用公法线长度偏差 E_{bn} 控制齿厚极限偏差更为方便。查表得：$F_w = 37\mu m$，$F_\beta = 17\mu m$，$F_r" = 72\mu m$，$f_i" = 20\mu m$

计算得：
$$E_{bns} = E_{sns}\cos a_n - 0.72F_r \sin a_n = -55\cos 20^0 - 0.72 \times 43\sin 20^0 \approx -62\mu m$$
$$E_{bni} = E_{sni}\cos a_n + 0.72F_r \sin a_n = -130\cos 20^0 + 0.72 \times 43\sin 20^0 \approx -112\mu m$$

跨齿距 $k = \frac{z}{9} + 0.5 = \frac{26}{9} + 0.5 \approx 3.4$

取 $k = 4$，$W = m[1.476(2k-1) + 0.014z] = 3 \times [1.476 \times (2 \times 4 - 1) + 0.014 \times 26] = 32.09mm$

则 $W = 32.09_{-0.112}^{-0.062}mm$

5. 确定齿坯精度

（1）内径尺寸精度：查表 6-21，内径尺寸精度选用 IT7 级，已知内径尺寸为 $\phi 45mm$，则内径尺寸公差带确定为 $\phi 45H7_0^{+0.025}$，采用包容原则 E。

（2）齿顶圆可作为加工找正基准，齿顶圆直径公差为 IT8 级，由于齿顶圆直径 $d_a = m(z+2) = 3 \times (26+2) = 84mm$，所以 IT8 = 0.054mm，齿顶圆直径的尺寸公差带为 $\phi 84h8_{-0.054}^0$。

（3）基准面和安装面的形状公差。

由于小齿轮在轴上是由一个短圆柱面和一个端面定位的，查表 6-19，短圆柱面的圆度公差为 $0.06F_p = 0.06 \times 0.053 = 0.003mm$（$F_p$ 值由表 6-26 查得），端面的平面度公差为 $0.06(D_d / F_\beta) = 0.06 \times (45/26) \times 0.011 = 0.001mm$。

（4） 安装面的跳动公差。

查表 6-20 径向跳动公差为 $0.3F_p = 0.3 \times 0.053 = 0.016\text{mm}$ ，轴向跳动公差为 $0.2F_\beta(D_d / b_1) =$

$0.2 \times 0.011 \times (45 / 26) = 0.004\text{mm}$ 。

（5） 齿轮各个表面粗糙度 Ra 值。

查表 6-22，齿面 $Ra = 3.2\mu\text{m}$ ，顶圆 $Ra = 6.3\mu\text{m}$ ，齿轮基准孔 $Ra = 1.6\mu\text{m}$ ，齿轮基准端面 $Ra = 3.2\mu\text{m}$ 。

（6） 将上述各项要求标注在齿轮零件图上，得到如图 6-49 所示的齿轮工作图。

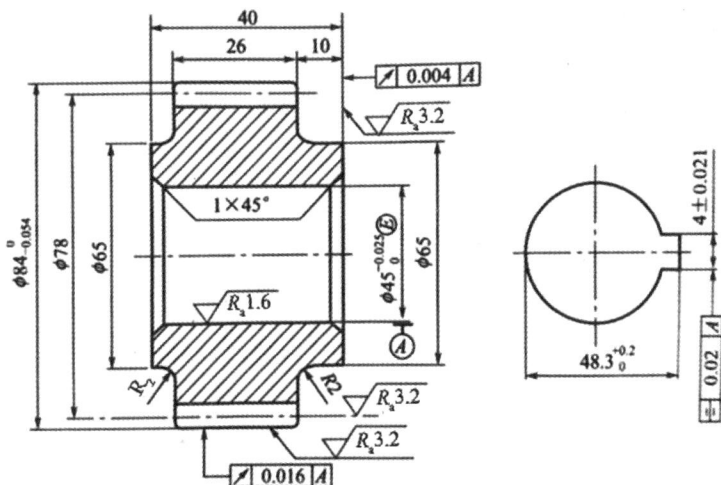

图 6-49 齿轮工作图

任务实施

1. 齿轮传动的使用要求

齿轮传动的使用要求为运动精度（传递运动的准确性）、运动平稳性精度（传动的平稳性）、接触精度（载荷分布的均匀性）和齿侧间隙（传动侧隙）。

2. 齿轮加工误差

齿轮误差主要包括齿轮加工（制造）误差和齿轮副的安装误差。

齿轮加工误差原因（1）几何偏心 $e_几$ ；（2）运动偏心 $e_运$ （长周期误差）；（3）传动链高频误差；（4）滚刀的制造误差及安装误差。

3. 圆柱齿轮误差项目及检验组

影响运动准确性的误差，包括：切向综合误差（ F_i' ），齿距累积误差（ F_p ）及 K 个齿距累积误差（ F_{PK} ），齿圈径向跳动（ F_r ），径向综合误差（ F_i'' ），公法线长度变动（ F_W ）。

影响传动平稳性的误差，包括：一齿切向综合偏差（ f_i' ），一齿径向综合偏差（ f_i'' ），齿廓总偏差（ F_a ），单个齿距偏差（ f_{pt} ）与单个齿距极限偏差（ $\pm f_{pt}$ ），基节偏差（ $\pm f_{pb}$ ）。

影响载荷分布均匀性的误差，包括：螺旋线偏差，螺旋线总偏差（F_β）。

影响齿轮副侧隙的误差，包括：公法线长度偏差（E_{bn}），齿厚偏差（E_{sn}）。

4. 齿轮副和齿坯的精度及评定参数

齿轮副精度的评定参数，包括：齿轮接触斑点，齿轮副的切向综合误差 $\Delta F'_{ic}$，轮副一齿切向综合误差 $\Delta f'_{ic}$，齿轮副的中心距极限偏差 $\pm f_a$ 齿。

齿轮副侧隙及齿厚极限偏差的选择及评定包括：齿厚极限偏差的确定，最小极限侧隙 $j_{bn\min}$ 的确定，齿轮副侧隙。

齿坯精度的确定包括：确定齿轮基准轴线，齿坯公差的规定。

5. 齿轮公差的图样标注

能够将齿轮公差正确标注在工作图上。

任务四　滚动轴承的公差与配合

学习目标

1. 掌握滚动轴承的互换性概念和滚动轴承公差等级的规定及其应用；
2. 掌握滚动轴承内、外径公差带的特点以及相配轴颈、外壳孔的公差带。

任务呈现

如图 6-50 所示，在 C616 车床主轴后支承上，装有两个单列向心球轴承，其外形尺寸为 $d \times D \times B = 50\text{mm} \times 90\text{mm} \times 20\text{mm}$，如何选定轴承的精度等级？如何确定轴承与轴颈和外壳孔的配合？

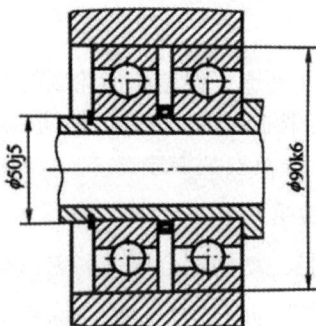

图 6-50　C616 车床主轴的后轴承结构

⬤任务分析

　　为了保证机器的工作性能，安装在机器上的滚动轴承必须满足下列两项要求：①必要的旋转精度；②合适的径向游隙和轴向游隙。在选择滚动轴承时，除了确定滚动轴承的信号外，还必须选择滚动轴承的精度等级、滚动轴承与轴和外壳孔的配合、轴和外壳孔的形位公差及表面粗糙度参数。

⬤知识链接

一、滚动轴承的分类、组成及安装形式

（一）滚动轴承分类

　　滚动轴承是机械制造业中应用极为广泛的一种标准部件，按照滚动轴承所能承受的主要负荷方向划分，滚动轴承可以分为向心轴承（主要承受径向负荷）、推力轴承（承受轴向负荷）、向心推力轴承（能同时承受径向负荷和轴向负荷）三种；按滚动体形状划分，滚动轴承可分为球轴承和滚子轴承两类，滚子轴承又分为圆柱轴承和圆锥轴承两种。图6-51所示，为滚动轴承的分类图例。

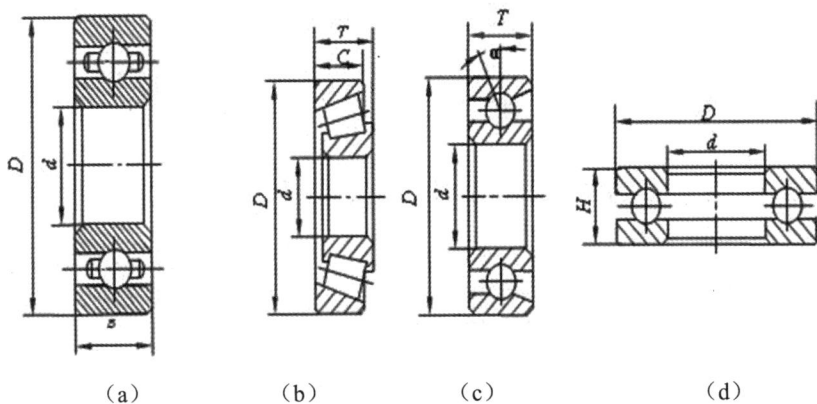

| （a） | （b） | （c） | （d） |

图 6-51　滚动轴承分类图例

（a）向心轴承；　（b）圆锥滚子轴承；　（c）角接触球轴承；　（d）推力轴承

（二）滚动轴承的组成

　　如图6-52所示，通用滚动轴承一般由外圈、内圈、滚动体（钢球或滚子）和保持架组成，具有减摩，以及承受径向载荷、轴向载荷或径向与轴向联合载荷的功能，还具有对机械零部件相互间位置进行定位的作用。

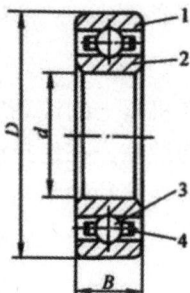

图 6-52　通用滚动轴承

1-外圈；2-内圈；3-滚动体；4-保持架

（三）滚动轴承的安装形式

将外圈与箱体上的轴承座配合，内圈与旋转的轴颈配合。通常外圈固定不动，因而外圈与轴承座为过盈配合；内圈随轴一起旋转，内圈与轴也为过盈配合。考虑到运动过程中轴会受热变形延伸，一端轴承应能够作轴向调节；调节好后应轴向锁紧。

滚动轴承内圈 d 与轴颈配合（基孔制）、外圈 D 与外壳体孔径配合（基轴制），采用完全互换；而滚子与滚道直径之间，因装配精度高、加工困难常用分组装配法，为不完全互换。滚动轴承的工作性能及使用寿命不仅与其精度有关，而且与安装的支架或箱体孔直径 D、传动轴颈直径 d 和配合尺寸精度、几何精度及表面粗糙度有关。

二、滚动轴承的公差等级及应用

（一）滚动轴承的公差等级

轴承的尺寸精度指轴承内径、外径和宽度等尺寸公差；轴承的旋转精度指轴承内、外圈的径向圆跳动、端面对滚道的跳动和端面对内孔的跳动等公差。根据滚动轴承的结构尺寸、公差等级和技术性能等产品特征，在《滚动轴承　通用技术规则》（GB/T 307.3—2005）中，按尺寸公差与旋转精度等级将滚动轴承公差等级由低至高排列为0、6（6x）、5、4、2级，代号分别为P0、P6、P6x、P5、P4和P2。不同种类的滚动轴承，公差等级稍有不同，具体如下：

（1）向心轴承（圆锥滚子轴承除外）公差等级共分为五级，即0、6、5、4、2级。

（2）圆锥滚子轴承公差等级共分为五级，即0、6x、5、4、2级。

（3）推力轴承公差等级共分为四级，即0、6、5、4级。

（二）滚动轴承精度等级的应用

在机械制造业中应用最广的是普通精度的0级轴承，主要适用于旋转精度要求不高、中等负荷、中等转速的一般结构，如卧式车床变速箱和进给箱、汽车和拖拉机的变速箱等。其余各级轴承为高精度轴承，主要用于高转速、高旋转精度的场合。高精度的轴承在各种金属切削机床中应用较多。表 6-30 列出了各精度等级滚动轴承的应用情况。

表 6-30　各精度等级滚动轴承的应用情况

轴承类型	精度等级	应用情况
深沟球轴承	4	高精度磨床、丝锥磨床、螺纹磨床、磨齿机、插齿刀磨床
角接触球轴承	5	精密镗床、内圆磨床、齿轮加工机床
	6	卧式车床、铣床
单列圆柱滚子轴承	4	精密丝杠车床、高精度车床、高精度外圆磨床
	5	精密车床、精密铣床、转塔车床、普通外圆磨床、多轴车床、镗床
	6	卧式车床、自动车床、铣床、立式车床
向心短圆柱滚子轴承、调心滚子轴承	6	精密车床及铣床的后轴承
圆锥滚子轴承	4	坐标镗床、磨齿机
	5	精密车床、精密铣床、镗床、精密转塔车床、滚齿机
	6x	铣床、车床
推力球轴承	6	一般精度车床

三、滚动轴承内径、外径公差带的特点

国家标准 GB/T 307.1—2005、GB/T 307.2—2005、GB/T 307.3—2005 规定，滚动轴承的公差带是特殊的公差带，其与别的机件组成配合时，都是以滚动轴承作为配合基准件来选择基准制的。例如，滚动轴承的内圈内径与轴颈配合采用基孔制，滚动轴承的外圈外径与外壳孔的配合采用基轴制。

（一）滚动轴承的内径公差带

轴承内圈通常与轴一起旋转，为防止内圈和轴颈的配合产生相对滑动而磨损，影响轴承的工作性能，要求配合面具有一定的过盈，但过盈量不能过大。如果作为基准孔的轴承内圈仍采用基本偏差为 H 的公差带，轴颈也选用光滑圆柱结合国家标准中的公差带，则在这样的配合时，无论选择过渡配合（过盈量偏小）或过盈配合（过盈量偏大）都不能满足轴承工作的需要。若轴颈采用非标准的公差带，则又违反了标准化与互换性的原则。为此，国家标准规定：轴承内圈的基准孔公差带位置位于以公称内径 d_m 为零线的下方，如图 6-53 所示。这项规定与一般基准孔的公差带分布位置截然相反，数值也完全不同（见表 6-31）。

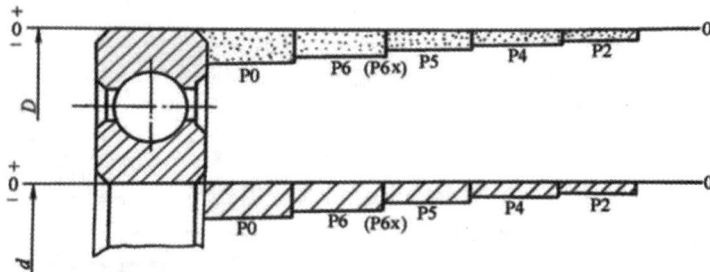

图 6-53　不同公差等级轴承内、外径公差带的分布图

表 6-31　向心轴承内圈公差（GB/T 307.1—2005）

d / mm	精度等级	Δd_{mp}		Δd_s④		V_{dsp}① 直径系列			V_{dmp}	K_{ia}	S_d	S_{ia}③	ΔB_s			V_{Bs}
						9	0、1	2、3、4					全部	正常	修正②	
		上偏差	下偏差	上偏差	下偏差	最大			最大	最大	最大	最大	上偏差	下偏差		最大
18 < d ≤ 30	0	0	-10	-5	—	13	10	8	8	13	—	—	0	-120	-250	20
	6	0	-8	—	—	10	8	6	6	8	—	—	0	-120	-250	20
	5	0	-6	—	—	6	5	5	3	4	8	8	0	-120	-250	5
	4	0	-5	0	-5	5	4	4	2.5	3	4	4	0	-120	-250	2.5
	2	0	-2.5	0	2.5	—	2.5	2.5	1.5	2.5	1.5	2.5	0	-120	-250	1.5
30 < d ≤ 50	0	0	-12	—	—	15	12	9	9	15	—	—	0	-120	-250	20
	6	0	-10	—	—	13	10	8	8	10	—	—	0	-120	-250	20
	5	0	-8	—	—	8	6	6	4	5	8	8	0	-120	-250	5
	4	0	-6	0	-6	6	5	4	3	4	4	4	0	-120	-250	3
	2	0	-2.5	0	-2.5	—	2.5	2.5	1.5	2.5	1.5	2.5	0	-120	-250	1.5

注：①直径系列 7、8 无规定值。

②指用于成对或成组安装时单个轴承的内圈宽度公差。

③仅适用于沟型球轴承。

④表中 4、2 级公差值仅适用于直径系列 0、1、2、3 及 4。

表中 "—" 表示均未规定公差值。

（二）滚动轴承的外径公差带

　　轴承外圈因安装在外壳孔中，通常不旋转，考虑工作时温度升高会使轴热胀而产生轴向移动，因此两端轴承中有一端应是游动支承，可使外圈与外壳孔的配合稍微松一点，使之能补偿轴的热胀伸长量，不至于使轴变弯而被卡住，影响正常运转。为此，国家标准规定：轴承外圈的公差带位置位于公称外径 D_m 为零线的下方，与基本偏差为 h 的公差带类似，但公差值不同，如图 6-53 所示。其与一般基准轴公差带的分布位置相同，但数值不同（见表 6-32）。

表 6-32　向心轴承外径公差（GB/T 307.1—2005）

D/mm	精度等级	ΔD_{mp} 上偏差	ΔD_{mp} 下偏差	ΔD_s① 上偏差	ΔD_s① 下偏差	V_{Dsp}② 9 最大	V_{Dsp} 0、1 最大	V_{Dsp} 2、3、4 最大	V_{Dsp} 2、3、4 最大	V_{Dsp} 0、1 最大	V_{Dmp} 最大	K_{ea} 最大	S_D 最大	S_{ea}③ 最大	ΔC_s 上偏差	ΔC_s 上偏差	V_{Cs} 最大
50<d≤80	0	0	-13	-4	—	16	13	10	20	—	10	25	—	—	与同一轴承内圈的 ΔB_s 相同		与同一轴承内圈的 v_{Bs} 相同
	6	0	-11	—	—	14	11	8	16	16	8	13	—	—			与同一轴承内圈的 v_{Bs} 相同
	5	0	-9	—	—	9	7	7	—	—	5	8	8	10			6
	4	0	-7	0	-7	7	5	5	—	—	3.5	5	4	5			3
	2	0	-4	0	-4	—	4	4	4	4	2	4	1.5	4			1.5
80<d≤120	0	0	-15	—	—	19	19	11	26	—	11	35	—	—			与同一轴承内圈的 v_{Bs} 相同
	6	0	-13	—	—	16	16	10	20	20	10	18	—	—			与同一轴承内圈的 v_{Bs} 相同
	5	0	-10	—	—	10	8	8	—	—	5	10	9	11			8
	4	0	-8	0	-8	8	6	6	—	—	4	6	5	6			4
	2	0	-5	0	-5	—	5	5	5	5	2.5	5	2.5	5			2.5

注：① 仅适用于 4，2 级轴承直径系列 0、1、2、3 及 4。

　　② 对 0、6 级轴承，用于内、外环安装前或拆卸后，直径系列 7 和 8 无规定值。

　　③ 仅适用于沟型球轴承。

　　表中"—"表示均未规定公差值。

（三）滚动轴承公差带取值

由于滚动轴承的内、外圈均是薄壁零件，制造和存放时极易变形，若相配零件的形状较正确，则在装配后容易得到矫正。根据这些特点，轴承内圈与轴、外圈与外壳孔起配合作用的为平均直径。因此，国家标准 GB/T 307.1—2005 不仅规定了两种尺寸公差，还规定了两种形状公差，目的是控制轴承的变形程度，控制轴承与轴和外壳孔配合的精度。

两种尺寸公差：①轴承单一内径（d_s）与外径（D_s）的偏差（Δd_s、ΔD_s）；②轴承单一平面平均内径（d_{mp}）与外径（D_{mp}）的偏差（Δd_{mp}、ΔD_{mp}）。

两种形状公差：①轴承单一径向平面内，内径（d_s）与外径（D_s）的变动量（V_{dsp}，V_{Dsp}）；②轴承平均内径与外径的变动量（V_{dmp}、V_{Dmp}）。

向心轴承内径、外径的尺寸公差和形状公差以及轴承的旋转精度公差，分别见表 6-31、表 6-32，从 0 级精度到 2 级精度的平均直径公差相当于 IT7～IT3 级的尺寸公差。

表 6-31、表 6-32 中，K_{ia}、K_{ea} 为成套轴承内、外圈的径向圆跳动允许值；S_{ia}、S_{ea} 为

成套轴承内、外圈轴向跳动的允许值；S_d 为内圈端面对内孔垂直度的允许值；S_D 为外圈外表面对端面垂直度的允许值；V_{Bs} 为内圈宽度变动的允许值；ΔB_s 为内圈单一宽度偏差允许值；ΔC_s 为外圈宽度偏差允许值；V_{Cs} 为外圈宽度变动的允许值。表中的"直径系列"是指同一内径的轴承，由于使用场合不同，所需承受的载荷大小和寿命极限也不相同，必须使用直径大小不同的滚动体，因而使滚动轴承的外径和宽度也随之改变，这种内径相同但外径不相同的结构变化叫作滚动轴承的直径系列。

四、滚动轴承配合件公差及其合理选用

滚动轴承配合是指成套轴承的内孔与轴和外径与外壳孔的尺寸配合。合理选择其配合对于充分发挥轴承的技术性能，保证机器正常运转，提高机械效率，延长使用寿命具有极重要的意义。

（一）轴颈和外壳孔的公差带

滚动轴承是标准件，轴承内圈孔径和外圈轴径公差带在制造时已确定，因此轴承与轴颈和外壳孔的配合需由轴颈和外壳孔的公差带决定。故选择轴承的配合也就是确定轴颈和外壳孔的公差带种类，GB/T 275—2015《滚动轴承与轴和外壳的配合》中规定了轴颈和外壳孔的公差带。如图 6-54 所示为轴承内圈孔与轴颈配合的常用公差带。

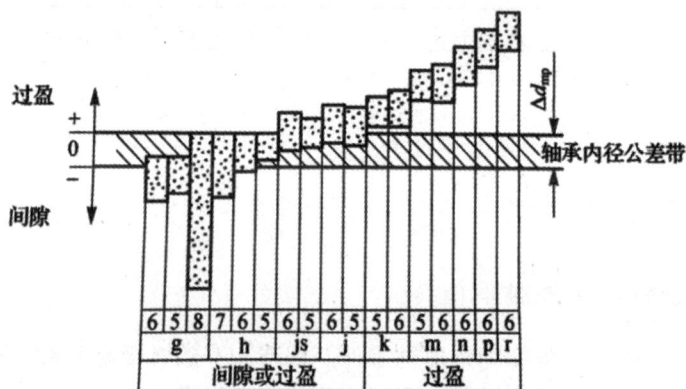

图 6-54　轴承内圈孔与轴颈配合的常用公差带

该公差带仅适用于以下场合：

（1）轴承外形尺寸符合 GB/T 273.3—2015《滚动轴承 向心轴承 外形尺寸总方案》的规定。

（2）轴承的精度等级为 0 级和 6（6x）级。

（3）轴承的游隙为基本组径向游隙。

（4）轴向实心或厚壁钢制轴。

（5）外壳为铸钢或铸铁。

如图 6-55 所示为轴承外圈轴与外壳孔配合常用公差带关系图。

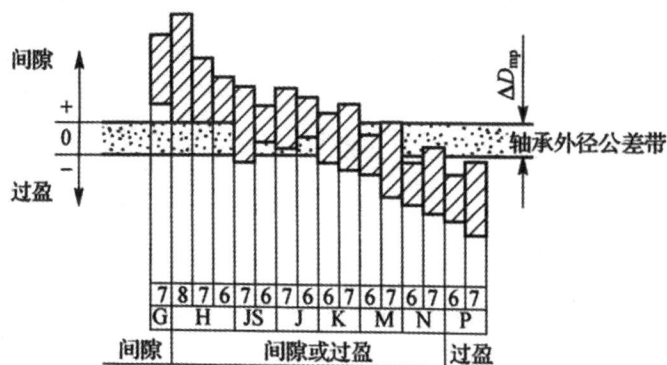

图 6-55　轴承外圈轴与外壳孔配合常用公差带关系图

因这里孔的公差带在零线以下，而 GB/T 1801—2009 中基准孔的公差带在零线之上，所以滚动轴承的配合可以由图 6-54、图 6-55 中清楚地看出，如它的基准面（内圈内径、外圈外径）公差带及与轴颈或外壳孔尺寸偏差的相对关系。显然轴承内圈与轴颈的配合比 GB/T 1801—2009 中基孔制同名配合紧一些。对轴承内圈与轴颈的配合而言，圆柱公差标准中的许多间隙配合在这里已变成过渡配合，如常用配合中，g5，g6，h5，h6 的配合；而有的过渡配合在这里实际已成过盈配合，如常用配合中，k5，k6，m5，m6 的配合。其余配合也都有所变紧。

轴承外圈和外壳孔的配合与 GB/T 1801—2009 规定的基轴制同类配合相比较，虽然尺寸公差值有所不同，但配合性质基本一致。只是由于轴承外径的公差值较小，因而配合也稍紧，如 H6、H7、H8 已成为过渡配合。

（二）滚动轴承配合的选择

正确地选择配合，对于保证滚动轴承的正常运转，延长其使用寿命，充分发挥轴承的承载能力关系极大。为了使滚动轴承具有较高的定心精度，一般在选择轴承的两个套圈的配合时，都偏向紧密。但要防止太紧，因为内圈的弹性胀大和外圈的收缩会使轴承内部间隙减小甚至完全消除并产生过盈，不仅影响正常运转，还会使套圈材料产生较大的应力，从而使轴承的使用寿命降低。

因此，选择轴承配合时，应综合考虑轴承的工作条件，考虑作用在轴承上的负荷大小、方向和性质，考虑工作温度、轴承类型和尺寸，考虑旋转精度和运转速度等一系列因素。

1. 轴和轴承座孔公差等级的选择

与轴承配合的轴和轴承座孔公差等级与轴承精度有关。对于常用的轴承公差等级 [0级、6（6x）级]，一般情况下，与之相配合的轴取 IT6，轴承座孔取 IT7。

对旋转精度和运转平稳性有较高要求的场合，在提高轴承公差等级的同时，与轴承配合的轴颈与轴承座孔应按相应精度提高。

2. 配合的选择

（1） 负荷类型

滚动轴承运转时，作用在轴承套圈上的径向负荷，一般是由定向负荷（如皮带的拉力）和旋转负荷（如机件的惯性离心力）合成的。滚动轴承内、外套圈可能承受以下三种负荷：

① 定向负荷。作用于轴承上的合成径向负荷与轴承套圈相对静止，即负荷方向始终不变地作用于滚动轴承套圈滚道的局部区域上，套圈承受的这种负荷称为定向负荷，如图 6-56（a）所示不旋转的外圈和图 6-56（b）所示不旋转的内圈，受到方向始终不变的 F_0 的作用。减速器转轴两端轴承外圈、汽车与拖拉机前轮（从动轮）轴承内圈受力就是典型的例子。此时，套圈相对于负荷方向静止的受力特点是负荷集中作用，套圈滚道局部容易产生磨损。承受这类负荷的轴承与外壳孔或轴颈组成配合时，一般选较松的过渡配合，或较小的间隙配合，以便让滚动轴承套圈滚道间的摩擦力矩带动轴承套圈缓慢转位，从而延长轴承的使用寿命。

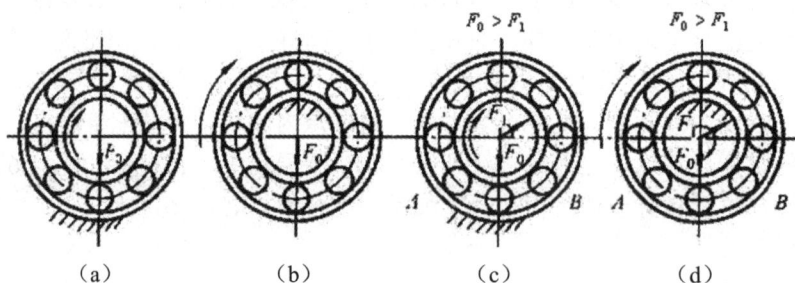

图 6-56 负荷类型

（a）内圈—旋转负荷，外圈—定向负荷； （b）内圈—定向负荷，外圈—旋转负荷；
（c）内圈—旋转负荷，外圈—摆动负荷； （d）内圈—摆动负荷，外圈—旋转负荷

② 循环负荷。作用于轴承上的合成径向负荷与轴承套圈相对旋转（如旋转零件上的惯性离心力、旋转镗杆上作用的径向切削力等），即合成径向负荷顺次作用于轴承套圈滚道的整个圆周上，套圈承受的这种负荷称为循环负荷，如图 6-56（a）所示旋转的内圈和图 6-56（b）所示旋转的外圈，受到方向旋转变化的 F_0 的作用。减速器转轴两端轴承内圈、汽车与拖拉机前轮（从动轮）轴承外圈受力就是循环负荷的典型例子。此时套圈相对负荷的轴承套圈与轴颈或外壳孔相配合时，应选过盈配合或较紧的过渡配合，其过盈量的大小以不使轴承套圈与轴颈或外壳孔的配合表面之间出现爬行现象为原则。

③ 摆动负荷。作用于轴承上的合成径向负荷相对于承载轴承套圈在一定区域内相对摆动，即在轴承套圈滚道的局部圆周上受到大小和方向经常变动的负荷向量的交变作用时，轴承套圈所承受的负荷称为摆动负荷，如图 6-56（c）所示的外圈和图 6-56（d）所示的内圈，受到定向负荷 F_0 和循环负荷 F_1 的同时作用，两者的合成负荷将由小到大，再由大到小地呈周期性变化。通常受摆动负荷的套圈，其配合要求与循环负荷相同或略松一点。

（2）负荷大小

选择滚动轴承与轴颈和外壳孔的配合还与负荷的大小有关。GB/T 275—2015 根据当量径向动负荷 P_r 与轴承产品样本中规定的额定动负荷 C_r 的比值大小，将配合分为轻、正常和重负荷三种类型（见表 6-33），轴承在重负荷和冲击负荷的作用下，内越外圈容易产生变形，使配合面受力不均匀引起配合松动。因此，负荷越大，过盈量应选得越大，且承受变化的负荷应比承受平稳的负荷选用较紧的配合。

表 6-33　向心轴承负荷类型

负荷类型	P_r / C_r
轻负荷	≤0.06
正常负荷	>0.06～0.12
重负荷	>0.12

（3）工作温度的影响

轴承工作时，由于摩擦发热和其他原因，轴承套圈的温度往往高于与其相配零件的温度。这样，内圈与轴的配合可能松动，外圈与孔的配合可能变紧，所以在选择配合时，必须考虑轴承工作温度的影响。因此，轴承工作温度一般应低于100℃。在高于此温度中工作的轴承，应将所选用的配合适当修正。

（4）径向游隙

轴承游隙的大小对滚动轴承的承载能力有很大的影响。采用过盈配合会导致轴承游隙减小，应检验安装后轴承的游隙是否满足使用要求，以便正确选择配合级轴承游隙。合理选择轴承游隙的方法，应在原始游隙的基础上，综合考虑因配合性质、轴承内外圈温度差、工作负荷等因素变化所引起的游隙变化规律。GB/T 4604—1993 规定，轴承的径向游隙共分为 2，0，3，4，5 组，0 组为基本游隙组。

游隙大小必须合适，过大不仅使转轴发生较大的径向跳动和轴向窜动，还会使轴承产生较大的振动和噪声；过小又会使轴承滚动体与套圈产生较大的接触应力，使轴承摩擦发热从而降低使用寿命。在常温状态下工作的具有基本组径向游隙的轴承（供应的轴承无游隙标记，即是基本组游隙），按表选取轴颈和外壳孔公差带一般都能保证有适度的游隙。但如因重负荷轴承内径选取过盈量较大的配合，则为了补偿变形引起的游隙过小，应选用大于基本组游隙的轴承。

（5）轴承尺寸大小

滚动轴承的尺寸越大，选取的配合应越紧。但对于重型机械上使用的特别大尺寸的轴承，应采用较松的配合。

（6）旋转精度和速度的影响

对于负荷较大、有较高旋转精度要求的轴承，为消除弹性变形和振动的影响，应避免采用间隙配合。对精密机床的轻负荷轴承，为避免孔和轴的形状误差对轴承精度的影响，常采用较小的间隙配合。

（7）其他因素的影响

为了考虑轴承安装与拆卸的方便，宜采用较松的配合，对重型机械用的大型或特大型轴承尤为重要。如果既要求装拆方便，又需紧配合时，可采用分离型轴承，或采用内圈带锥孔、带紧定套和退卸套的轴承。选用轴承配合时，还应考虑旋转精度、旋转速度、轴和外壳孔的结构与材料等因素。

综上所述，影响滚动轴承配合选用的因素较多，通常难以用计算法确定，所以在实际生产中常用类比法。表 6-34～表 6-37 分别列出了国家标准推荐的安装向心轴承和推力轴承的轴和外壳孔的公差带的应用情况，供选用时参考。

表 6-34　向心轴承和轴的配合及轴公差带代号（GB/T 275—1993）

圆柱孔轴承					
运转状态		负荷状态	深沟球轴承、调心球轴承和角接触球轴承	圆柱和圆锥滚子轴承	调心滚子轴承	公差带
说明	举例		轴承公差内径/mm			
旋转的内圈负荷及摆动负荷	一般通用机械、电动机、机床主轴、泵、内燃机、正齿轮传动装置、铁路机车车辆轴箱、破碎机等	轻负荷	≤18	—	—	h5
			>18～100	≤40	≤40	j6[1]
			>100～200	>40～140	>40～100	k6[1]
			—	>140～200	>100～200	m6[1]
		正常负荷	≤18	—	—	j6、js5
			>18～100	≤40	≤40	k5[2]
			>100～140	>40～100	>40～65	m5[2]
			>140～200	>100～140	>65～100	m6
			>200～280	>140～200	>100～140	n6
			—	>200～400	>140～280	p6
			—	—	>280～500	r6
		重负荷		>50～140	>50～100	n6[3]
				>140～200	>100～140	p6[3]
				>200	>140～200	r6[3]
				—	>200	r7[3]
固定的内圈负荷	静止轴上的各种轮子、张紧轮、振动筛、惯性振动器	所有负荷	所用尺寸			f6
						g6
						h6
						j6
仅有轴向载荷			所用尺寸			j6、js6
圆锥孔轴承					
所有负荷	铁路机车车辆轴箱		装在退卸套上的所有尺寸			h8(IT6)[4][5]
	一般机械传动		装在紧定套上的所有尺寸			h9(IT7)[4][5]

注：① 凡对精度有较高要求的场合，应用 j5，k5…代替 j6，k6…。

② 圆锥滚子轴承、角接触球轴承配合对游隙影响不大，可用 k6、m6 代替 k5、m5。

③ 重负荷下轴承游隙应选大于 P0 组。

④ 凡有较高精度或转速要求的场合，应选用 h7（IT5）代替 h8（IT6）等。

⑤ IT6、IT7 表示圆柱度公差值。

表 6-35　向心轴承和外壳的配合及孔公差带代号（GB/T 275－2015）

| 运转状态 | | 负荷状态 | 其他状况 | 公差带[1] | |
说明	举例			球轴承	滚子轴承
固定的外圈负荷	一般机械、铁路机车车辆轴箱、电动机、泵、曲轴主轴承	轻、正常、重	轴向易移动，可采用剖分式外壳	H7、G7[2]	
摆动负荷		冲击	轴向能移动，可采用整体式或剖分式外壳	J7、JS7	
		轻、正常			
		正常、重	轴向不移动，采用整体式外壳	K7	
		冲击		M7	
旋转的外圈负荷	张紧滑轮、轮毂轴承	轻		J7	K7
		正常		K7、M7	M7、N7
		重			N7、P7

注：① 并列公差带随尺寸的增大从左至右选择，对旋转精度有较高要求时，可相应提高一个公差等级。

② 不适用于剖分式外壳。

表 6-36　推力轴承和轴的配合及轴公差带代号（GB/T 275－2015）

| 运转状态 | 负荷状态 | 球和滚子轴承 | 调心滚子轴承[2] | 公差带 |
		轴承公差内径/mm		
仅有轴向负荷		所有尺寸		j6、js6
固定的轴圈负荷	径向和轴向联合负荷	—	≤250	j6
			>250	js6
旋转的轴圈负荷或摆动负荷		—	≤200	k6[1]
			>200～400	m6
			>400	n6

注:① 要求较小过盈时，可分别用 j6、k6、m6 代替 k6、m6、n6。

② 也包括推力圆锥滚子轴承，推力角接触轴承。

表 6-37　推力轴承和外壳的配合及孔公差带代号（GB/T 275－2015）

运转状态	负荷状态	轴承类型	公差带	备　注
仅有轴向负荷		球轴承	H8	—
		圆柱、圆锥滚子轴承	H7	—
		调心滚子轴承	—	外壳孔与座圈间间隙为 0.001D（D 为轴承公称外径）
固定的座圈负荷	径向和轴向联合负荷	角接触球轴承、调心滚子轴承、圆锥滚子轴承	H7	—
旋转的座圈负荷或摆动负荷			K7	普通使用条件
			M7	有较大径向负荷时

（三）轴承配合表面的形位公差和表面粗糙度

为了保证轴承的正常运转，除了正确地选择轴承与轴颈及箱体孔的公差等级及配合外，还应对轴颈和箱体孔的形位公差及表面粗糙度提出要求。

（1）形状公差：主要是轴颈和箱体孔的表面圆柱度要求。

（2）位置公差：主要是轴肩端面的跳动公差。

（3）表面粗糙度：表面粗糙度值的高低直接影响配合质量和连接强度。因此，凡是与轴承内、外圈配合的表面，通常都对表面粗糙度提出较高的要求。具体选择，参见相应标准。

轴肩和外壳孔肩的端面圆跳动公差，见表 6-38；与轴承配合的轴颈和外壳孔的表面粗糙度要求，见表 6-39。

表 6-38 轴肩和外壳孔的形位公差（GB/T 275－1993）

基本尺寸/mm		圆柱度 t				端面圆跳动 t_1			
		轴颈		外壳孔		轴肩		外壳孔肩	
		轴承公差等级							
		0	6（6x）	0	6（6x）	0	6（6x）	0	6（6x）
大于	至	公差值 /μm							
	6	2.5	1.5	4	2.5	5	3	8	5
6	10	2.5	1.5	4	2.5	6	4	10	6
10	18	3.0	2.0	5	3.0	8	5	12	8
18	30	4.0	2.5	6	4.0	10	6	15	10
30	50	4.0	2.5	7	4.0	12	8	20	12
50	80	5.0	3.0	8	5.0	15	10	25	15
80	120	6.0	4.0	10	6.0	15	10	25	15
120	180	8.0	5.0	12	8.0	20	12	30	20
180	250	10.0	7.0	14	10.0	20	12	30	20
250	315	12.0	8.0	16	12.0	25	15	40	25
315	400	13.0	9.0	18	13.0	25	15	40	25
400	500	15.0	10.0	20	15.0	25	15	40	25

表 6-39 配合面的表面粗糙度（GB/T 275－1993）

单位：μm

轴或轴承座直径 d/mm		轴或外壳配合表面直径公差等级								
		IT7			IT6			IT5		
		表面粗糙度								
大于	至	Rz	Ra		Rz	Ra		Rz	Ra	
			磨	车		磨	车		磨	车
	80	10	1.6	3.2	6.3	0.8	1.6	4	0.4	0.8
80	500	16	1.6	3.2	10	1.6	3.2	6.3	0.8	1.6
端面		2.5	3.2	6.3	25	3.2	6.3	10	1.6	3.2

任务实施

根据知识链接可知，任务呈现解决的方法步骤如下：

第一步：分析并确定滚动轴承的精度等级。

（1） C616 车床属轻型车床，主轴承受轻负荷。

（2） C616 车床主轴的旋转精度和转速较高，应选择 6 级精度的滚动轴承。

第二步：分析并确定滚动轴承与轴颈和外壳孔的配合。

（1） 滚动轴承内圈与主轴轴颈组成配合后同步旋转，外圈装在外壳孔中不旋转。

（2） 主轴后支承主要承受齿轮传动的支反力，内圈承受循环负荷，外圈承受定向负荷，故前者配合应紧，后者配合略松。

第三步：参考表 6-33～6-36，选出外壳孔公差带为 $\phi 90J6$，轴颈公差带为 $\phi 50j5$。

第四步：机床主轴前轴承已实行轴向定位，若后轴承外圈与外壳孔的配合无间隙，则不能补偿由于温度变化引起的主轴微量伸缩；若外圈与外壳孔的配合有间隙，则会引起主轴跳动，影响车床的精度。为了满足使用要求，考虑将外壳孔的公差带提高一个公差等级，改用 $\phi 90K6$。

第五步：按滚动轴承公差国家标准，由表 6-28 查出 6 级精度滚动轴承单一平面平均内径偏差（Δd_{mp}）为 $\phi 50_{-0.01}^{0}$，由表 6-29 查出 6 级精度滚动轴承单一平面平均外径偏差（ΔD_{mp}）为 $\phi 90_{-0.013}^{0}$。

根据公差与配合国家标准（GB/T 1800.3—1998）查得，轴颈为 $\phi 50 j5_{-0.005}^{+0.006}$，外壳孔公差带为 $\phi 90 j5_{-0.018}^{+0.004}$。轴颈和外壳孔的配合尺寸和技术要求在图样上的标注，如图 6-57 所示。

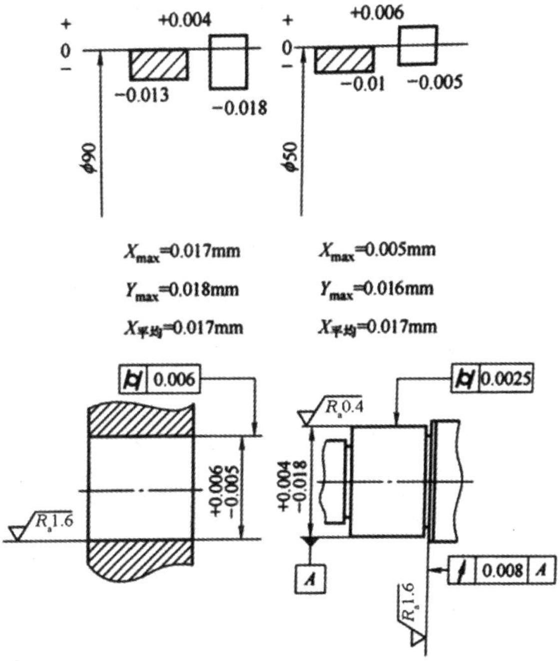

图 6-57 C616 车床主轴后轴承的公差与配合

项 目 评 测

一、填空题

1. 普通平键连接的三种配合为_____、_____、_____连接，其主要的配合尺寸是键和键槽的_____。

2. 螺纹结合按其用途可分为_____、_____和_____三类。

3. M10×1-5g6g-S 的含义：M10 为 _____，1 为_____，5g 为_____，6g 为_____，S 为_____。

4. 齿轮副的侧隙可分为_____和_____两种。保证侧隙与齿轮的精度_____（有关或无关）。

5. 滚动轴承的负荷类型有_____ 负荷、_____ 负荷和_____负荷。

二、简答题

1. 平键连接的特点是什么？主要几何参数有哪些？

2. 试说明花键副标注：$6×23\dfrac{H6}{g6}×30\dfrac{H10}{a11}×6\dfrac{H11}{f9}$ GB 1144—2001 的含义，并确定内、外花键的极限尺寸。

3. 齿轮精度等级分几级？如何表示精度等级？粗、中、高和低精度等级大致是从几级到几级？

4. 齿轮传动中的侧隙有什么作用？用什么评定指标来控制侧隙？

5. 滚动轴承的精度共划分为几级？代号是什么？常用的是哪几级？

项目七

零件精密测量

↘ 项目描述

机械工业的发展与零件的精密测量紧密相关，如千分尺的出现，使零件的加工精度达到了 0.01 mm；测微比较仪的出现，使零件的加工精度达到了 1 μm；有了激光干涉仪，零件的测量精度可以达到 0.01 μm。

通过对前面的学习，我们了解了标准量具中的量块、角度块、线纹尺、量规中的光滑极限量规、螺纹量规等，以及通过量具中的游标卡尺、游标万能角度尺、千分尺等。零件的测量还可以使用各种量仪和计算装置，例如：

（1）机械式量仪中的杠杆比较仪和扭簧比较仪等。

（2）光学式量仪中的光学比较仪、自准直仪、投影仪、工具显微镜、干涉仪等。

（3）电动式量仪中的电感测微仪、电动轮廓仪等。

（4）气动式量仪中的水柱式和浮标式气动量仪等。

（5）光电式量仪中的光电显微镜、光电测长仪等。

本项目中主要介绍立式光学比较仪和三坐标测量仪的有关知识和技能，通过本项目的学习可以了解精密测量技术在工业生产中的具体应用。

任务一　用立式光学比较仪测量线性尺寸

◯ 学习目标

1. 了解立式光学比较仪的使用和测量原理；
2. 掌握用立式光学比较仪测量外径的方法；
3. 掌握立式光学比较仪测量零件的注意事项，提升学习先进测量仪器的兴趣。

◯ 任务呈现

工厂计量室每年均要对如图 7-1 所示的各种量块和量规进行不定期检测。你知道其测量方式是什么吗？

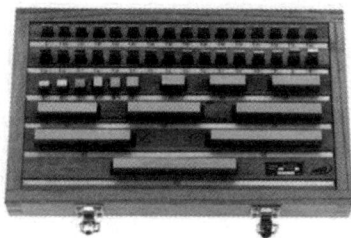 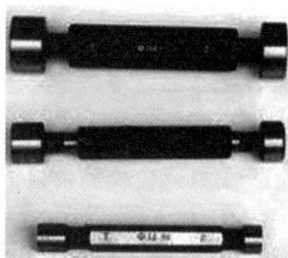

（a）　　　　　　　　　　　　　（b）

图 7-1　量块与量规实物

（a）量块；（b）光滑极限塞规

◯ 任务分析

对于精度较高的精密零件的测量，采用标准量块作为长度基准，在立式光学比较仪上按比较测量法来测量零件的外形尺寸，是工厂计量室对零件进行精密测量常用的方法之一，其测量精度较高，操作较简便。

◯ 知识链接

立式光学比较仪是一种精度较高而结构简单的常用光学量仪。它是利用标准量块与被测零件相比较的方法来测量零件外形的微差尺寸的，通常用来检测精度较高的精密轴类、量规以及五等和六等的量块，是企业计量室、车间检定站或制造量具、工具等精密零件的车间常用的精密仪器之一。

用量块作为长度基准，可按相对测量法来测量各种零件的外形尺寸。

一、立式光学比较仪的结构

常用的立式光学比较仪有刻线式、投影式以及数显式。刻线式和投影式的工作原理基本相同。这里我们以投影式和数显式立式光学比较仪为例介绍它们的结构。

（一）投影式立式光学比较仪

投影式立式光学比较仪利用标准量块与被测零件相比较的方法测量零件的外形尺寸。仪器采用投影屏和分划目镜读数装置，附加读数放大镜，使视场亮度匀称、像质清晰、测量精度高、数据稳定可靠，对小尺寸精密零件的检测极为方便。其结构和外观如图 7-2 所示。

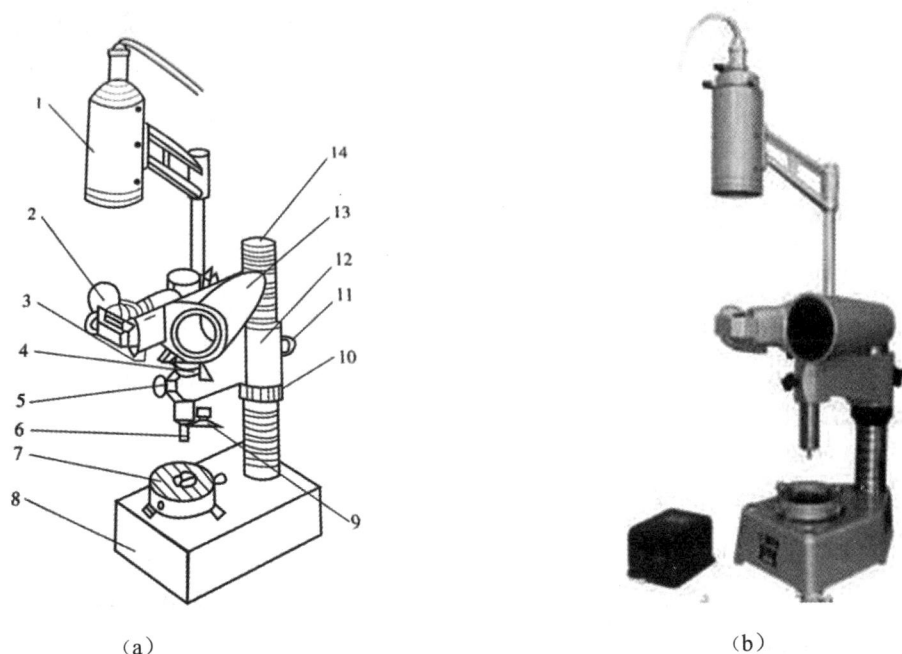

（a）　　　　　　　　　　　　　　　　　　　（b）

图 7-2　投影式立式光学比较仪

（a）结构图；（b）实物图

1-光源；2-反光镜；3-微调螺钉；4-细调凸轮螺钉；5-光管锁紧螺钉；6-测头；7-工作台；

8-底座；9-测头提升杠杆；10-横臂升降螺母；11-横臂锁紧螺钉；12-横臂；13-投影筒；14-立柱

该比较仪可以用来检测量块、量规、线形、板形物体的厚度，外螺纹的中径，圆柱形和球形零件的直径，以及平行平面等精密量具和零件的外形尺寸，还可以对薄膜如铝箔、包装膜、纸张等厚度进行准确测量。其示值误差为±0.25 μm，总放大倍数为 1000 倍。

（二）数显式立式光学比较仪

数显式立式光学比较仪将测头的移动量转化为数字并由显示屏显示出来，测量结果更为直观，提高了测量精度和测量效率。其结构和外观，如图7-3所示。

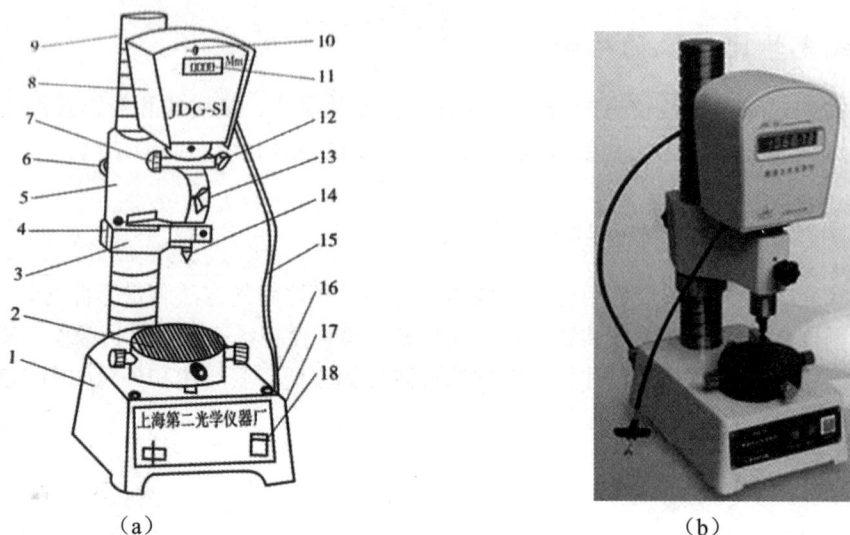

图 7-3　数显式立式光学比较仪

（a）结构图；（b）实物图

1-底座；2-可调工作台；3-提升器；4-升降螺母；5-横臂；6-横臂紧固螺钉；7-微动螺钉；8-光学计管；

9-立柱；10-中心零位指示；11-数显窗；12-微动紧固螺钉；13-光学计管紧固螺钉；14-测头；

15-电缆；16-方工作台安置螺孔；17-电源插座；18-置零按钮

该数显式立式光学比较仪的技术规格如下：被测件最大长度 180 mm，测量范围≥±0.1 mm，最小显示值 0.1 μm，示值误差为±0.25 μm。

二、立式光学比较仪的工作原理

立式光学比较仪是利用光学自准原理和机械正切杠杆原理进行测量的，如图7-4所示。从物镜焦平面上的焦点 c 发出来的光，经物镜后变成一束平行光到达平面反射镜 P。若平面反射镜与主光轴垂直，则光线按原路反射回来，即发光点 c 与像点 c' 重合；若测杆因被测零件尺寸的变化而产生微小的位移 S，使平面反射镜 P 转动 α 角，则反射光束与入射光束间的夹角为 2α，反射光束汇聚于像点 c''，则 $\overline{cc''} = f\tan 2\alpha$，测杆的位移为 $S = b\tan\alpha$，即测杆实际移动距离为 S，通过比较仪放大成 $\overline{cc'}$，则放大比为

$$K = \frac{f\tan 2\alpha}{b\tan\alpha} \approx \frac{2f}{b}$$

式中：f ——物镜焦距；

b ——测杆与支点间的距离。

一般光学比较仪物镜焦距 f =200 mm，b=5 mm，则放大比 K=80。用 12 倍目镜观察时，标尺像又放大 12 倍，因此总放大比为 n=12K=12×80=960，即当测杆移动 0.001 mm 时，在目镜中可见到 0.96 mm 的位移量。由于仪器的标尺间距为 0.96 mm，即这个位移量相当于标尺移动一个标尺间距，所以仪器的分度值为 0.001 mm。

图 7-5 所示为立式光学比较仪光路图，由光源发出的光线，经反射镜到物镜焦平面左半部刻度尺（共 200 格，分度值为 0.001 mm），再经直角棱镜以及物镜射在反射镜上。当测杆有微小位移时，反射镜绕支点转 α 角，从目镜中可看到反射回来的标尺的影像将向上或向下移动一相应的距离 t（图 7-4 中的 t）的位移量。此移动量为被测尺寸的变动量，可按指示所指格数及符号读数，如图 7-5 所示。

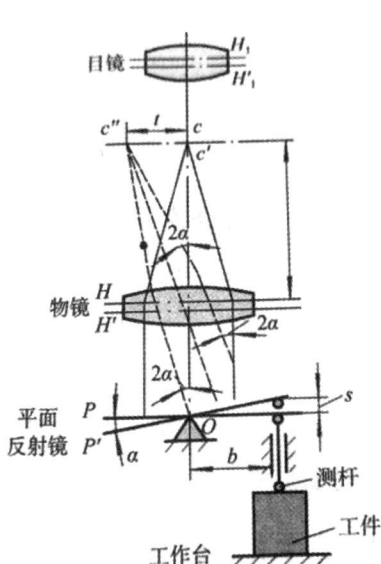

图 7-4　投影式立式光学比较仪工作原理

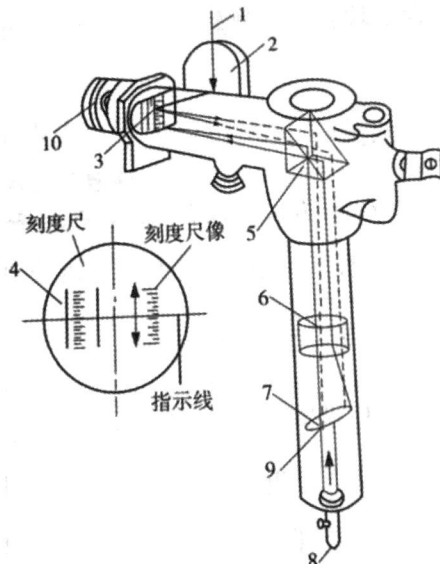

图 7-5　投影式立式光学比较仪光路

1-光源；2、7-反射镜；3-物镜焦平面刻度尺；4-棱镜上的影像；

5-棱镜；6-物镜；8-测杆；9-支点；10-目镜

任务实施

用立式光学比较仪测量线性尺寸的过程

用图 7-2 所示的立式光学比较仪测量如图 7-6 所示的轴承外径，通过极限尺寸的验收判断轴承外径的合格性。

图 7-6　轴承实物图

（1）选择测头

测头有球形、平面形和刀口形三种，应根据被测量零件表面的几何形状来选择，使测头与被测表面尽量满足点接触。因此，测量平面或圆柱面时，选用球形测头；测量球面时，选用平面形测头；测量小于 10 mm 的圆柱面时，选用刀口形测头。

（2）组合量块

按被测轴径的公称尺寸组合量块。注意事项：选好的量块用脱脂棉浸汽油清洗，再经干脱脂棉擦净后研合在一起。将下测量面置于工作台的中央，并使测头对准上测量面中央。

（3）调整零位

① 粗调：松开横臂锁紧螺钉，转动横臂升降螺母，使横臂缓慢下降，直到测头与量块上测量面极为靠近，并能在视场中看到标尺像时，将横臂锁紧螺钉锁紧。

② 细调：松开光管锁紧螺钉，转动细调凸轮螺钉，直至在目镜中观察到标尺像与 0 指示线接近为止，然后拧紧光管锁紧螺钉。

③ 微调：转动微调螺钉，使标尺像准确对准零位，然后用手轻轻按压测头提升杠杆 2～3 次，使零位稳定。

（4）实施测量

① 将测头抬起，取下量块。

② 测量轴承外径，按表 7-1 中测量示意图规定的轴径：在 Ⅰ、Ⅱ 两个截面上，AA′、BB′两个径向位置上进行测量，把测量结果填入表 7-1，并进行合格性判断。

表 7-1　立式光学比较仪测量轴承任务单

零件名称		编号			姓名		日期	
测量 示意图								
	测量数据		实际偏差/μm		实际尺寸/mm		是否合格	
	测量位置		$I-I$	$II-II$	$I-I$	$II-II$		
测量方向	$A-A'$							
	$B-B'$							

任务拓展

立式光学比较仪测量的使用注意事项

（1）测量前应先擦净零件表面及仪器工作台。

（2）操作要小心，不得有任何碰撞。调整时观察指针位置，不应超出标尺示值范围。

（3）使用量块时要正确推合，防止划伤量块测量面。

（4）　取拿量块时最好用竹镊子夹持，避免用手直接接触量块，以减少手温对测量精度的影响。

（5）　注意保护量块工作面，禁止量块碰撞或掉落地上。

（6）　量块使用后，要用脱脂棉浸汽油清洗，再经干脱脂棉擦净后涂上防护油。

（7）　测量结束前，不应拆开量块，以便随时校对零位。

任务二　用三坐标测量仪测量零件

学习目标

1. 了解三坐标测量仪的产生及发展；
2. 了解三坐标测量仪的功能；
3. 了解三坐标测量仪的常用结构形式；
4. 理解三坐标测量仪的工作原理；
5. 熟知三坐标测量仪的使用注意事项，提高学习先进测量仪器的兴趣。

任务呈现

传统的测量方法是指用百分表、量规、量块、游标卡尺等传统测量工具进行的测量。由于这些量具本身制造精度不高，人为操作误差比较大；量具量程较小，被测零件尺寸、形状受到限制，因此许多形状较复杂的测量任务（如曲面）难以实现。而随着当代普通机械加工、数控加工及自动加工生产线的发展，生产节奏加快，加工一个零件仅需几十分钟或几分钟，这就要求加快对复杂零件的检测。在一些生产制造领域，如模具制造行业，往往采用按制好的零件模型去仿制模具，实现逆向（反求）工程。因此，需要更为精确、方便、快捷的测量方法，如图 7-7 所示。

你知道这种测量方式是什么吗？

图 7-7　三坐标测量仪检测复杂模具

任务分析

随着人们生活水平的提高和制造业的快速发展，越来越多的零件需要进行空间三维测量，而传统的测量方法已不能满足生产的需要。在模具制造业中，根据零件模型去反制模具的逆向工程已在制造业中广泛应用，三坐标测量仪的产生及应用为逆向工程提供了极大的方便。三坐标测量仪具有与外界通信的功能，与 CAD 系统直接对话的标准数据协议格式，可直接在计算机中生成零件的三维 CAD 模型。

知识链接

为了应对全球化竞争，制造业企业非常重视提高加工效率和降低成本。其中，最重要的便是生产出高质量的产品。各种复杂零件的研制和生产需要先进的检测技术，还要实行严格的质量管理。只有在保证高质量生产的前提下，制造业才能生存和发展。因此，为确保零件的尺寸和技术性能符合要求，必须进行精确的测量，因而体现三维测量的三坐标测量仪应运而生，并迅速发展。

一、三坐标测量仪的产生及原理

三坐标测量仪（简称 CMM）起源于 20 世纪 60 年代。1956 年，英国 Ferranti 公司发明了世界上第一台三坐标测量仪和第一个触发测头，如图 7-8 和图 7-9 所示。经过半个世纪的发展，目前，CMM 已广泛用于机械制造业、汽车工业、电子工业、航空航天工业和国防工业等部门，成为现代工业检测和质量控制不可缺少的万能测量设备。

图 7-8　世界上第一台三坐标测量仪

图 7-9　世界上第一个触发测头

三坐标测量仪的原理：由三个相互垂直的运动轴 X、Y、Z 建立起三维空间坐标系，测头的一切运动都在这个坐标系中进行，测头与零件表面接触，三坐标测量仪的检测系统可以随时给出球中心点在坐标系中的精确位置。当测球沿着工作的几何型面移动时，就可以得出被测几何型面上各点的坐标值，将这些数据送入计算机，通过相应的软件进行处理，就可以精确计算出被测零件的几何尺寸、形状和位置误差等。

二、三坐标测量仪的功能

三坐标测量仪是精密的测量仪器、它集机、光、电于一体，能测量零部件的尺寸、形状、位置、方向误差；配合高性能的计算机软件，可以进行箱体、导轨、涡轮、叶片、缸体、凸轮、螺纹等空间形面的测量；能连续扫描曲面；可以编制测量程序，通过执行程序实现自动测量。

运用三坐标测量仪，突显了以下优点：

（1）提高了三维测量的测量精度。目前高精度的三坐标测量仪的单轴精度，每米长度测量精度可达 1 μm 以内。三维空间精度可达 1～2 μm。对于车间检测用的三坐标测量仪，每米测量精度单轴也可达 3～4 μm。

（2）由于三坐标测量仪可与数控机床和加工中心配套组成生产加工线或柔性制造系统，从而促进了自动化生产线的发展。

（3）可方便地进行数据处理和程序控制，可以和加工中心等生产设备方便地进行数据交换，能满足逆向工程的需要。

（4）随着三坐标测量仪的精度不断提高，自动化程序不断发展，促进了三维测量技术的进步，大大提高了测量效率，尤其是计算机的引入，不但便于数据处理，而且可以完成 CNC 的控制功能，可缩短测量时间 95%以上。

三、三坐标测量仪的硬件组成

三坐标测量仪的硬件组成包括电气系统、测头、三坐标测量仪主体等。

1. 电气系统

电气系统主要包括电气控制系统（测量仪控制部分）、计算机硬件、测量软件（包括控制软件和数据处理软件等）。

2. 测头

测头即三维测量传感器，它可以在三个方向上感受瞄准信号和微小位移。三坐标测量仪是用测头来拾取信号的，它的准确度和测量效率与测头密切相关。图 7-10 所示为各种测量接触头。

图 7-10 各种测量接触头

3. 三坐标测量仪的主体

三坐标测量仪的主体由底部、测量工作台、立柱等组成。完整的三坐标测量仪组成如图 7-11 和图 7-12 所示。

图 7-11 三坐标测量仪实物图

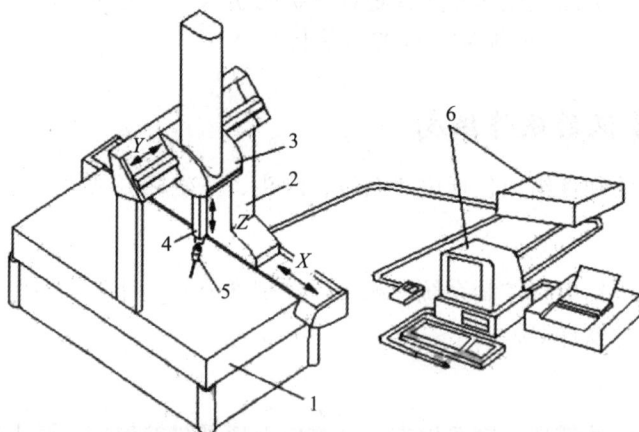

图 7-12 三坐标测量仪硬件组成图

1-工作台；2-活动桥架；3-中央滑架；4-Z 轴；5-测头；6-电子系统

四、三坐标测量仪结构类型

目前，常见的三坐标测量仪有多种结构形式，如活动桥式、固定桥式、高架桥式、水平臂式、关节臂式等。

1. 活动桥式

活动桥式三坐标测量仪是目前中小型测量仪的主要结构形式，特点是承载能力较大，本身具有台面，受地基影响较小，敞开性好，视野开阔，装卸零件方便，运动速度快，精度比较高。活动桥式三坐标测量仪如图 7-13 所示。

2. 固定桥式

固定桥式三坐标测量仪具有桥架固定、结构稳定、整体刚性好、中央驱动、偏摆小、误差小等特点。以上特点使这种结构的测量仪精度非常高，是高精度和超高精度的三坐标测量仪的首选结构，固定桥式三坐标测量仪如图 7-14 所示。

图 7-13 活动桥式三坐标测量仪

图 7-14 固定桥式三坐标测量仪

3. 高架桥式

高架桥式三坐标测量仪用于大型和超大型测量，适合于航空航天、造船行业的大型零件或大型模具的测量。一般都采用双光栅、双驱动等技术提高测量精度。高架桥式三坐标测量仪如图 7-15 所示。

4. 水平臂式

水平臂式三坐标测量仪敞开性好、测量范围大、可以由两台机器同时组成双臂测量仪，尤其适合汽车工业钣金件的测量。水平臂式三坐标测量仪如图 7-16 所示。

图 7-15 高架桥式三坐标测量仪

图 7-16 水平臂式三坐标测量仪

5. 关节臂式

关节臂式三坐标测量仪具有非常好的灵活性，适合携带到作业现场进行测量，对环境条件要求比较低。关节臂式三坐标测量仪如图 7-17 所示。

图 7-17　关节臂式三坐标测量仪

任务实施

参观合作企业或学校实训基地的精密测量室，观察三坐标测量仪的工作过程，撰写一份包含硬件组成、结构形式、工作原理以及能实现哪些测量功能的三坐标测量仪的见习报告。

任务拓展

认识其他精密测量仪器

一、扭簧测微仪

前面所学的立式光学比较仪是用光学方法来实现被测量的变换和放大的。那么，采用机械方法来实现被测量的变换和放大的计量器具即为机械式计量器具，如千分尺、百分表、杠杆齿轮式测微仪和扭簧测微仪等。其中，杠杆齿轮式测微仪和扭簧测微仪属于机械式比较仪，常用在工厂车间和计量室测量零件外径和厚度等。

如图 7-18 所示为扭簧测微仪，其灵敏度很高，常见的分度值有 1 μm、0.5 μm、0.2 μm 和 0.1 μm 几种，最高可达 0.02 μm。

二、立式测长仪

如图 7-19 所示为数字式立式测长仪，立式测长仪以直接测量和比较测量的方法测量量具和精密机械零件的尺寸。其测量范围为外尺寸 0～200 mm，测量精度为 0.5 μm。

图 7-18　扭簧测微仪

图 7-19　数字式立式测长仪

三、卧式测长仪

　　卧式测长仪又称万能测长仪，是把测量座作卧式布置，测量轴线成水平方向的测长仪器。

　　如图 7-20 所示为卧式测长仪，主要用于各种圆柱形、球形、平行平面等精密零件的外形、内孔尺寸的直接测量和比较测量，也可进行内、外螺纹中径等特殊测量。其外尺寸测量范围为 0～500 mm，内尺寸测量范围为 0～200 mm，外螺纹测量≤180 mm，内螺纹测量范围为 16～140 mm，直接测量范围 0～100 mm，读数显微镜分度值为 1 μm。

四、激光干涉测长仪

　　激光干涉测长仪采用激光器作为光源，以激光稳定的波长作基准，利用光波干涉原理实现大尺寸的精密测量，如图 7-21 所示。

图 7-20　卧式测长仪

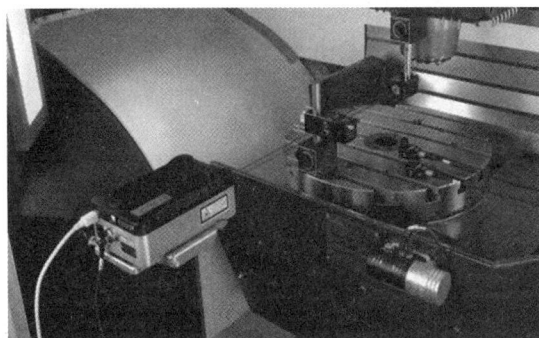

图 7-21　激光干涉测长仪

五、工具显微镜

图 7-22 所示为万能工具显微镜，它是采用光学成像投影原理，以测量被测零件的影像来代替对轴径的接触测量，因而测量中无测量力引起的测量误差。

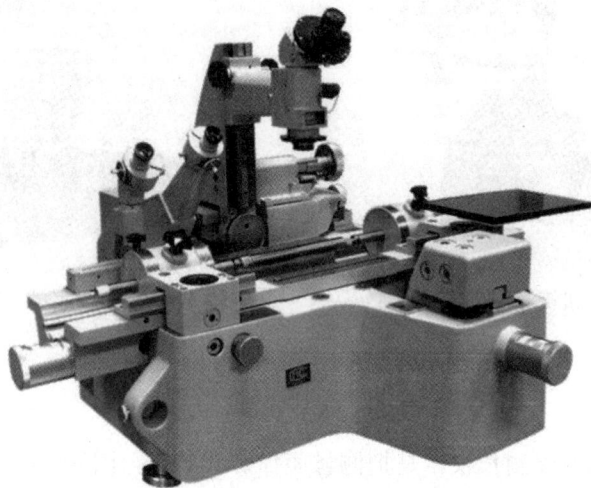

图 7-22　万能工具显微镜

工具显微镜可以对长度、角度等多种几何参数进行测量，特别是万能工具显微镜具有较大的测量范围和较高的测量精度，是一种常见的计量仪器。工具显微镜分为小型、大型和万能工具显微镜。

项 目 评 测

一、填空题

1. 立式光学比较仪是利用_____与被测件_____的方法来测量零件外形的微差尺寸的。

2. _____是一种具有可在三个相互垂直的导轨上移动的探测器。

3. 三坐标测量仪的硬件组成包括_____、_____、_____等。

4. 三坐标测量仪的结构类型有：_____、_____、_____、_____、_____。

5. 适合携带到现场进行测量，具有非常好的灵活性的三坐标测量仪，其结构类型为_____。

二、判断题

1. 用立式光学比较仪测量外径，测得的是外径的公称尺寸。　　　　　（　　）

2. 用立式光学比较仪测量小于 10 mm 的圆柱面零件时，选用球形测头。　（　　）

3. 三坐标测量仪的硬件组成包括电气系统、测头、三坐标测量仪主体等。　（　　）

4. 高架桥式三坐标测量仪适用于大型和超大型零件的测量。 （ ）

5. 卧式测长仪也称万能测长仪。 （ ）

三、简答题

1. 简述立式光学比较仪的测量类型，有哪些应用场合？

2. 投影式立式光学比较仪在生产和检测中有哪些应用？

3. 量块使用有哪些注意事项？

4. 简述三坐标测量仪的功能。

5. 简述三坐标测量仪的工作原理。

6. 通过网上搜索，选择一种精密测量仪器，向同学介绍仪器的结构、功能、使用方法、维护保养及注意事项等。

参 考 文 献

[1] 陈红，周明．公差配合与测量技术[M]．北京：中国石油大学出版社，2016．

[2] 金莹．公差配合与技术测量[M]．北京：清华大学出版社，2014．

[3] 吴宏霞，章建海．公差配合与技术测量[M]．北京：机械工业出版社，2017．

[4] 赵贤民．机械测量技术[M]．北京：机械工业出版社，2010．

[5] 唐代滨，张晓琳．公差配合与实用测量技术[M]．北京：机械工业出版社，2012．

[6] 徐茂功．公差配合与测量技术[M]．北京：机械工业出版社，2013．

[7] 冯旭．公差配合与测量技能基础[M]．北京：机械工业出版社，2010．

[8] 张红．公差测量项目教程[M]．武汉：华中科技大学出版社，2009．

[9] 任嘉卉，王永饶．实用公差与配合技术手册[M]．北京：机械工业出版社，2014．

[10] 姚云英．公差配合与测量技术[M]．北京：机械工业出版社，2011．